李春元　主编

ZHAN MAI JI

中国环境出版集团·北京

图书在版编目（CIP）数据

战霾迹 / 李春元主编. -- 北京 ： 中国环境出版集团，
2018.8
ISBN 978-7-5111-3697-8

Ⅰ．①战… Ⅱ．①李… Ⅲ．①霾－空气污染控制－文集
Ⅳ．①X510.6-53

中国版本图书馆CIP数据核字(2018)第115447号

出 版 人	武德凯
责任编辑	黄　颖
文字编辑	金捷霆
责任校对	任　丽
装帧设计	宋　瑞

出版发行 中国环境出版集团
（100062　北京市东城区广渠门内大街16号）
网　　　址：http://www.cesp.com.cn
电子邮箱：bjgl@cesp.com.cn
联系电话：010-67112765（编辑管理部）
　　　　　010-67175507（环境科学分社）
发行热线：010-67125803，010-67113405（传真）
印装质量热线：010-67113404

印　　刷	北京市联华印刷厂
经　　销	各地新华书店
版　　次	2018年8月第1版
印　　次	2018年8月第1次印刷
开　　本	787×1092　1/16
印　　张	17.5
字　　数	310千字
定　　价	38.00元

《战霾迹》编著及写作主创团队成员

主　编　李春元

副主编　胡海鸽　卢艳丽　李怀瑞　肖敬超

主创团队人员名单

李春元　河北省廊坊市大气办副主任　市环境保护局党组副书记　调研员

冯银厂　南开大学教授　国家城市环境颗粒物污染防治重点实验室主任

毛洪钧　南开大学教授　千人计划专家

龚山陵　中国气象科学研究院研究员　千人计划专家

王奇锋　千人计划 $PM_{2.5}$ 特别防治小组专家

　　　　河北省廊坊市智慧环境生态产业研究院副院长

胡海鸽　千人计划 $PM_{2.5}$ 特别防治小组常务秘书长

　　　　河北省廊坊市智慧环境生态产业研究院副院长

卢艳丽　河北省廊坊市环境保护局宣教中心副主任

李怀瑞　千人计划 $PM_{2.5}$ 特别防治小组专家

　　　　河北省廊坊市智慧环境生态产业研究院研发部主任

肖敬超　千人计划 $PM_{2.5}$ 特别防治小组成员

王旭光　河北省廊坊市环境保护局监测站副站长

李　瑾　河北省廊坊市环境保护局科员

李　娟　河北省廊坊市环境保护局科员

樊　博　河北省廊坊市环境保护局科员

任泽宇　千人计划 $PM_{2.5}$ 特别防治小组成员

《战霾迹》编著主创单位

河北省廊坊市大气污染治理工作领导小组办公室

河北省廊坊市环境保护局

千人计划 $PM_{2.5}$ 特别防治小组

河北省廊坊市智慧环境生态产业研究院

廊坊蜂海文化传媒有限公司

知识不会"过时"

知识是什么？有人说，知识就是思想、就是智慧、就是力量、就是才干、就是财富……，这些观点都是正确的。人只有在实践中学习，在学习中实践，才会把知识变成思想、变成智慧、变成力量、变成才干。反之，学不至用，装在心里"传"不出来、"道"不出来，则不会达到应用的目的。

其实，把"知识是什么"这个问题拿到大气污染防治、打赢蓝天保卫战领域中去回答，答案也可能会成为"知识就是答疑解惑的金钥匙""知识就是形成治霾合力的黏合剂""知识就是打赢蓝天保卫战的枪杆子"……之类的认知。

2013—2017年，京津冀乃及全国通过强力开展大气污染防治行动，空气质量得到了根本改善。但是，当前的全球生态环境形势仍然严峻，"污染"与"保护"的矛盾冲突仍然存在。世界各国正形成共识，持续加大生态环境保护力度。在各地党委、政府普遍认同践行"绿水青山就是金山银山"的思想之时，在既要生态发展高颜值，又要经济发展高数值、高质量的大背景之下，我国人民群众对环境质量、健康生存权利的追求，已开始向主动参与污染治理转化。这确实是一种好转型、好氛围。它将我们基层政府和相关部门工作人员大脑中的知识"升级"，也给我们找到了一个形成思想、智慧、力量与才干的好机遇。但与此同时，这种良好形态，也给各级政府和相关部门应该如何去顺应和满足、保护与呵护公众这一良好的参与热情，提出了许多的问号。如何引导群众为生态环境保护知之而行、理解而做、为求而战，必须变成课题、变成思想、变成行动。

基层政府和相关部门，直接面对公众，其实最应该了解公众的所思、所想、所盼。但在治霾中为什么面对公众的"渴求"，却又有不少地方感到茫然不知所措呢？问题有多方面。但主要原因，一是没有真正理解群众，没有正确看待群众，没有认真分析应该怎样对待不同利益群体的诉求。二是没有做到认真梳理，加以引导，结果导致政府与群众形成某些"对立"。三是没有换位思考。基层政府、部门的每一名成员，都是老百姓中的一员，对良好生态生活环境的追求，对健康幸福生活的目标追求，都是一致的。这一点，当群众面对政府和有关环保部门"要为人民群众维护好环境权益"的承诺践出后，群众自然而然地就把很多、很高的期望寄托于政府及部门。具体工作该"具体"到什么程度？该"具体"到哪些方面？该"具体"到哪些环节和特定群体、特殊要求？这恐怕是基层政府、部门工作人员应该用自己的知识，向"现实"去寻求"办法措施"最该思考、最该解决、最需要持久"寻求"的永恒话题。如果我们停滞在"能力有限""现实的生态环境问题不可能一下子解决""现今的环境质量比过去强多了""公众的期望值太高了，让谁来做也满意不了"的思想认识上，那么，后果就会更加可怕。如果我们面对"现实"，真正做到围绕公众所想、所需、所求去寻找解决矛盾和问题的"思想"和办法，出路一定会"多云转晴"。

"现实"的问题，需要"知识"与"思想"的升华才能得以澄明和解答，"思想"需要"现实"的滋养才能海阔天空。两者既相互作用又相互依靠。明白了这个理儿，我们就该去面对"现实"探寻积极的"思想"。而面对"现实"去寻求"思想"，最好的办法，无疑是交流。

环境保护已经成为保障和改善民生的重要内容。群众对于环境质量的良好期盼和现实诉求，不应成为政府和有关部门的负担，而应成为动力。向"现实"去寻求"思想"，其实说透了就是我们基层政府、部门要向群众、向实践"寻求"解决让公众理解和支持环境保护事业的办法和道路。比起面对"现实"无动于衷者来说，靠媒体、靠手机、靠网络寻求"思想"的做法，已经是有进步了。如果我们在面对"现实"时，从心出发，并且"面对面""心贴心"，问计于民、问策于民，在理解中寻求支持、寻求参与、寻求办法，解公众之不满，维公众之权益，效果一定会更好一些。

凡是合乎理性的东西，都是合乎规律及客观的。当今，许多群众之所以企盼与环保部门面对面的交谈和交流并不是偶然的。生态环境问题，也像我们面对令人担忧的产品质量和食品安全一样，在特定时期，使社会与人之间、单位与人之间、人与人之间，产生了诚信危机。事实上，一种健康合理的社会诚信伦理，应当是积极的、受整个社会鼓励和支持的。而建立在诚信基础上的思想认知，直接制约着人们对社会、对生态环境的客观认识，这个认识恰恰是公众能否正确认知环保工作、理解环保部门、积极参与环境保护的内在动因与动力。这一点，作为基层政府、部门，必须在现实社会大背景下有自我认知，并能客观地理解所管"辖区"的公众。

向"现实"寻求"思想"解难破困，基层政府、部门，要力戒怕麻烦，不愿与群众面对面听取意见的问题；要诚心拜群众为师，不要怕公众提出一些尖锐的问题；

要提升做群众工作的水平，学会如何面对公众。要敢于积极面对现实，善于从容面对现实，学会用面对现实来寻求"思想"，解读、解答、解决"现实"，而不该消极、麻木和观望，更不该规避和逃避。许多难题需要我们去破解，贵在真思真想，把事业装在心上，把问题装在脑子里，把办法拿到实际工作中。在"现实"情况中，基层政府、部门的领导和工作人员、宣教工作者，对公众反映的"现实"环境问题，不仅要认真对待、疏导分类，"寻求"对策，破解难题，而且要着眼长远，依靠政府，形成合力，疏堵结合，落实责任，防止同一类问题再次发生及反弹。应该主动与群众或媒体直接面对面地交流，并形成有的放矢的"思想"对策。除去用正面的大道理和合理的社会诚信伦理实施教育、引导、应对之外，还必须贯彻以人为本的理念，用法规政策取信于民，用践诺取信于民，用公众实际利益和环境权益得到真正的保障来取信于民。

落实党的十九大精神，全民共治，源头防治，打赢蓝天保卫战，一时一刻一事也离不开广大人民群众。2013—2018 年，廊坊市融入京津冀环保工作领域，强力开展大气污染防治攻坚行动的人民战争。广泛利用媒体，深入疏解群众关注的难点、热点、疑点、痛点问题，始终把群众的关注点作为寻求更多满足群众环境权益的落脚点，在防霾治污的战场上，趟出了打好治霾人民战争的新路。本书收集的近百篇文稿，就是廊坊市在治霾战场上倾心呵护群众环保热情，及时回答和回应群众高度关注的治霾难点、热点问题的一个缩影。历经 6 年，由廊坊市大气办、廊坊日报记者和 $PM_{2.5}$ 专家小组工作人员撰写的许多文稿，通过媒体都刊发过。有些内容，看似已时过境迁，但如今细细品味，还有新意，思想"知识"没有过时。可以说，只要"思想"不滑坡，"知识"永远不会"过时"。

由近百篇文稿汇成的《战霾迹》，多是按媒体刊发时间排序的。但这个序，"亮"在读者眼前，却很像是一条廊坊治霾的坎坷之路，很像是一条用知识与智慧去同公众共同"行动"之路。读一读《战霾迹》，你还能体会更多。相信群众、发动群众、依靠群众，出发点和落脚点必须是为了群众。让群众知道了、明白了、理解了，美丽中国，共建共享，才会变成现实。打赢蓝天保卫战，只有不断提高群众的环保意识，激发每个人持久的参与热情，才能形成打赢这场人民战争的强大推动力。学会经常面对现实难题，寻求解难破困之道，防霾治污工作才会在新时代走上绿色之路。

目　录

1. 廊坊实施专家引路科学治霾 /1

2. 控制臭氧污染必须进行源头治理 /3

3. 从源头到监管探寻机动车污染治理 /7

4. 高效清洁地利用煤炭资源是关键 /9

5. 煤制气是应对气荒的良药？ /14

6. 话说蓝天下的"谜烟" /20

7. 大雾之中为何解除重污染天气应急响应 /24

8. 晴空万里为何发布黄色预警并限行 /26

9. 为何提升重污染天气应急响应级别 /28

10. 话说应急补不够 /29

11. 预警及时　措施有力 /31

12. 保持 APEC 蓝关键在什么？ /33

13. 行动起来　坚决向污染宣战 /35

14. 传统烟花爆竹拿啥替代 /37

15. 美丽是空谈出来的吗？ /39

16. 治污要从人人做起 /41

17. 尊重民意 激发正能量 /43

18. 夏病冬治要及早谋划 /45

19. 冬病夏治为何落实难？ /47

20. 限产限行是为了减轻污染 保障公众健康是最终目的 /49

21. 大数据下的科学治霾 /52

22. 治霾，我们不能再怠慢 /53

23. 用"蛮拼的"精神让蓝天为廊坊"点赞" /56

24. 人人遵守环保法规 人人参与污染防治 /60

25. 减少烟花爆竹燃放 过祥和环保春节的倡议书 /63

26. 建议公众减少烟花爆竹燃放 /65

27. 清明节文明环保祭祀倡议书 /66

28. 5 月前 20 天我市空气质量为啥差？ /68

29. 露天烧烤危害多 污染环境损害健康 /69

30. 倡导低碳出行减少机动车使用的倡议书 /71

31. 随地烧纸污染环境 环保部门倡导绿色祭祀 /73

32. 哪些情形限制生产、停产整治？ /74

33. 科学洒水控尘抑污 科学安排确保供水 /75

34. 中秋节期间气象条件不利于污染物扩散 专家建议环保出行和严查企业偷排偷放 /82

35. 公众共同参与防控 /84

36. "前两轮"防控喜中掺忧 "后三轮"应急考验在即 /86

37. 今日积霾明日祸 莫因晴阳迷双眼 /92

38. 今明抓实正当时 求真务实退前十 /95

39. 北风袭来重霾去 轻度污染将持续 /98

40. 今日晴天明日霾 收官三天重污染 /100

41. 收官三天重霾日　全民参战迎考验 /102

42. 向污染宣战，让我们赖以生存的环境更好 /104

43. 移风易俗　文明祭祀 /105

44. 天不帮忙人努力　持续攻坚战污霾 /107

45. 猴年战霾绩可贺　新年迎考在初月 /109

46. 新年污染持续加剧　控污减霾刻不容缓 /113

47. 今日阳光明媚　明日污染难退 /115

48. 上半月情势危急　下半月力挽狂澜 /118

49. 皮猴临去施霾术　金鸡喜报除夕"晴" /120

50. 一月成绩值得肯定　二月战霾持续发力 /123

51. 莫让晴天麻痹思想　严防严控重度污染 /126

52. 决不能让工地扬尘　毁了大气治理成果 /128

53. 市大气办六条措施严控四月首轮污染过程 /130

54. 市大气办发布改善空气质量攻坚月行动五大重点任务 /132

55. 大气污染防治形势依然严峻 /135

56. 战高温　控臭氧　合力攻坚保蓝天 /137

57. 蓝天需要大家呵护　治霾期待共同行动 /144

58. 禁止在主城区露天焚烧祭祀用品 /149

59. 首轮重污染天气应对有效　整改问题持续攻坚 /150

60. 坚决打赢秋冬季大气污染治理攻坚战 /152

61. 露天焚烧祭品危害环境危害健康 /158

62. 今冬第三轮污染马上来临 /160

63. 大晴天启动应急对市民有什么好？ /162

64. 应急响应为什么要延续？ /165

65. 近日危害群众健康的污染物主要是什么 /167

66. 延续应急就是为了预防污染累积伤害人体 /169

67. 如果不持续应急　空气质量会更差 /172

68. 持续防控让市民有了更多"获得感" /174

69. 区域持续联控重污染是为民造福 /177

70. 持续抓好燃煤污染管控才能有好空气 /180

71. 咬紧牙关拼十天　力争全年好成绩 /183

72. 煤改气对改善空气质量带来什么效果？ /186

73. 年末一周天欠好　蓝天呼唤新年福 /189

74. 好空气能持续多久？ /191

75. 新年第一周空气质量怎么样？ /195

76. 对乡镇空气质量实行排名考核 /198

77. 上半月大气污染防治新启示 /200

78. 天气异常突变　防控急需跟上 /203

79. 化雪潮湿污染不利扩散　控车控企减排最为关键 /206

80. 为什么市区臭氧污染显得有些重？ /208

81. 一月旗开得胜　二月"危机四伏" /211

82. 首月治污告捷　未来任重道远 /214

83. 晴朗的天空为何不"优"而"良" /217

84. 万民喜迎新春到　霾来捣乱要严防 /219

85. 主城区控炮果实被谁"偷吃"了？ /221

86. 3月3日"当头一棒"是何因？ /223

87. 3月治霾：大战临头轻战必危 /227

88. 污染累积日益严重　严防严控切莫松懈 /229

89. 风来霾去思痛处　着眼来日再用功 /231

90. "咬"住污源拼十天　定要 3 月退"后十" /233

91. 廊坊精准治气抓大不放小 /235

92. 最后一周怎么拼？/239

93. 未来三天全力严控烟气尘 /241

94. 4 月：天缺"优"　霾添"忧" /243

95. 解决四个问题　建强乡镇环保机构 /245

96. 2018：初战成果令人喜　未来作战更艰巨 /247

97. 2013—2017 年五年治霾经验与教训 /249

98. 2017—2018 年秋冬防廊坊空气质量为啥好？/252

99. 用什么来判定"好天"与"孬天" /255

附录 /259

《战霾三部曲》之一《霾来了》媒体重点报道与评论阅读索引 /259

《战霾三部曲》之二《霾之殇》媒体重点报道与评论阅读索引 /263

《战霾三部曲》之三《霾爻谣》媒体重点报道与评论阅读索引 /265

1. 廊坊实施专家引路科学治霾

刊 2017.8.17《中国环境报》7 版

作为河北省廊坊市大气污染治理的技术支持和技术服务团队，PM$_{2.5}$ 小组为廊坊市大气治理制定并实施了科学定源、科学预警、科学考核的科学治霾方案。2017年上半年，廊坊经历了有史以来最严重、时间最长的重污染过程。但因有 PM$_{2.5}$ 小组专家团队的精准预判，全市采取了精准防污、重点防治，以及超前应急等手段，廊坊空气质量继 2016 年在全国 74 个重点城市排名中退出倒排前十之后，在 2017年上半年又一次退出了倒排前十。专家引路，科学治霾，是近两年廊坊市在大气污染防治工作中形成的重要经验。

中国科学院院士、清华大学环境学院院长贺克斌说："廊坊治霾充分利用了科技支撑，特别是专家支撑。科学咨询支持了科学决策，科学决策保障了科学治理。"

为了科学治理 PM$_{2.5}$ 污染，解决经济、社会、环境协调发展问题，2013 年 5 月，由院士、中组部"千人计划"等国家级专家成立了"PM$_{2.5}$ 特别防治小组"。2013年下半年，PM$_{2.5}$ 小组进入京津冀地区开始典型城市试点工作。2014 年 2 月，PM$_{2.5}$小组与廊坊市政府正式签署《廊坊市 PM$_{2.5}$ 防治战略合作框架协议》，致力于协助廊坊市政府实现廊坊市空气质量的持续改善。

PM$_{2.5}$ 小组的初创发起人、国家特聘专家、南开大学教授毛洪钧出国前曾在我国基层环保部门工作 10 年，深知大气污染防治方面环境管理的瓶颈。毛洪钧说，创建 PM$_{2.5}$ 小组的初衷，就是想从我国基层环境管理工作的实际情况出发，针对地方科学技术支撑不足、地方与区域环境关系不明、部门间综合协调困难、环保与局部利益冲突等方面的传统环境管理问题，全方位引进专家及第三方管理服务团队，以城市为基本元素，通过多年在海外工作的专家们的协同合作，改善空气质量。

依托 PM$_{2.5}$ 小组，廊坊从 2014 年开始展开精准的源解析工作，以找出污染源头。经过两年多的科学研究与实践，廊坊市现在的空气污染源解析，不仅可以做到实时显示数据并进行分析，而且可以实时了解污染成因的变化。廊坊市广阳区委书记周春生告诉记者："昨天还是大晴天，市里启动了一级应急响应，我们开始还都不理解。但到了第二天，竟阴霾密布，眼看着周边爆表出现了严重污染，而我们这里是重度和中度污染。事实面前我服气了，按专家组的意见，头一天涉气涉烟企业停限产的'笨招'见效了"。

"通过实施党政同责，'一把手'抓'一把手'和专家引路，靶向攻坚，有效应对重污染天气过程，减轻污染，这是我们发挥专家组作用实施科学治污的初衷。"廊坊市委书记冯韶慧，作为 2014 年首创引进专家组的主持者，对专家组的作用感受颇深。2016 年，廊坊市针对各县（市、区）制定了空气质量考核奖惩办法。两个县（区）因连续两月排名最后被罚款 2 000 万元，主要负责人还在市级媒体向全社会做出公开检查和整改承诺。为了进一步推进大气污染防治各项举措落实到位，廊坊市把考核从（市、区）向市直单位全面铺开。PM$_{2.5}$ 小组科学设计了对各相关部门空气污染治理督查情况的考核办法，承担了考核监测和评价任务。据介绍，考核组已确定了 11 个部门的 25 项可量化的指标，包括油气回收装置检测、经营油品质量检测、锅炉和经营单位煤炭的质量检测、工业企业烟尘检测等。

河北省环境应急与重污染天气预警中心主任王晓利说："廊坊市签约专家组全程引路大气污染防治工作，形成了'政府＋公众''传感器＋大数据''互联网＋生态环保'、技术指导与效果考评相结合的大气污染治理新模式，把科学管理和科学治污无缝对接融为一体，值得其他地方学习借鉴。"

"千人计划"专家联谊会副会长、PM$_{2.5}$ 特别防治小组组长甘中学，也是廊坊市政府特聘的市大气污染防治指挥部副总指挥。他说："在科学治霾方面，仍然有很多问题还没有得到有效解决。例如，大气污染物不仅包括二氧化硫、氮氧化物、VOCs，还有生物氨等多种污染物。在一个空间里，这些污染物到底怎样相互作用、相互反馈，这些将是解决雾霾问题的关键所在。此外，解决雾霾问题的根本还在于产业结构和能源结构的根本转变。对此，PM$_{2.5}$ 小组 2017 年牵头成立了廊坊市智慧环境生态产业研究院。一方面，对当前的大气污染等环境问题提出科学的解决方案；另一方面，也为廊坊等地未来产业转型谋划出更广阔的绿色发展前景。例如，廊坊正计划向大数据、现代物流、电子商务发展方向转型，以减少污染物排放，促进绿色发展。"

2. 控制臭氧污染必须进行源头治理

刊 2017.8.14《中国环境报》3 版

龚山陵，博士，国家"千人计划"特聘专家。中国气象局研究员、雾—霾监测预报创新团队首席，大气化学和大气气溶胶数值模式专家。参与加拿大环境部的空气质量预报模式开发，特别是 $PM_{2.5}$ 的模拟研究，回国后指导建立了中国气象局化学天气数值预报系统。

有数据显示，近年来，北半球许多国家的臭氧污染都比较突出。我国也不例外。2013 年以来，我国三大重点区域特别是京津冀和长三角地区臭氧浓度有显著的逐年上升趋势。今年前 5 个月，我国多个城市也出现臭氧浓度大幅上升现象。臭氧污染为什么会日益突出？如何更好地控制臭氧污染？记者采访了国家"千人计划"特聘专家、中国气象局研究员龚山陵博士。

对话人：中国气象科学研究院研究员 龚山陵

采访人：中国环境报记者 原二军

臭氧浓度为什么会明显上升？

氮氧化物和 VOCS 排放量增多，太阳辐射增强，导致臭氧浓度上升。

中国环境报：2013 年以来，我国三大重点区域的臭氧浓度有显著的逐年上升趋势。今年前 5 个月，我国多个城市也出现臭氧浓度大幅上升现象。为什么会出现这种现象？

龚山陵：自 2013 年以来，我国京津冀、珠三角、长三角等区域的臭氧浓度一直上升，位于西部的成渝地区也是如此。特别是今年上半年以来，臭氧浓度的上升

就更为显著。导致这种现象出现主要有以下几方面原因。

一个要素是人为活动产生的排放，包括机动车、燃煤、工业生产等排放出氮氧化物和 VOCs（挥发性有机物）等污染物。太阳紫外线把二氧化氮分解成一氧化氮和氧原子，氧原子和大气中的氧气相结合，就形成了臭氧（O_3）。如果在没有 VOCs 的情况下，臭氧和一氧化氮还会再发生反应，还原成二氧化氮，在大气中达到一种平衡状态。但因为有 VOCs 的存在，就可以起到催化剂的作用。在阳光照射的情况下，O_3 产生 HO_2 自由基，可以把一氧化氮重新还原成二氧化氮。而二氧化氮在阳光辐射下又产生了臭氧，这也就使得臭氧不断累积而没有消耗，在这种情况下，就会出现臭氧浓度一直上升的情况。可以这么说，因为有 VOCs 的存在，使得臭氧量越来越多，当然这中间有很复杂的化学反应。

另一个要素是天气本身。在污染物排放不变的情况下，如果说太阳光线越强，那么产生的臭氧就会越多。我们分析了京津冀和长三角臭氧变化的趋势，就发现在 2013—2017 年这段时间内，太阳辐射强度一直在增高。一方面，这与全球大气候本身的波动有关，这几年太阳辐射强度呈逐年增强趋势；另一方面，与近几年我国对 $PM_{2.5}$ 的有效防控有关，大气更清洁、颗粒物更少，增加了太阳辐射的强度，造成了臭氧量的增加。

分析还发现，在京津冀地区，臭氧的增加率和辐射增加率之间的相关性（r）能达到 60%。也就是说，太阳辐射增加可以解释 35% 左右臭氧增加的方差（指各个数据与平均数之差的平方的平均值，用来测量和中心偏离的程度）。而在广州，这种相关性（r）能达到 70%，辐射增加可以解释 60% 臭氧增加的方差。从这个角度来讲，天气原因在其中起到了一个非常大的作用。另一个天气原因就是空中的水汽，也就是水分子，它也是影响臭氧的一个关键因素，它和太阳辐射呈反向的关系。研究发现，大气中水汽含量越高，臭氧就越低。例如北京在 2013—2016 年，年均总辐射从 13.1 增加到 14.7（10- 2 兆焦耳 / 米 ^{2}），相对湿度从 45.7% 下降到 40.6%，是导致臭氧升高的主要原因之一。

中国环境报：臭氧污染加重，气象因素和人为活动因素中哪一个所起的作用更大？

龚山陵：谈到气象因素对臭氧污染影响的时候，我一直强调一个前提，就是在污染物排放不变的情况下。但实际上，由于人为活动，污染物排放量是一直在变化的，比方说 VOCs 的排放量一直在增加，即使氮氧化物保持着不变或稍微上升的趋势，也会导致臭氧升高。

一个区域里臭氧污染的加重，我们现在还很难区分出来到底是气象的原因，还是污染排放量的变化占主导地位。气象条件变化可以解释 35% ～ 60% 臭氧升高的原因，但氮氧化物和 VOCs 排放的比值变化，以及排放的绝对量的增加也是臭氧增加的原因之一。因此，由于区域和季节的不同，气象因素和人为活动因素对臭氧增加的相对作用会有所不同，需要进行详细的研究。

> **臭氧浓度升高可能带来哪些影响？**
> 臭氧可以导致二次污染物的形成，影响人体健康，抑制农作物的生长。

中国环境报：有专家指出，臭氧不仅本身有害，其生成二次污染物的能力也很强。对此如何理解？

龚山陵：臭氧本身不是一次污染排放物，它是大气氧化性的一个产物。没有氮氧化物、VOCs、自由基的形成，臭氧浓度就不会增加得这么快。正是在太阳辐射下，VOCs、一氧化碳等都会产生一些自由基，增强大气的氧化性，使二氧化氮不断产生臭氧。臭氧的形成速率和大气氧化性是成正比的。大气氧化性越强，臭氧形成量就越高。而在臭氧形成后，它本身也是一个氧化性比较强的物质。臭氧有可能氧化二氧化硫，使其变成了硫酸盐（$PM_{2.5}$）。它也有可能把一氧化氮变成二氧化氮，二氧化氮和水汽相结合，又变成硝酸盐。

臭氧可以增强大气的氧化性，导致二次污染物的形成。这是一个相互作用、相互反馈的一个系统，比较复杂。

中国环境报：大气中臭氧浓度升高会带来哪些影响？

龚山陵：大气中臭氧浓度升高，带来的影响主要包括两个方面：一是影响人体健康。人体在高臭氧浓度的环境下，皮肤会产生敏感性。臭氧会刺激人的眼睛，使视觉敏感度和视力降低。大气中的臭氧浓度在 200 毫克 / 米³ 时，就会对人的中枢神经产生影响，人会感觉到头痛、胸痛、视觉下降等症状。

二是影响农作物的生长。臭氧可以抑制植物的生长。臭氧有比较强的氧化性，到达植物的表面以后，可以强化植物的呼吸，增加水分能量的供给，导致农作物产量的降低。有研究显示，臭氧浓度升高，可以使大豆的产量降低 10% ～ 30%。

> **有效控制臭氧污染的关键点是什么？**
> 主要是控制人为活动引发的污染排放，进行源头治理。

中国环境报：控制臭氧污染，关键点是什么？

龚山陵：对臭氧进行有效控制，主要应控制人为活动引发的污染排放，进行源头治理，尽量降低氮氧化物和VOCs的排放。

臭氧的产生是一个非常复杂的光化学反应过程，VOCs和氮氧化物的排放量以及排放的比值，是决定臭氧产生的重要因素。VOCs和氮氧化物排放的比值是由当地的天气和能源结构造成的。在特定的大气环境下，VOCs和氮氧化物排放的比值有一个特征量，它决定了一个城市的减排是以VOCs为主还是以氮氧化物为主。如果不能准确地按照特征量减排相应污染物，产生的效果可能适得其反。也就是说，如果一个城市或区域的臭氧量是由VOCs控制的，必须减排VOCs才能减低臭氧的浓度；但如果只是单纯降低氮氧化物，臭氧量反而还会上升。相反，如果这个城市或区域的臭氧量是由氮氧化物控制的，就要减排氮氧化物，这样才会有效果。

因此，对一个区域的臭氧进行有效的控制，一定要弄清楚这个地方臭氧的污染特征，包括氮氧化物和VOCs的比值以及这些污染物的排放强度。

VOCs种类有成千上万种，不同的VOCs对生成臭氧的贡献量是不一样的，如喷漆、餐饮油烟、机动车排放，这些都不一样。所以，我们要找出对臭氧催化起作用更大的VOCs种类，进行控制，这样效果会更好。

中国环境报：如何才能更好地控制臭氧污染？

龚山陵：在我国$PM_{2.5}$防控初见成效，能源结构、产业结构不断改善的情况下，臭氧的问题今后会越来越凸显。例如，以前燃煤污染比较严重，通过煤改电以后，现在氮氧化物和VOCs问题凸显出来，特别是以机动车为代表的污染物会越来越凸显出来，这些都是臭氧生成的原因。并且这些问题不是一两年就可以解决。

无论是美国还是欧洲，对臭氧治理了这么长时间，还会出现臭氧超标的情况。我国臭氧超标的情况今后持续5年、10年甚至20年，都有可能。因为我们的生活方式和交通方式不会有太大的变化。但我们可以通过升级油品，使机动车排放更清洁一些。此外，还要通过立法和建立标准，将散乱污企业淘汰掉，调整区域的产业结构，这些措施都有助于更好地控制臭氧污染。

3. 从源头到监管探寻机动车污染治理

刊 2017.8.3《中国环境报》4 版

我国连续 8 年成为世界机动车产销第一大国,机动车尾气污染已成为我国空气污染的重要来源,探寻治理机动车污染方法已是当务之急。近日,中国汽车工程学会环保技术分会联合武汉理工大学等 4 家单位举办"2017 机动车排放控制技术与监管技术国际研讨会",来自国内外高校、研究机构、汽车企业等 300 多名代表参加本次研讨会,围绕机动车排放监控与监管技术等主题展开研讨。

一、机动车排放污染具有四大特点

环境保护部发布的《2017 中国机动车环境管理年报》显示,2016 年,全国机动车保有量达到 2.95 亿辆,排放污染物初步核算为 4 472.5 万吨。机动车污染已成为我国空气污染的重要来源。

相比其他排放源,机动车尾气排放的不仅有颗粒污染物,更有造成大气氧化性增强的"催化剂",其复杂性应当引起重视。

南开大学教授毛洪钧认为,机动车污染具有四大特点:污染集中在城市区域,与人口活动强度呈正相关,受影响人群密度高;低矮排放源,集中分布在人的呼吸带内,不易扩散,容易形成高浓度区;尾气中毒性物质多,一些毒害成分比同等排放强度的面源及高架工业点源高数十倍;易发生二次反应,又可通过长距离扩散形成大范围、长时间覆盖的地表污染。

二、监控机动车排放可采用遥感法

近年来,尽管环保部门对机动车的污染监控和管理力度在持续加大,但如何在不影响正常行驶的情况下监测监控,筛选并鉴定是否超标排放依然是难点。

清华大学教授刘欢认为,排放清单是所有污染治理最核心的基础,目前针对固

定源已有较好的清单方法，但是移动排放源受运行时间、交通状况、后处理技术等因素影响，导致机动车的清单不确定性非常大，管理难度也非常高。

刘欢认为，建立货运车排放清单分布，有利于进一步摸清底数、理清来源、弄清机理、精准防治，有的放矢治理机动车污染。

北京理工大学教授葛蕴珊则指出，遥感法能够快速监测出通过遥感监测地点的机动车排放，不影响机动车正常驾驶，是一种高效的高排放车筛选方法。

"机动车遥感监测设备可以做到对每一条车道上所有通过的车辆进行实时监控，可以在筛选高污染排放车辆、豁免清洁车辆、对行驶中的机动车进行实时在线监测等方面发挥重大作用，可以使机动车监管更加高效率。"

目前，环境保护部正在京津冀地区"2＋26"个城市建设遥感网络，2017年年底"2＋26"个城市的主要交通要点全部安装 10 台左右的固定遥感的设备，覆盖高排放车辆通行的主要道口，重点筛选柴油和高排放的汽油车。通过加强机动车监控能力建设，加快构建机动车排放大数据管理平台，严厉查处重型柴油车等超标排放车辆，不断改善大气环境质量。

三、应加强在用车尾气升级治理

针对机动车污染，近年来国家下大力气从排放标准升级、提升燃油品质、淘汰黄标车和老旧车等多方面做文章。"强化机动车尾气治理"作为机动车污染防治的重要一环，正式写入 2017 政府工作报告，反映了机动车尾气治理的急迫性。

武汉洛福特动力技术有限公司创始人李平认为，新车制造本身会消耗大量原材料和能源，老旧车辆通过治理净化尾气排放继续使用可以延缓新车制造给环境带来的负面影响。同时在强制报废期满之前，政府强迫车主提前淘汰黄标车和老旧车辆也存在法律方面的障碍，从技术层面讲我国已有足够的能力可以治理这些车。他认为对在用车尾气排放升级治理是必然的、必须的，同时也是利国利民的重要环保措施。

李平通过降颗粒物装置及车载在线监控实现柴油车尾气净化排放升级，目前已在武汉国Ⅲ公交车治理、黄标车治理等项目上取得了较为成功的试点效果。

四川大学教授陈耀强认为，当前我国汽油车 $PM_{2.5}$、HC、CO 和 NO 排放高的原因是催化器孔道堵塞引起发动机背压增加及发动机燃烧劣化，导致排放的大量增加，催化器失效导致污染加大。目前，我国对更换失效的催化器已有强制性的国家排放法规，但是缺少替代催化器制度和实施细则。他认为，通过更换失效的汽油车催化器，可以改善机动车排放状况。

随着机动车排放标准的日益严格、监管重视程度的不断提升，与会代表希望共同推动我国机动车排放控制技术的新发展，推进汽车科技创新，实现我国汽车行业的可持续发展。

4. 高效清洁地利用煤炭资源是关键

刊 2014.1.14《中国环境报》 2 版

我国煤炭消费量占总能源消费量的 70% 左右，并且这样的能源结构短时期内无法改变。有关研究表明，与煤炭使用有关的排放已经成为我国大气污染的主要来源之一。如何高效、清洁地利用煤炭资源，做好煤炭合理使用的文章，将是有效改善大气污染状况的关键所在。本版特约请专家撰写相关文章，以期对读者有所借鉴。

- 燃烧同样量的煤炭，生活消费的 SO_2 排放量要远远高于电力行业的排放量，生活燃煤 SO_2 排放约为电力燃煤排放的 6.25 倍。生活煤炭消费排放对地面 SO_2 环境浓度的贡献约为电力行业排放贡献率的 3 倍。

- 目前仅有的天然气除了城市居民用外，有些还用于替代城市除污水平高的大型燃煤设施用煤，甚至替代电煤。而城乡接合部、城市周边区域大量的小型或民用燃煤设备还在使用。从环境效益来讲这种天然气使用方向值得商榷。

- 由于强制性动力煤用煤标准缺位，我国至今做不到为不同用煤设备供应性质不同的、可满足设计要求的动力煤产品。许多企业一直使用原煤，而不愿意使用洗选煤。这不但增加了煤炭的运输量、使用量，也大幅增加了除污设施的负荷，从而增大排污量。

- 燃煤污染防治的根本出路是增加清洁能源的供给，有效地进行能源结构的调整，降低煤炭消费量的增长速度，实施煤炭消费总量控制。

- 研究表明，天然气替代民用燃煤的环境效益（SO_2 环境浓度削减量）巨大，平均约为天然气替代发电燃煤环境效益的 26 倍。煤炭难以清洁利用的行业应作为天然气等清洁能源替代燃煤的主要方向，能够高效利用煤炭的火电行业应禁止使用天然气。

冯银厂：

煤炭的使用是影响我国环境空气质量的主要因素。煤炭的开采、加工、运输、使用等过程都会带来大气污染物排放，造成污染。研究表明：影响我国环境空气质量的首要污染物 $PM_{2.5}$ 中，除了一线城市，大多数城市燃煤对环境空气中 $PM_{2.5}$ 的直接贡献达到 20% 左右，同时，二次硫酸盐和二次硝酸盐等的贡献达到 30% 左右。而二次硫酸盐主要来自于燃煤排放的 SO_2 的化学转化以及脱硫过程中生成的硫酸盐或亚硫酸盐等的夹带排放。二次硝酸盐由 NO_x 转化而来，燃煤活动和机动车尾气是 NO_x 的两大来源。

京津冀及周边区域是我国城市空气污染最重的区域之一。除了自然条件与我国南方城市相比有明显差距外，此区域燃煤量大是大气污染重的重要原因。以 2012 年为例，此区域各省市燃煤量分别约为：北京 0.2 亿吨、天津 0.5 亿吨、河北 3.0 亿吨、山东 4.0 亿吨、山西 3.6 亿吨、内蒙古 3.4 亿吨。合计达 14.7 亿吨，占全国全年燃煤量的 40%。

目前，我国煤炭消费量占总能源消费量的 70% 左右，且煤炭消费量呈逐年快速上升趋势。2012 年我国煤炭消费总量约 37 亿吨，已占到全球消费量的 50%。在可预见的未来，我国以煤炭为主的能源消费结构还难以发生根本性改变。因此，如何在实行煤炭消费总量控制的前提下，高效、清洁地利用煤炭资源，做好煤炭如何使用的文章，将是有效改善大气污染状况的关键所在。

当前煤炭资源高效清洁利用中存在的主要问题

（一）煤炭消费结构不合理

在我国的燃煤结构中，煤电行业耗煤量比例及采用先进煤炭发电技术的比例过低。目前我国发电燃煤占 49%，其他工业燃煤占 46%，民用燃煤占 5%。发电行业煤炭消耗量占煤炭总消耗量的比例远低于发达国家（美国 94%、欧盟 81%）。

非电力行业燃煤用户在我国量大面广，尤其是民用燃煤设施数量极其庞大，这么多的、小的燃煤用户不能集中治理，同时很难以有效的、能够稳定连续运行的除污设施进行治理，导致因燃煤造成的污染十分严重。

我国《2011 年能源统计年鉴》显示，生活消费燃烧每万吨煤炭约排放 350 吨的 SO_2，而电力行业每万吨煤排放 SO_2 约为 56 吨。也就是说，燃烧同样量的煤炭，生活消费的 SO_2 排放量要远远高于电力行业的排放量，生活燃煤 SO_2 排放约为电力燃煤排放的 6.25 倍。生活煤炭消费排放对地面 SO_2 环境浓度的贡献约为电力行业排放贡献率的 3 倍。

我国北方城市在采暖期空气污染明显重于非采暖期。研究表明，与非采暖期相比，采暖期北方城市单位面积上燃煤量增加 1 倍，环境空气中典型燃煤污染物 SO_2 的浓度是非采暖期的 3 ～ 4 倍。除了气象条件等因素外，其根本原因是采暖期增加的取暖用燃煤带来的大气污染物排放。

另外，在煤电行业中，采用煤炭先进发电技术的比例比较低。高效、洁净的超超临界发电技术供电煤耗 270 ～ 280 克 / 千瓦时。我国燃煤机组平均供电煤耗约 330 克 / 千瓦时，但目前使用先进发电技术的装机容量仅占火电机组装机容量的 6.2%。若我国采用煤炭先进发电技术的装机容量得到大幅提高，那么每年将节约大量的煤炭消耗。

可以说，燃煤会造成污染，但燃煤结构的不合理是燃煤污染加重的主要原因。

（二）天然气替代煤炭的整体布局和调整方向有待优化

作为重要的清洁能源，天然气使用的分配在以中心城区为主的基础上，没有很好地兼顾到周边区域，同时，其替代何种类型的燃煤还缺乏科学严格的要求。

治理燃煤造成的大气污染，调整能源结构，以清洁能源替代燃煤是行之有效的方法之一。目前，我国清洁能源使用比例很低，天然气作为重要的清洁能源在我国能源消费结构中仅占不到 5%，与世界平均水平 24% 相差甚远。在天然气资源极其紧缺的情况下，我国天然气资源的分配主要集中在大城市的中心城区。

以北京为例，2012 年北京市天然气使用量已达到 92 亿立方米，但北京的环境空气污染依然较重。研究表明，北京周边地区对其环境空气污染有着明显的影响，这就像木桶效应，某一局部的环境空气质量除了自身采取有效的控制措施，很大程度上也取决于其所在区域的情况。可以设想，如果 92 亿立方米天然气有一部分用于北京周边污染较重的燃煤设施的煤炭替代，实际的环境效益将会更明显。

另一方面的问题是，目前仅有的天然气除了城市居民用外，有些还用于替代城市除污水平高的大型燃煤设施用煤，甚至替代电煤。而在城乡接合部、城市周边区域，大量的小型或民用燃煤设备还在使用。河北省 2011 年民用耗煤量达到 1 949 万吨，民用天然气仅 9 亿立方米，与北京相比差距甚远。从环境效益来讲这种天然气使用方向值得商榷。

（三）缺乏煤炭清洁高效利用的强制性法规和机制

清洁煤的利用缺少强制性用煤标准，同时科学、有效的电力分配不力，造成煤炭资源的浪费。

我国虽然已有多项法律和政策鼓励发展动力煤洗选，但是此类政策中没有经济优惠和强制性要求，没有形成优质煤优价市场和用户强制使用洗选煤的有效机制，

动力煤洗选发展速度与期望相差很远。例如，2010年我国动力原煤产量约为23亿吨，而入选量不到8亿吨，动力煤入选率仅为35%。由于强制性动力煤用煤标准缺位，我国至今做不到为不同用煤设备供应性质不同的、可满足设计要求的动力煤产品。许多企业一直使用原煤，而不愿意使用洗选煤。这不但增加煤炭的运输量、使用量，也大幅增加除污设施的负荷，从而增大排污量。

在电力调度方面，电力公司出于自身利益的考虑，在地区电力供需不平衡情况下，无法进行有效的电力分配，造成煤炭产地的火电企业的电力难以上网，却要把煤炭运到几百千米以外的火电企业去发电。这不仅消耗大量的能源，还会造成大面积的高速公路堵塞，同时运输过程中也会带来大量污染，明显降低了煤炭的使用效率。

关于燃煤污染防治的建议

燃煤污染防治的根本出路是增加清洁能源的供给，有效地进行能源结构的调整，降低煤炭消费量的增长速度，实施煤炭消费总量控制。当前，在实施源头控制的前提下，面对我国燃煤量巨大的现实，提高煤炭使用效率，高效清洁利用煤炭资源，是当下改善燃煤污染的重要途径。

（一）在确保电力行业大气污染物排放得到有效控制的前提下，优化煤炭消费结构，重视煤炭消费进一步向燃烧效率高、治污水平先进的电力行业集中，严格控制低矮面源和生活源煤炭消耗量，提高煤电行业煤炭消费量的比例。

在优化煤炭消费结构，促进煤炭消费向电力行业集中的同时，应注重电力行业煤炭的高效清洁利用技术。我国洁净煤发电技术的应用还十分有限。2012年，我国火电机组装机容量为819千兆瓦，其中超超临界机组51千兆瓦，仅占6.2%。采用煤炭先进发电技术是煤炭清洁利用的主要方面之一，也是清洁、高效利用丰富的煤炭资源，改善能源终端消费结构，有效减少煤炭消费引起大气污染的重要方面。因此，减少煤炭利用效率低的小火电机组，采用高效、洁净的先进煤电技术是火电行业煤炭消费结构调整的主要方向。

（二）煤炭难以清洁利用的行业应作为天然气等清洁能源替代燃煤的主要方向，能够高效利用煤炭的火电行业应禁止使用天然气。

与煤炭相比，天然气具有转换效率高、环境代价低等诸多优势，积极开发和利用天然气资源已成为全世界能源工业的潮流。因此，天然气是能源结构调整中替代煤炭使用的主要能源。一方面我国能源结构中天然气使用量只占不足5%；另一方面受我国"少油气多煤炭"的资源禀赋制约，天然气资源总量有限。因此，合理利用和高效配置宝贵的天然气资源，对于减少燃煤造成的大气污染至关重要。

研究表明，天然气替代民用燃煤的环境效益（SO_2 环境浓度削减量）巨大，平均约为天然气替代发电燃煤的环境效益的 26 倍。同时，我国《天然气利用政策》（2012 年 10 月 31 日国家发改委第 15 号令）也明确将部分地区天然气发电列为限制类项目。因此，天然气替代非电力燃煤应是能源结构调整的方向。

在清洁能源分配方面应打破行政区划界限。在国家层面，应制定区域的清洁能源利用规划，使清洁能源用到最该用的区域和最该用的行业。以河北省为例，2012 年煤炭消费量 3 亿吨，占京津冀地区的 80% 以上。河北每减少 1% 的煤炭消费，就需要增加 15 亿立方米天然气消耗才可以得到平衡。但是 2012 年河北天然气产量仅为 13.36 亿立方米，如果不能在国家层面合理地分配天然气资源，向急需的区域给予政策倾斜，短期内河北作为污染最重的区域，其能源结构的调整将十分困难。

从大气污染问题的本身来讲，大气污染物的排放可以分行政区划，但排放到大气中的污染物在造成污染时却不可能按照行政区划，这也正是大气污染联防联控的意义所在。因此，如何打破行政区划，从全局出发，按照大气污染形成的规律分配相关资源，是共同应对大气污染的基础。

（三）制定不同行业的强制性用煤标准，并出台针对煤炭洗选业或清洁煤使用行业的经济鼓励政策，提高洗选煤的利用比例。

最近从各地出台的大气重污染的应急预案中，我们经常可以看到，要求燃煤企业尤其是燃煤电厂，要准备含硫量低、灰分少的优质煤，在应急预案启动时使用。这看似是一项不错的措施，但值得思考的问题是，这些燃煤企业是不是日常就应该按照设计要求用质量好一些的煤？制定相应的强制性政策，提高煤炭的质量是有效改善燃煤污染的重要方面。

此外，打破各大电力公司的利益保护，制定严格的火电发电调度办法，在煤炭资源丰富的地区，煤炭利用效率高的火电企业能够优先、高负荷发电，也是燃煤污染控制的有效措施。

5. 煤制气是应对气荒的良药？

刊 2014.4.7《中国环境报》2 版

冯银厂，理学博士，南开大学环境科学与工程学院教授，博士生导师，国家环境保护城市空气颗粒物污染防治重点实验室主任。从事大气污染防治技术研究工作。

据媒体报道，如何应对天然气"气荒"成为国家能源局在 2014 年需要面对的问题。据悉，在增加天然气供应的措施中，煤制气等非常规天然气的开发将加快推进。国家能源局相关负责人披露，初步规划到 2020 年，煤制气要达到 500 亿立方米以上，占国产气的 12.5%。我们想知道，煤制气是否会带来更大的环境问题？煤制气是不是使用煤炭的最好方式？煤怎样使用才清洁？

对话人：南开大学环境科学 与工程学院教授冯银厂

采访人：中国环境报记者李莹

• 事实上，我国煤制气产业主要分布在西部地区，而西部是我国几大水系的上游，煤制气生产过程中产生的污染尤其是水污染，将对下游用水产生潜在的威胁。

• 在实践中，煤用于发电的比例越低，污染越严重。我国《2011 年能源统计年鉴》显示，生活消费燃烧每万吨煤炭约排放 350 吨 SO_2，而电力行业每万吨煤排放 SO_2 约为 56 吨。

• 天然气使用的分配主要以中心城区为主，没有很好地兼顾到周边区域。如果天然气有一部分用于周边污染较重的燃煤设施的煤炭替代，实际的环境效益将会更明显。

煤制气推广存在哪些障碍？

煤制气对水资源的需求量非常大，大规模推广煤制气产业应该谨慎。

记者：到 2020 年，煤制气将占到国产天然气的 12.5%，请问这是否意味着我国已经开始全面推动煤制气产业发展？

冯银厂：我不这样认为。目前，我国的煤制气产业还在试点阶段。事实上，煤的清洁利用方向主要有两个方向，一是发电，二是煤制气。但以目前的技术，煤制气对水资源的需求量非常大，已经成为制约煤制气发展的瓶颈。因此，我认为，大规模推广煤制气产业应该谨慎。

记者：您刚刚提到，煤制气最大的制约是其对水资源需求。煤制气的耗水量有没有相关数据？

冯银厂：我国煤炭资源丰富的地区主要集中在西部，如内蒙古、新疆、陕西、山西等省（自治区），它们都是缺水的地区。

根据国家统计局的数字计算，山西、内蒙古、新疆、陕西这 4 个省（自治区）的煤炭储量占全国的 68.36%，但是水资源总量仅占全国的 6.46%。有研究显示，如果每年有 40 亿立方米的气体从内蒙古的工厂输送到北京，那么，生产这些煤制天然气将消耗 320 亿升淡水，足以满足 100 万人内蒙古当地居民全年的生活用水需求。

煤制气产业面临一个显而易见的尴尬，就是它得和其他工业、农业生产抢水。

记者：除了对水资源需求量大，在煤制气的过程中，还会带来哪些环境污染？

冯银厂：国内目前上台的煤制气项目大多采用碎煤固定床加压气化的技术，其优势是生产成本较低，但劣势是大量含酚废水难以处理。

此外，煤制气生产过程还伴随着有毒的硫化氢和汞的排放，如不能进行有效处理，将对环境和人体健康造成明显的影响。

记者：西部地区环境管理水平相对较低，如果大量煤制气项目上马，是不是会给当地环境保护带来更大的挑战？

冯银厂：事实上，我国煤制气产业主要分布在西部地区，而西部是我国几大水系的上游，煤制气生产过程中产生的污染尤其是水污染，将对下游用水产生潜在的威胁。

要解决这些问题需要对产生的污染进行有效治理，这当然会增加企业的生成成本，同时要有有效的监管。但西部地区经济发展较晚，环境容量相对较大，相应的环境管理水平较低，对环境问题的认识水平相对不足，这无形中增大了这种环境风险。

如果西部地区大规模建设环境影响较大的项目，当然对当地的生态环境将是很大的挑战。

记者：有研究称，煤制气使整个温室气体的排放量增高了。是这样的吗？

冯银厂：煤制气其实涉及两个过程，一是把煤变成煤气的生产过程，二是在终端使用的过程，这两个过程都会产生二氧化碳排放。

美国杜克大学的学者发表在《自然》旗下的子刊《自然—气候变化》上的一篇学术文章称，目前（中国）9个获批项目的合计371亿立方米/年煤制气产能，生命周期内，温室气体的排放量是常规天然气的7倍。从整个生命周期看，煤制气发电产生的碳排放比煤电更多。

> 煤制气能减少空气污染？
> 目前急需的不是煤制气，而是调整煤炭的消费结构。

记者：一些专家认为，煤制气并不是应对气荒的良药。要从根本上解决问题，必须改变我国的能源消费结构。您怎么看？

冯银厂：我也同意这种观点。以现在的发展速度，我国能源消耗总量不可能大幅减少。我国是个缺气少油的国家，我们的能源结构决定了煤炭仍将长期成为我们的主要能源。煤制气毕竟存在很多问题，目前还不宜大规模推开。因此，目前急需做的不是煤制气，而是调整煤炭的消费结构。

目前，我国的煤炭消费结构存在很大问题。在我国，煤电行业耗煤量比例过低，发电燃煤占49%，其他工业燃煤占46%，民用燃煤占5%。发电行业煤炭消耗量占煤炭总消耗量的比例远低于发达国家，美国发电燃煤占到94%，欧盟占到81%。

在实践中，煤用于发电的比例越低，污染越严重。我国《2011年能源统计年鉴》显示，生活消费燃烧每万吨煤炭约排放350吨的SO_2，而电力行业每万吨煤排放的SO_2约为56吨。

也就是说，燃烧同样量的煤炭，生活消费的SO_2排放量要远高于电力行业的排放量，生活燃煤SO_2排放约为电力燃煤排放的6.25倍。生活煤炭消费排放对地面SO_2环境浓度的贡献约为电力行业排放贡献率的3倍。

非电力行业燃煤用户在我国量大面广，尤其是民用燃煤设施数量极其庞大，这么多小的燃煤用户不能集中治理，同时很难以有效的、能够稳定连续运行的除污设施进行治理，导致因燃煤造成的污染十分严重。

重污染城市前十位的石家庄，煤用于发电的比例不足40%。可以说，燃煤结构不合理是燃煤污染加重的主要原因。

记者：很多人认为，在北京、上海等地燃煤电厂实行的煤改气是方向性的错误，您怎么看？

冯银厂：我觉得这是一种战略性的错误。一些地方为了完成压煤指标，盲目上马煤改气工程，最后又因天然气匮乏造成新设备无法运行。不仅浪费了资金，而且无法从根本上解决问题。

我也认为，目前我国的天然气利用出现了方向性的错误。宝贵的天然气资源没有用在刀刃上。一方面，作为重要的清洁能源，天然气使用的分配主要以中心城区为主，没有很好地兼顾到周边区域。以北京市为例，2012年北京市天然气使用量已达到92亿立方米，接近全国用量的1/5，但北京的空气污染依然比较重。

为什么会这样？这就像木桶效应，某一局部的环境空气质量除了自身采取有效的控制措施，很大程度上也取决于其所在区域的情况。可以设想，如果92亿立方米天然气有一部分用于北京周边污染较重的燃煤设施的煤炭替代，实际的环境效益将会更明显。

另一方面，目前仅有的天然气除了城市居民用外，有些还用于替代一些城市治污水平高的大型燃煤设施用煤，甚至替代电煤。而在城乡接合部、城市周边区域，大量的小型或民用燃煤设备还在使用。河北2011年民用耗煤量达到1 949万吨，民用天然气仅9亿立方米，与北京相比差距甚远。从环境效益来讲，这种天然气使用方向值得商榷。

如果不及时纠正我国能源使用结构方面的问题，将会造成可怕的后果。

记者：您觉得，煤炭的消费结构应该做出怎样的调整？

冯银厂：虽然报道常常提到煤炭发电污染物排放总量大，但我们应该看到电厂煤炭使用量也大。没有哪个行业单位煤炭污染排放量比煤炭发电少。应用先进的煤炭发电技术，污染物的排放量已经接近了天然气污染物排放水平。煤炭发电可能是目前最清洁、高效的用煤方式。

因此，未来煤炭消费应进一步向燃烧效率高、治污水平先进的电力行业集中，严格控制低矮面源和生活源煤炭消耗量，提高煤电行业煤炭消费量的比例。煤炭难以清洁利用的行业和生活消费用煤应用天然气、电等清洁能源替代。能够高效利用煤炭的火电行业应禁止使用天然气。

可以在煤炭资源丰富的地区，建立煤炭使用效率高的火电企业。但一个尴尬的现实是目前煤炭产地丰富地区生产的电力很难上网。一方面，电力公司出于自身利益的考虑控制煤炭产地的火电企业发电上网。另一方面，为了获得发展需要的电力，又不得不将煤炭运到几百千米以外的地方发电。这不仅消耗大量的能源，还造成了大面积的高速公路堵塞，同时运输过程中也带来大量污染，明显降低了煤炭的使用效率。

因此，亟须打破各大电力公司的利益保护，制定严格的火电发电调度办法，扫除煤炭有效利用的障碍。

同时，在清洁能源分配方面应打破行政区划界限。在国家层面，应制定区域的清洁能源利用规划，使清洁能源用到最该用的区域和最该用的行业。

以河北为例，2012 年煤炭消费量 3 亿吨，占京津冀地区的 80% 以上。河北每减少 1% 的煤炭消费，就需要增加 15 亿立方米天然气消耗才可以得到平衡。但是 2012 年河北天然气产量仅为 13.36 亿立方米，如果不能在国家层面合理地分配天然气资源，向急需的区域给予政策倾斜，短期内河北作为污染最重的区域，其能源结构的调整将十分困难。

大气污染物的排放可以分行政区划，但排放到大气中的污染物在造成污染时却不可能按照行政区划，这也正是大气污染联防联控的意义所在。

因此，打破行政区划，从全局出发，按照大气污染形成的规律分配相关资源，是共同应对大气污染的基础。

怎样减少煤的使用量？
采用先进发电技术将节约大量的煤炭消耗。

记者：您认为，在能源利用方面，如何做好开源的文章？

冯银厂：新的清洁能源的开发和利用非常重要。太阳能、风能、生物质能、核能等能源都应该好好利用。国家也应该出台相应的政策，鼓励相关产业发展，协调相关利益，做好新能源发电的上网配套等工作。

记者：有研究表明，目前我国煤炭利用的效率并不高。如何做好节流的文章？

冯银厂：我国能源节约潜力巨大。就个人而言，不用多言，如果一个人每天节约一滴水、一度电，14 亿人口，就能节约大量能源。

就企业而言。目前，我国企业能效相对较低。高能耗高污染的企业还比较多，单位能耗的绩效水平还比较低，2012 年我国单位 GDP 能耗达世界平均水平的 2.5 倍，是美国的 3.3 倍，日本的 7 倍，同时高于巴西、墨西哥等发展中国家。

此外，从环境空气中 CO 的浓度分布情况也能反映，与非采暖期相比，采暖期北方城市单位面积上燃煤量增加 1 倍，环境空气中 CO 浓度是非采暖期的两倍以上，大气污染比较重的城市甚至可以达到 10 倍以上，而 CO 除了机动车排放，还有煤炭不完全燃烧排放。

这种巨大的差别正说明煤炭的不完全燃烧比较突出，这意味着煤炭没有充分燃烧，换句话说，煤炭没有充分利用。因此，在这方面，还有很大的潜力可挖。

此外，目前，在煤电行业中，采用煤炭先进发电技术的比例比较低。高效、洁净的超超临界发电技术供电煤耗 270～280 克／千瓦时。我国燃煤机组平均供电煤耗约 330 克／千瓦时，但目前使用先进发电技术的装机容量仅占火电机组装机容量的 6.2%。

若我国采用煤炭先进发电技术的装机容量得到大幅提高，那么每年将节约大量的煤炭消耗。煤炭资源节约潜力巨大。

6. 话说蓝天下的"谜烟"

刊 2015.1.5《廊坊日报》2 版头条

新《环境保护法》已于 1 月 1 日正式实施。此时此刻,全国上下普遍关注的,不仅是新年度各地出台的大气污染防治举措,更多的公众同时在思考"落实新法我能做点啥?"对此,我在环保小说《霾来了》的创作中,花了很大篇幅用讲故事的方式做出了解答和呼吁。

在刚刚过去的 2014 年,整个京津冀地区的空气质量是个整体向好的年头儿,有两个因素促成了蓝天的常常出现:一是自然气候条件趋稳,没有出现大起大落、没有稀奇古怪的恶坏天气;二是拼了一年多的大气污染防治联防联治系列举措见到了较大成效。以廊坊市为例,2014 年我市市区共采样 365 天,达标天数为 153 天(其中一级天数 10 天),达标率为 41.9%,与去年同期相比达标天数(132 天)增加了 21 天,达标率提高了 6.0 个百分点;重污染天数为 71 天, 重污染天数比例为 19.5%,与去年同期相比减少了 14 天。

很多听众听到过交通台的两名"快啃",多次借助麦克风与电波的传递,向听众发出"今儿个廊坊的天好蓝""今儿个廊坊的太阳好亮"的惊呼。

少见的蓝天而今能"常回家看看",应该是值得公众高兴的大喜事,也应该给各级政府、企业和公众同时加"赞"。但现实生活中,人们仰望蓝天时,却时常笑不起来。为什么呢?细心的人会发现,不少城市市区天空出现了一个怪现象:蓝蓝的天,白白的云,高高在上,洁净无瑕,但市区低空,城里城边却时常出现灰蒙蒙、黑蒙蒙的重污染烟带,有时是连成一片,有时是沿街成线,气味十分难闻。特别是一早一晚,一冬一春,城际周边的有些区域的居民,居家不敢开门窗,出门不敢深呼吸,还有不少的老哮喘、气管炎、心脑血管病患者,躲在屋里还戴着口罩。

蓝天白云之下，灰蒙蒙的低空谜烟怪状是咋来的？刺鼻、刺眼、刺喉的气味是什么东西？很多人在发问，"蓝天白云还是大气质量好转的标志吗？""为什么污烟浊气会在低空徘徊？"

其实，解开蓝天下的谜烟成因之谜并不难，难的是弄清了污染之源，知道了低空污染之故，人们能否"对号入座"进行"阻击"行动？

还以廊坊为例，很多市民知道，在廊坊市区，环境保护部和省环保厅建成了4个廊坊市空气质量监测点。这4个点广阳区有两个，安次辖区和廊坊开发区各有一个。这4个监测点，由环境保护部和省环保厅实时监控，并公布空气质量相关监测数据。对当地环保部门而言，只有看护维护守护好的责任，没有给监测设备"搬新家"、给监测环境"搞装修"和给监测数据"动手脚"的机会和可能。也就是说，从技术角度来讲，从2013年1月1日起，各级发布的廊坊市区空气质量监测数据，无论是烟是尘还是有其他什么东西，都是在用事实说话。

回答蓝天下的谜烟、污霾形成的原因，不是一两句话就能说得清楚并让人心服口服。让专家讲，他给你讲一大堆 $PM_{2.5}$、SO_2、CO、O_3 之类的污染物种类，好多人听不懂；让外行讲，他可能会告诉你，要享受美好生活，吃点"霾"也可以忍受，世上没有十全十美的事。其实不完全是这么回事。

在监测点周边，就有排放油烟的饭店330余家，居民散烧煤户有30 000余户，各类洗浴、小燃煤企业有几百家；几乎布满了整个主城区的40多万辆汽车，每天在市区排放尾气；几百家大小饭店和数十万户居民家中的厨房，每天向空间排放着大量油烟。这些生产生活产生的粉尘、烟尘、二氧化硫、氮氧化物等，对市区环境质量影响很大。

过去，有很多人，包括政府执法部门在内，一提防霾治污，大脑的思维首先都会想到各类大企业。但科学和实践证明了的"事实"却是反向的结果。大企业的大烟囱，几乎被全部推倒，所剩无几的几个也已经早安装上了脱硫、脱尘装置。有网友和市民非常"服气儿"地说，国营企业治霾比私企好，私企治霾比公众参与好，常驻居民防霾比临时租房户好。

很多时候，当我们自己面对不愿接受的污染现状时，可以说，没有几个人能冷静地分析污染的成因，更没有多少人能实事求是地从自身找问题。

现今工业企业的污染源虽然还占一定比例，但徘徊在市区低空的"霾"，特别是冬春季节的各种烟气，大都是由"民生源"形成的。"民生源"大致分为两种，一种是"集体"的，另一种是"分散"的。"集体"的主要有三：一是冬季集中供热燃煤；二是公共交通的大小车辆燃油；三是饭店油烟。分散的主要成因有六：一

是分散取暖、做饭、洗浴用的街头和菜市场摊点燃煤小锅炉、小炉具；二是私家车；三是各类烧烤；四是家庭烹饪排放的油烟；五是垃圾、秸秆的焚烧；六是鞭炮、焰火燃放。

上述种种，皆是形成污霾的产生源头。为防治这类污毒之霾，政府出重拳、办了实事，但在北方个别地区，有这样的现象：政府出补贴配发节能环保炉具，有人把它丢在一边，仍用旧炉具；政府发补贴换掉劣质煤，有人一边收补贴，一边又烧上了劣质煤；政府发补贴淘汰黄标车，有人收了钱，却仍旧偷着开车上路；政府三令五申要求在雾霾重污染天气临时限行、限产，有人置若罔闻……

燃煤产生的烟气，垃圾秸秆焚烧产生的烟气，各类烧烤小吃的烟气，汽车燃油的尾气，家庭生活各类烹饪的油气烟气，其实就是我们生活中见到的蓝天下的谜烟。

霾，其实每天都在我们身边，造霾的人，就是我们自己。正因为我们还没有真正认识霾的成因，所以才有了怪天怪地怪这个怪那个。政府依法治霾，企业依法治污，公众依法参与，三者其实就像家里过日子，孰轻孰重，说不清楚，道不明白，唯有在求生求存求幸福的大前提下，才能求同向而行。

在雾霾重污染天气情况下，我们生活中的很多小污染，都是形成更加严重霾毒危害的因素，也就是雪上加霜。监测证明，生活中的小污染源，如小烟卷、小火堆、小炒锅、小煤炉、小烧烤、小污水、小燃油、小作坊、小鞭炮等，这些在生活中看似很不起眼的小污染源，一旦汇集起来，短时间内积少成多，就会变成大的雾霾污染源。污染物的突然集结，会导致污染物指数瞬间猛增，让人窒息，致飞机不能起降，让老弱群体不堪承受。这样的实例，在近些年的媒体报道中，常有实例。

科学证明：高空有蓝天白云，低空有谜烟袭扰，并不是防霾治污无成效，只是由于气温高和低暂时导致的阶段污染。大量燃煤集中在冬春季，同时冬春季早晚气温过低，烟尘难以升空。一旦阳光高照，气温升高，低空的烟气、油气，会很快升空，蓝天会很快变成灰色，那时，高空与低空会浑然一体，最终遮住蓝天。伴随着2015年1月1日国家新《环境保护法》的正式施行，政府、企业和公众的责任全方位落实已成没有商量的新话题。防霾治污，政府和企业肯定是"主角"，但如果政府和企业治了大而公众不从防"小"处见行动，积少可成多的各类烟污、油污不会离开我们生活的空间。只有公众也都依法行动起来，从小处着眼，从小事做起，减少各类烟气、油气的排放，蓝天白云才会才能接上地气，我们生活的环境持续向好。公众应自觉践行环保部发布的《"同呼吸、共奋斗"公民行为准则》，核心内容有八句话：关注空气质量做好健康防护、坚持选择绿色消费、低碳出行、养成节电习惯、减少烟尘排放、举报污染行为、共建美丽中国。从少开车、少燃煤、少燃放鞭炮、不燃烧垃圾秸秆等小事做起，与政府、企业形成合力，创建防霾治污新常态之下的生活新方式、新思维、新时尚。

7. 大雾之中为何解除重污染天气应急响应

——市环保局及 PM$_{2.5}$ 专家组就相关问题答记者问

刊 2015.11.21《廊坊日报》2 版

问：有市民咨询，为什么前几天没有雾的时候实行了重污染天气临时应急管控措施，现在雾这么大，却解除了呢？

答：15 日 16 时，经市气象部门和 PM$_{2.5}$ 专家小组预测，我市空气污染扩散条件不利于污染物的扩散、稀释和清除，污染物积累持续加重，容易产生重度污染天气。鉴于此次重污染情况持续加重，为减缓污染程度，采取对 AQI（空气质量指数）指数削峰减频措施，市政府发布了维持重污染天气黄色预警并提前启动了重污染天气临时应急管控措施。由于是有预见性地提前启动，所以要早于高湿静稳天气的来临。通过一系列有效措施，根据市环保局 19 日 9 时发布的检测数据来看，廊坊市空气质量指数 AQI 为 98（51～100 为良）。部分市民有所误解，认为大雾意味着空气质量差，其实现在的情况是"重雾之下污染却轻"，空气中并没有太多危害市民身体健康的污染物。

由于应急管控措施启动及时，再加上企业、市民的积极配合，使廊坊市的大气污染情况得到了有效控制。加之次日起风转变，雨雪来临，气象转利，所以，我市于 20 日 12 时解除了重污染天气临时应急管控措施，周末可以及时为市民生活提供方便。

问：解除了预警和应急管控措施，是不是就可以焚烧树叶、露天烧烤、燃放烟花爆竹了？

答：对秸秆、垃圾等露天焚烧的管理，严控施工工地和道路扬尘控制措施，倡导减少烟花爆竹燃放等，并不是一个短期的行为。防霾治污，政府和企业肯定是主角。但政府和企业治了大，公众也要在防小处见行动。如果依旧我行我素地无度排放，可积少成多的各类烟污、油污也不会离开我们生活。最后，在雪上加霜的各类小烟气、小油气面前，受伤害的一定是我们自己。只有公众依法行动起来，从小处着眼，从小事做起，减少各类烟气、油气的排放，高高在上的蓝天白云才会接上低空的地气，让我们生活的环境质量持续向好。

问：下一步政府和市环保局将要做哪些工作防霾治污？

答：下一步，我市将在六个方面加大大气污染防治力度：一是控制扬尘，对全市 16 条主要街道进行大清洗；二是打击控制劣质煤的贩售、燃烧，同时引导市民到政府指定的型煤销售点购买；三是加强舆论宣传，呼吁市民抵制露天烧烤和违反大气污染防治规定的餐饮点；四是积极配合单双号限行规定，减少 VOCs 排放；五是严厉打击偷排偷放、无序排放污染物的企业；六是科学治理，运用多种手段让企业积极参与到大气污染防治工作中来。

8. 晴空万里为何发布黄色预警并限行

——市环保局及 $PM_{2.5}$ 专家组就相关问题答记者问

刊 2015.11.28《廊坊日报》1 版

11 月 26 日上午，市环保局召开应对重污染天气媒体通报会，对 11 月 25 日我市发布的重污染天气黄色预警、启动Ⅲ级应急响应相关情况做了说明。

问：晴空万里我市为何发布黄色预警并限行？

答：11 月 25 日，廊坊市气象台发布天气预警：预计 11 月 27 日至 12 月 1 日，影响我市的冷空气势力整体较弱，地面以偏南风或偏东风为主，风速较小，湿度较大，容易出现雾或霾，大部分时段气象扩散条件较差，不利于空气污染物的稀释、扩散与清除。根据今年以来多次启动的应急管控效果来看，只有提前启动，才能达到有效控制污染物累积，保护公众身体健康的目的。由于是有预见性地提前启动，所以要早于雾霾天气的来临。

问：有市民咨询，限行等应急响应措施是合法的吗？

答：重污染天气黄色预警、启动Ⅲ级应急响应等相关措施是由气象部门对近期及未来几天的天气情况分析预测后，由气象、环保部门与 $PM_{2.5}$ 小组专家会商，根据《中华人民共和国大气污染防治法》《国务院大气污染防治行动计划》《河北省大气污染防治行动计划实施方案》以及《廊坊市重污染天气应急预案》（2015修编版）的要求，经市政府研究决定发布的，是完全合法的。

问：天气寒冷，限行影响市民出行，这是必要措施吗？

答：启动Ⅲ级应急响应并限行，有两个主要原因。一是机动车是直接排放。汽油或柴油通过发动机会产生一些废物，这是造成 $PM_{2.5}$ 的一个主要原因。二是大量的机动车在市区内行驶，会对近气层的空气造成一个很大扰动。限行机动车，是控制大气污染的很重要的一项措施。

在不利的气象条件下，如果不启动这些措施，届时地表附近的空气污染将会非常重，这对市民的身体健康是极大的威胁，尤其是老年人、幼童以及心脑血管、呼吸道疾病患者。本着保护公众身体健康的目的，同时考虑将对市民生活的影响降到最低，研究决定将限行等应急管控措施于26日晚8时开始实行，希望广大市民予以理解和配合。建设美丽家园，改善生态环境，需要每一位市民的真诚付出和依法呵护。

问：这次应急响应持续的时间较长，中途如果出现空气质量良好的情况，是不是说明这么长的管控期是不恰当的？

答：什么时间启动应急响应、采取几级应急响应、响应的时间多长，是有合法、合理依据的，都是根据我市的气象条件而制定的。由于应急响应启动得及时，11月26日至12月1日期间，确实可能1～2天出现空气质量转良的情况，如果此时我们立即终止应急响应，那么很快空气质量将急速转差，再启动相关措施也很难控制污染物的累积，届时将花费更大的力气，浪费更多的人力、物力去挽回这种不良局面。而且频繁地启动、终止应急响应，也会给市民生活带来不便。

9. 为何提升重污染天气应急响应级别

刊 2015.12.7《廊坊日报》2 版

12 月 6 日 18 时起至 12 月 10 日 12 时止，我市重污染天气预警级别由黄色预警提升到橙色预警，应急响应由Ⅲ级提升到Ⅱ级。12 月 6 日，就我市重污染天气应急响应级别提升原因，记者采访了中国气象局雾霾监测预报创新团队首席龚山陵。

龚山陵介绍，根据廊坊市空气质量实时监控平台显示，12 月 6 日到 10 日，影响我市的冷空气较弱，风力较小，静稳指数较高，预计廊坊周边地区将出现连续空气污染指数（AQI）大于 300 的重污染天气。提醒儿童、老年人等易感人群留在室内，停止户外运动。

龚山陵介绍，12 月 6 日上午 10 时，经廊坊市气象台、环境监测站和 $PM_{2.5}$ 专家小组会商，预计廊坊未来一周时间，有两股冷空气影响我市，今天夜间局部有小雪或雨夹雪；受另一股冷空气影响，9 日至 10 日，我市以阴为主，其中 9 日夜间到 10 日全市有小雪；周内其他时段以多云到阴为主，8 日至 9 日，地面风速较小，湿度较大，全市大部分时段有雾或霾，气象扩散条件较差。为保护人民群众身体健康，维护社会稳定，根据河北省环保厅意见和 $PM_{2.5}$ 专家组的研判，结合实际情况，廊坊市政府研究，决定提升重污染天气预警级别到橙色预警，并及时启动Ⅱ级应急响应。

10. 话说应急补不够

刊 2014.10.17《中国环境报》2 版

近日，一场来势汹汹的雾霾让华北大部分地区再度遭遇"心肺之患"。环境保护部迅速派出 6 个督查组，奔赴京津冀 8 个城市，对各地重污染天气应急工作进行了专项督查。督查结果中指出了五大问题：一是一些地区应急工作形式大于内容；二是应急机制仍不顺畅；三是部分涉及民生的应急措施难以完全落实；四是一些地区、企业应急响应仍然迟缓滞后；五是部分地区应急预案科学性和可操作性还不强。

结合工作实际，笔者分析了这五大问题存在的原因，主要是五个不够，即重视不够、尽责不够、宣传不够、参与不够、问责不够。

第一是重视不够。这是雾霾应急不利的最大根源。这个根源来自政府和相关部门对防治工作的思想认识问题。大气污染防治工作全面展开已历时一年多，但在一些地方，始终没有把"防治"二字全面理解、贯彻，存在重治轻防的问题，在应急预防上投入的资金和精力十分有限。因此，各级政府要在思想上高度重视预防工作，不仅要抓紧建立应急反应平台，全面做好源解析工作，还应让公众知道如何防、怎么防。

第二是尽责不够。从政府、相关责任部门到社会各界的相关负责人，在启动雾霾应急机制后，应各尽其责，而不是等闲视之、麻木不仁。但现实中，有些单位和责任人知责却不尽责，有责却不施责，有的成了应急信息的"肠梗阻"，有的成了失职渎职的南郭先生，甚至有些地方政府因害怕企业停产影响 GDP，随意推迟启动应急机制、降低应急级别。

第三是宣传不够。应急机制分几级、有什么要求？政府启动雾霾重污染天气应急机制后，政府相关部门应该做什么、企业应该怎么办、公众应该怎么配合和支持？

诸如此类的法规要求、防范知识、行为指南，很多公众，甚至一些政府职能部门的工作人员都不清楚。这说明，应急响应宣传还很不到位，没有深入人心。很多地方、单位，一提到宣传就只想到媒体，却忽视了党政机关、社会团体、厂矿企业和医院、学校等自身的优势，忽视了公益事业的内部学习和宣传。其实，社会各界如果发挥自身组织优势，做好应急机制和相关知识的集中学习，往往更细致、更全面，更能起到学以致用的效果。

第四是参与不够。在很多城市，由于应急机制启动信息不够畅通，往往在应急启动两三天里，许多群众根本不知道有这回事。因此，要启发和引导公众，使其明白启动应急机制是为了维护公众合法的环境权益，每个人都有不可推卸的社会责任。一方面，政府要更广泛地建立、完善大气重污染天气应急响应传播机制；另一方面，作为公众，也要自发自觉地行动起来。

第五是问责不够。各级政府必须出台相关的问责机制，用激励和处罚措施保证应急机制各环节的有序运行。现实中，问责和处罚往往是雷声大、雨点小，甚至雨过天晴后，问责和处罚就变成有规无问，形同虚设。这点必须纠正。从国家工作人员和企业管理层面说，对工作不落实、责任不到位的，就要该撤的撤，该承担法律责任的，一律不能放过。从公众和企业层面说，该限行时一定限行，该限产时必须限产，该停工时必须停工，对应急响应规定置若罔闻的，要严厉处罚。

11. 预警及时　措施有力

刊 2015.12.10《廊坊日报》2 版

　　根据河北省大气污染防治工作领导小组办公室关于启动区域橙色（Ⅱ级）及以上应急响应的通知，我市橙色（Ⅱ级）及以上应急响应延续至 15 日 12 时。12 月 9 日，记者就我市及时调整重污染天气应急响应，控制污染物浓度等问题采访了 $PM_{2.5}$ 特别防治小组专家于文鹏。专家预测，10 日和 11 日两天，受冷空气影响，预计本市空气质量将有所好转。

　　于文鹏介绍，当前我市空气质量已经到了严重污染的程度，这次污染过程从时间上的长短和污染的程度来说，跟 11 月 27 日至 12 月 2 日之间重污染天气过程相比的话，这次污染过程的程度比上次污染要轻，但是污染物的浓度依然会对群众的生活造成比较恶劣的影响。提醒广大市民在出行时做好自我防护，儿童、老年人等易感人群不适宜户外活动。根据预测，本月 10 日、11 日两天受冷空气影响，空气质量会有略微的好转，但是从 12 日开始，由于大气条件不太利于污染物扩散，所以污染有可能继续加重。根据河北省环保厅意见和 $PM_{2.5}$ 专家组的研判，结合实际情况，市政府研究决定延长我市橙色（Ⅱ级）及以上应急响应至 15 日 12 时。

　　于文鹏介绍，根据目前的情况来看，廊坊市针对这次污染过程的应急所采取的措施是非常适当和及时的，在这个过程里，我市实施机动车限行、企业减排、洒水抑尘等一系列措施，这些都对空气质量的改善有一定的作用。特别需要大家理解的就是，采取应急措施对于空气质量的改善是一个有限度的过程，并不是一旦采取应急措施，空气质量就能从严重污染变为优或者良。事实上因为大气污染过程是一个污染物累积的过程，我们现在采取的应急措施对于我们当前的污染物减排有一定的作用和影响，但对于已经累积起来的污染物浓度影响就比较有限了。所以应当在预

测到可能出现重污染时，尽早采取措施减少污染物排放。

　　于文鹏表示，治理雾霾和每一个人都密切相关，同样，防治雾霾也是我们每个人应尽的责任。日常生活中，对于城市的卫生清洁和生活方式等都可以在节约能源、合理使用机动车、控制室外烧烤等方面有所改变，为防治大气污染做些力所能及的贡献。也希望广大市民理智地选择绿色的生活方式，共同营造健康生活环境。

12. 保持 APEC 蓝关键在什么？

刊 2014.11.22　《人民日报》10 版

体验过 APEC 蓝的人们，多么希望这样的好空气永驻身边，但临时措施不能持久发挥作用。向污染宣战，是实打实、硬碰硬的较量，需要每个人都拿出决心和行动。

APEC 会议结束了，保持 APEC 蓝仍是人们谈论的话题。

为保障 APEC 会议期间的空气质量，政府采取了一系列措施，企业限产、停产，工地停工，汽车限行、停运，禁烧散煤、秸秆、树叶、垃圾，各执行单位和个人不讲条件、不论公私，履行各自的责任。效果如何？那几天风不大，天却蓝得很。天为啥能蓝好几天？污染物排放量大幅减少了。

APEC 蓝的成功实践，给我们很多启示。一些网民总结 APEC 蓝的成因时说，平时停不下的停下了，平时限不住的限住了，平时禁不住的禁住了，平时改不了的改了，平时问不了责的真的问责了。有媒体评论，APEC 蓝说明，只要下定决心、措施过硬、联防共治，灰霾是可以治理的。APEC 蓝的背后，是各地形成了党政同责，政企联心，公众参与，狠抓落实的良好氛围。

应该看到，APEC 蓝是采取非常措施产生的非常效果。非常措施不可能用于日常的生产和生活，但是，APEC 蓝与此前几轮重污染天气形成鲜明对比，说明我们过去的治霾工作还有很多短板。尤其是在重污染天气的应急响应中，还存在重视不够、尽责不够、宣传不够、参与不够、问责不够等几个方面的不足。在气象条件不好的情况下，重污染天气仍然会卷土重来，我们需要努力弥补这些不足。

首先，党政领导要切实重视污染预防。可以加大应急响应的提前量，在重污染天气来临之前的 1～2 天就进入应急状态，这样可避免污染物的持续累积。同时，各个地方要根据当地大气污染的成因，制定个性化的应急预案。

启动应急机制后，各相关部门要各司其职。防治灰霾不是环保部门一家的事，各地的应急预案都规定了各相关部门的职责，履行职责应该是主动自发的，不应再由上级部门来督查催办，不履职就是渎职、失职。

宣传动员，不妨多管齐下。应急宣传不能等霾来了再临时"烧香"，要经常讲、反复讲。宣传时依靠媒体固然重要，但不能只靠一种渠道，党政机关、社会团体、厂矿企业和医院学校要发挥自身优势，通过各种方式做好内部宣传，让防治雾霾知识更加普及。

鼓励公众参与，关键是要讲清人人都是排放源、在污染面前谁也不能独善其身这个道理。同时，要创造各种条件，引导群众绿色出行，积极使用低硫煤，抵制露天烧烤，鼓励群众举报各类违法排污行为。

问责要动真格。对于不遵守限行、限产、停工规定的，该处罚的要处罚，该扣分的要扣分，该承担法律责任的不能放过，要把问责的板子打到具体责任人身上。只有严格问责，才能改变"违法成本低、守法成本高"的现状，让违法违规者付出代价，让旁观者警醒。

蓝天不能靠风刮，向污染宣战，是实打实、硬碰硬的较量，来不得半点虚招。体验过 APEC 蓝的人们，多么希望这样的好空气永驻身边。实现这一美好的愿望，关键是每个人都拿出决心和行动。

13. 行动起来　坚决向污染宣战

刊 2014 年《环境保护》第 3 期

在今年的政府工作报告中，李克强总理说，我们要像对贫困宣战一样，坚决向污染宣战。这句话说出了代表们的心声和亿万中国人的心愿。贫困落后是民族的疾苦；环境污染是人民的忧患，关乎民族的未来。

坚决向污染宣战，是回应人民群众对突出环境问题日益关切的必然选择，也是推进生态文明建设的迫切需要。打好环境保护这场战役，既要向传统的治理方式宣战，又要向以身试法者宣战；既要向变脏了的环境宣战，也要向用歪了的权力宣战。向污染宣战是不得不战的存亡之战，是天时地利的背水一战，是全民参与的攻坚战。

随着近两年来大气污染问题的凸显，我市空气质量一度处于全国污染最重城市行列，极大地削弱了廊坊的生态优势。尽管我们采取了积极措施，并取得了阶段性成效，但是生态治理与修复仍面临着一系列的难题，环境质量改善与公众期待仍有较大差距，环境形势十分严峻。环境污染已成为制约经济可持续发展、人民幸福指数提高的重大问题，必须像对贫困宣战一样，坚决向污染宣战。但要打赢这场战争，必须动员全社会力量，打一场全民参与的持久战、攻坚战。

向污染宣战，政府要发挥主导作用。各级政府应转变思路和观念，摒弃"以GDP论英雄""先污染后治理""牺牲环境发展经济"等错误观念和做法，树立绿色的政绩观和低碳的发展观，把保护环境放在与发展经济同等重要的位置。在政策层面，要支持和鼓励大力发展绿色低碳产业，引导社会树立绿色发展和低碳发展的理念。同时，各相关部门要加强监管，严惩环境违法行为，依法追究失职渎职者责任。

向污染宣战，企业要充当主力军。保护环境是企业的社会责任，也是企业安身

立命之本，环保做得好不好，将决定一个企业能不能长久生存下去和真正做大做强。企业应把保护环境视为自己的生命线，采取一切措施把污染等负效应降到最低；积极落实国家环境政策和法律制度，主动执行国家各项标准，做到达标排放；注重科技创新和低碳技术的研发，加快推广应用节能环保技术和设备，使用清洁能源，实现清洁生产；改变粗放的生产方式，提高能源资源利用率，最大限度地实现资源节约和循环综合利用。

向污染宣战，公众是一支强大的生力军。环境关乎每个人切身利益，优美的环境，人人共享；环境恶化，人人受害。我们每一个人既是污染的受害者，也是污染的制造者。治理污染，谁都不应做围观者，而要做积极参与者。一方面要监督政府、部门、企业采取更多措施治理污染，另一方面要身体力行，积极践行环保，例如，少用一次性餐具，购买环保产品，多乘公共交通工具或者骑自行车，少抽一支烟，节约水电等。这些小小的举动，单个看上去改变不了什么，但如果全社会都来做，就能改变世界。

聚沙成塔，众志成城。雾霾笼罩，抱怨指责无益；污水横流，坐而论道无用；垃圾遍野，推脱逃避徒劳。坚决向污染宣战，离不开每一个人的参与。只要各级各部门、各类企业、全体市民都积极行动起来，保卫我们赖以生存的共同家园，用蓝天白云装扮美丽廊坊的梦想就一定能够实现。

14. 传统烟花爆竹拿啥替代

刊 2013.2.9《人民日报》20 版

　　据媒体报道，春节期间，由于人们集中燃放烟花爆竹，北京、上海、南京等城市 $PM_{2.5}$ 监测数据均严重超标，除夕夜北京 $PM_{2.5}$ 浓度升高 50 倍。不过，从笔者居住的廊坊来看，今年的爆竹声明显比往年少了，北京、郑州等地的一些亲朋也有这样的感觉。

　　烟花爆竹燃放量减少，可能有多方面的原因。说是 $PM_{2.5}$ 的宣传起了作用，也不无道理。去年以来，一些大中城市的空气污染成为社会热点，专业术语 $PM_{2.5}$ 成为热词，确实引起人们对自身"不环保"行为的反思，今年春节期间燃放烟花爆竹导致 $PM_{2.5}$ 浓度成倍增加，更是以铁的事实支持了这一反思。

　　逢年过节燃放烟花爆竹是产自农耕社会的传统民俗，它在工业化、城市化快速推进的今天遇到了尴尬。前些年，许多城市明令禁放，最终因难以抵御传统之力而改成限放。今后几年若要完全禁放，恐怕也不会有普遍的民意支持。退而求其次，我们能否选择某些新的方式替代传统的烟花爆竹，以减少环境污染和安全事故，既让节日绿起来，也能传承习俗？

　　在 2008 年北京奥运会的开幕式上，鸟巢上空燃起的烟花给人们留下深刻的印象。这种烟花用新型环保材料代替纸壳压力舱，压缩空气取代火药，燃放时无纸屑纸渣、无刺鼻味道、烟雾也小。另外，代替传统鞭炮的电子鞭炮也早已诞生。这种电子产品既环保、安全、无火药，还可反复"燃放"。

　　新型环保材料的烟花和电子鞭炮，既发光、又出响儿，烟气和噪声污染大为减小、引发伤残及火灾的机会更少，在很大程度上消除了传统烟花爆竹的危害，是一种可行的替代选择。眼下许多人已经把燃放烟花爆竹与 $PM_{2.5}$ 浓度升高联系起来，

各级政府特别是大中城市的管理者正好可以因势利导，采取相关的政策措施，进一步降低燃放传统烟花爆竹的危害。

近年来，各级政府在推动减少机动车尾气排放、减少建筑工地扬尘、禁止秸秆焚烧、控制水资源的过度使用等方面取得成效，关键是出台了一系列鼓励政策和惩罚性措施。支持电子鞭炮、新型烟花的生产、消费，也需要政府出台一些奖励或减免税政策，同时制定烟花爆竹污染排放的国家标准，提高生产、销售、燃放各个环节的环保成本，严控无序生产和违规销售。

各级政府和职能部门，还应该带头在各种节庆活动中不使用传统烟花爆竹，并严厉制止一些企业和单位随意燃放"开门炮"的行为。

要想让人们改变自己的行为，更需要长期、反复、有效的宣传。只有让人们深刻认识到环境污染对身体健康的危害，认识到导致环境恶化的根源，认识到个人可以为改善环境质量做哪些事，不燃放或少燃放烟花爆竹才能成为自觉行动，传统烟花爆竹的替代方案才能不断完善、顺利实施。

15. 美丽是空谈出来的吗？

刊《廊坊环保文化丛书》A 套

近期，笔者连续多次在各类媒体上看到这样"两类"报道：第一类讲减排。《深圳环保实绩考核"考"出碧水蓝天》《四川出台节能减排问责办法》既"考"企业，也"考"地方人民政府、河北某市对完不成节能减排指标任务的县市区政府主官严厉"兑现"问责，不搞"理解"性照顾。第二类讲美丽。某市、某县、某乡、某村各阶层都齐声高呼要制定规划、加大投入、全民动员，建设"美丽"市县乡村。

减排，是环保的核心任务；环保是生态文明建设的重要任务；生态文明，是实现十八大提出的，建设美丽中国的重要标志。正因为如此，在党的十八大后，各地纷纷出台、完善减排、考核政策、措施，制订生态建设规划，并以"考"促"减"，以严厉问责，推进减排目标任务完成和"美丽"目标的实现。

单说以"考"促"减"，失"约"问"责"，其实在环保目标任务考核中不是什么新鲜事儿，也不是十八大后各地才有的创举。只不过过去多是提要求严严肃肃、签责任书热热闹闹、动起来磨磨蹭蹭、考起来马马虎虎。考核是考核、问责是问责，减排任务完不成，也只是追查一下客观原因、开会批评一下或是分析一下"可以理解"的因素，再或就转向了"下不为例"的另一面，而没有几个地方真正对照问责的条条文文去依规处罚或免职、处分过几个责任人。

深圳把减排指标体系纳入市管领导班子、领导干部考核范畴，通过成立专门的领导小组、将环保工作纳入政令检查事项进行立项等一系列严、细举措，对考核不合格的予以通报批评，诫勉谈话，公开道歉、两年内不予提拔或重用或转任非领导职务，举措强力，"考"出碧水蓝天，定是当然之事；而四川出台的减排问责措施更为科学严厉。他们将地方人民政府和企业放在同一"考场"上接受考核。对未按

规定完成节能减排任务的地方人民政府及未完成本系统、本部门及牵头负责行业节能减排任务的政府部门，不仅书面检查、取消评先、依规问责，甚至对发生某些严重问题的，提到了依法移送司法机关处理的严肃度。力度之大，实属空前。如果真的能把现有的条文落到了实处，四川的节能减排，肯定会有更大推进。

其实，再好的问责措施，减排措施、再好的生态环境建设规划，也只是文字，只有落实才算生效，只有落实才会见效，只有落实才会真正推进落实，否则，就仅仅是空谈。

大力推进生态文明建设，努力建设美丽中国，实现中华民族的伟大复兴，需要一代又一代中国人共同努力，需要一届又一届政府和政府部门真抓实干。习近平总书记在参观《复兴之路》展览时的重要讲话中说：空谈误国，实干兴邦。这不仅是对党员干部的警示要求，也是对各级政府、政府部门履职尽责的警示要求。成功源于实干，祸患始于空谈，建设生态文明，抓好节能减排，用环境保护事业的持续文明，实现中华民族的永续发展，也亦如此。美丽中国，绝不是靠空谈就能实现的。

在实现发展与环保还不够协调的情况下，有专家说，判断基层政府环保履职标准有六条：一看环保规划是否纳入经济社会发展规划；二看环保计划是否纳入政府年度工作计划；三看政府是否建立健全环保长效机制；四看政府是否定期研究重大环保工作；五看当地突出环境问题是否得到有效解决；六看当地环境质量是否逐年得到明显改善。

笔者赞同专家的评说，但面对各种"空文""空谈"，严厉问责必须落到实处，否则，什么样美丽会自己从天上掉下来呢！

由此不难看出，党的十八大报告提出的"保护生态环境必须依靠制度。要把资源消耗、环境损害、生态效益纳入经济社会评价体系，建立体现生态文明要求的目标体系、考核办法、奖惩机制"的新要求，既切中时弊，又高瞻实虑。

各地在具体的落实中，不仅要深刻理解，还应求实、务实地制定各种规划、目标，切不可把目标定在"空"中、种在"花"上，否则，到时落实不了，不仅组织上要问责，老百姓也会失望的。

16. 治污要从人人做起

刊 2013 年《环境保护》第 2 期

　　环境问题，在廊坊、在全国，都已成为当今社会一大热点，也是今年"两会"的热门话题。从代表、委员发言和媒体报道来看，大家都很着急，在一定程度上代表了公众渴望政府尽快解决污染问题的迫切心情。为此，市政府出台了一系列治污举措。

　　李克强总理在 3 月 17 日与中外记者见面并回答提问时说，对环境污染这一长期积累形成的问题，我们要下更大的决心，以更大的作为进行治理。

　　李克强总理的回答，表达了政府的决心。但是，长期积累的问题，解决起来需要一个过程。面对污染，着急自在情理之中。可是，要解决问题，不能一味着急，也不能把"担子"全压在政府头上。冷静分析一下，中国现在出现的雾霾、沙尘和地下水、土壤、重金属的污染以及农村面源污染，就像一个人长期透支身体，积劳成疾，多病缠身。俗话说"病来如山倒，病去如抽丝"，有了病当然要赶紧治，但是诊病、治疗、调养总有一个过程。

　　目前的环境病，发达国家过去也得过。他们在第一次世界大战前开始出现环境问题，20 世纪 40 年代到 70 年代发生多起大气、水体污染事件，直到 70 年代以后逐步开始采用强有力的环境法律和政策，同时把传统产业向其他国家转移，环境质量才得到明显改善。

　　我们在近 30 多年快速发展中染上的环境病，病情呈现压缩型、复合型特征，治理起来更难。防治环境污染，单是偿还旧账就需要一段时间。何况我们还在推进工业化、城镇化，还要消耗能源、资源并排放各种污染物。要想不欠新账，只能自我调整，切实转变发展方式，处理好发展经济与保护环境的关系。

　　转变发展方式，理论上可以讲得头头是道，实践中需要触及多方利益。例如，防治雾霾的一项有效措施是少烧煤、不烧煤，可是真要少烧煤，问题又来了，暖气温度上不去、停电限电造成生活不便，影响到谁，谁也不乐意。要在"不能呛着，不能冻着，不能黑着"之间找平衡，少烧煤就不是个技术问题，操作起来非常复杂。

　　说到底，保护环境需要所有人节制自己的欲望与需求。工业文明极大地提高了人的生活舒适度，其代价是资源消耗、环境污染、生态退化。防治污染不仅要求全社会改变大量生产、大量消费、大量废弃的生产方式，也需要广大公众改变很多的旧习俗、老习惯。如少放鞭炮、少开车，不随便燃烧垃圾和植物秸秆、不乱倒垃圾污水等，这虽必然会让人克制一些欲望和降低一些生活舒适度，但如果许多人都希望别人去做而不反躬自问，亲自践行，改变现状谈何容易。

　　认识到治理污染需要转变发展方式，转变生活方式和旧习俗，但转方式也不是件容易的事，必须"下更大的决心，以更大的作为进行治理"。下决心，有作为，政府就是要敢于放弃眼前的一些既得利益，公众就是要人人参与改习俗倡低碳。

17. 尊重民意 激发正能量

刊 2013.2.27《中国环境报》2 版

今年春节，全国多地与以往有些不一样，鞭炮声没有那么密集，持续时间也没有那么长。亲朋好友聚在一起，多以没放鞭炮、少放鞭炮，没有开车或少开车而倍感自豪与荣耀。

当中国大多数地区遭受持续的雾霾袭击后，大家在渴望呼吸上新鲜空气的同时，也开始反思自己原有的生活方式和消费模式。过年放鞭炮本是图个吉利和热闹，但是当了解这一传统的做法会严重影响环境和健康时，很多人选择改变习惯。这是一个不小的改变。

新年里的这些新举动，反映的不单是放不放鞭炮、开不开车、燃不燃煤的问题，更重要的是体现了公众的社会责任、环境意识正在觉醒。而这种觉醒，很大程度上来源于政府和相关部门的广而告之、启发引导和紧急呼吁。而这些引导与呼吁，又恰恰迎合了公众对于良好的生活环境和健康身体的强烈心愿与期盼。

前些年，我国曾全面实施鞭炮禁放。但禁而不绝，公众偷着放的现象不少。打、罚、压的禁放手段，还引发了不少社会矛盾。其实，那时的禁放，同今天一样，也是为了维护公共安全与公众健康。只是压的强制方法与今天的疏、导方式不同而已。

由此可以得到启示，尊重公众意愿，才是激发民众参与环保的有效方法。

公众在环境管理和相关事务中应有参与和决策的权利。因此，政府部门在政策层面上，应保障公众参与环境保护的热情和动利。一方面，要通过法律、行政、部门规章等手段赋予公众享有环境权益的权利；另一方面，要通过经济政策、授予荣誉等来启发、鼓励公众积极、主动地维护生态环境，引导公众更好地参与环保。

其实，在因环保问题引发社会不稳定因素趋升的特定时期，尊重公众意愿，不

仅可以激发环保正能量，还可以化解社会矛盾。

化解社会矛盾、创新社会管理，必须充分尊重公众意愿。当前，环境保护已成为保障和改善民生的重要内容，环境质量怎么样，群众最有发言权。群众对于环境质量的良好期待和愿望，不应成为政府的负担，而应该是动力。今年以来，面对来势凶猛的雾霾天气，各地及时发布环境空气质量监测数据，就是一个尊重公众意愿、顺应群众要求的良好成果。

化解社会矛盾、创新社会管理，必须及时回应公众要求。有些地方面对社会矛盾习惯采取捂、盖、压的方式，会导致矛盾进一步激化。有了问题不能回避，也无法回避，尤其是在网络信息高度发达的今天。在处理一些群众关心的问题，特别是突发事件、突发问题时，应做到有多少信息就披露多少，满足群众知情权，及时回应群众的关注。

通过大众传媒使公众了解环境形势、提高环境意识和自我保护意识，是创新社会管理，处理好环境、发展与公众关系的有效方法。解决环境问题，政府部门要认真对待公众诉求，坚持从群众最关心、最直接、最现实的问题入手，解决好影响可持续发展和群众健康的突出环境问题。利用好大众传媒，及时让公众了解环境形势，提高公众环境意识和环境知识水平，让人民群众在共同参与中激发正能量，共同保护环境。

（中国环境网、求是理论网、中国色谱网、安庆市环保局网转载）

18. 夏病冬治要及早谋划

刊 2014.10.15《中国环境报》2 版

中医治疗筋骨伤湿伤寒病有冬病夏治一说。在大气污染防治战役中，许多地方采用了这一方法，在夏季开展的防霾控煤战役中，早动手、早谋划。一手抓控制燃煤质量，从煤炭招标开始，进行源头治理，推广使用低硫煤；一手抓燃煤锅炉煤改电、煤改气，从而确保冬季控煤、减煤、压煤、少燃煤、燃优质煤。这一系列举措被统称为冬病夏治，以此大量减少冬季因燃煤引发的污染排放，减轻冬霾的危害程度。

笔者认为，冬病夏治固然重要，夏病冬治也实不可缺。扬尘、烟尘污染，在我国北方乃春夏之大患。由于气候条件因素所致，在春夏季导致扬尘污染的各类施工工地和夏季火热一时的烧烤烟尘污染，到了冬季便会进入猫冬期。可以说，冬季这一时期，正是防治夏病污染的最佳时节。

时已深秋，冬季即将来临，开展夏病冬治已是当务之急。笔者认为，当前应做好以下 3 方面的工作：

第一，理一理治霾的工作思路。雾霾的危害性很大，进入冬季，空气污染防治形势更加严峻。对此，各级政府急需采取有效的行动来改善生存环境，并和公众一起行动，使雾霾防治工作形成方案、形成规划、形成制度，逐步落实。

第二，理一理夏病冬治的具体工作。要针对本地城市雾霾形成的原因，通过源解析，监测并找出夏病冬治的针对性方案。

一是治灰尘。冬季是治理工地扬尘的最佳时机。冬季工地多停工，许多车辆停运，在这个时节对相关车辆进行渣土运输车密闭改造、建设工地控尘设施和储备夏季苫盖土堆的物资，施工方和运输方都易接受。

二是治烟尘。露天烧烤和汽车尾气是夏季烟尘的主要来源。治理露天烧烤应采

取疏堵结合的方法。可以有规划地在市区居民集中的地方建一些有烟尘处理设施的露天烧烤店，由地方政府搞建设，商家来租用，冬建夏用，这样就能解决很多矛盾。对于机动车尾气问题，在冬季可以通过汽车相关技术进步，机动车增加尾气净化装置以及提升油品质量等措施，实施冬季集中攻关治理。

三是治挥发性有机物。VOCs（挥发性有机物）是夏季臭氧形成的主要前体物之一。在冬季谋划开展化工、钢铁、涂装、包装印刷等行业的VOCs专项治理，将对夏季臭氧浓度的降低起到关键性作用。

四是开展冬季治霾教育活动。利用冬季长假多的特点，开展全民防污治霾教育活动。利用各种媒体，通过广泛宣传，引导公众践行绿色消费、绿色出行，少用空调、少开车，发动公众从自身做起，增强社会责任感，自觉、主动地为治霾贡献力量。

第三，理一理治污的法规制度。雾霾防治在我国起步不久，各地可参照的成熟经验很少。一年多来，一些地方围绕大气污染防治出台了相关法规和政策。但是，也有可能出台过一些不合时宜、不可行的地方法规条文。当前，基层各级政府和相关部门要发扬实事求是的精神，及时纠正、坚决完善，切不可死要面子不改错、不纠偏、不顺民意。与此同时，各地要有效落实夏季雾霾防治工程中的奖补政策，理清拖欠款和治理工程落实不到位等问题。

19. 冬病夏治为何落实难？

刊 2014.10.8《中国环境报》2 版

今年"三伏"之时，华北某地区围绕大气污染防治工作谋划了一揽子"冬病夏治"工程。工程着眼于冬季燃煤带来的高污染问题，以供热供暖锅炉煤改气、煤改电和统一推广使用低硫煤为重点，提出了具体的控煤、减煤、提质的治理工作目标。但是，从开始谋划到现在，很多工程都没有得到如期落实。通过查找原因发现，大部分工程都是在工程招标上出了问题。

实施工程招标的目的是防止暗箱操作，防止腐败浪费。大气污染各项防治工程的实施本不该与之形成矛盾。可是，为什么有些地方却把大气污染防治工程被延误的账单挂到了招标上？原因有四点：一是工程谋划从起步时就已经晚了，缺乏预见和计划；二是招标过程中工作拖拉，有些环节不够作为；三是对国家相关的政策法规不够了解，心里没数，事到临头想特事特办，结果碰了钉子；四是对大气污染防治工作的特性缺少客观认知，缺少整体规划。大气污染防治作为民生工程，至关重要。围绕大气污染防治，全国许多地区都采取了一系列积极有效的措施，甚至是开了政策绿灯。但从华北某地区"冬病夏治"工程没能如期落实的经验教训分析，其根源主要在于对工程缺乏事先规划，缺少科学安排。

各地要在探因解析基础上，把整个大气防治工程作一个长久性整体规划，并分步实施，要通过科学安排，避免打乱仗、打无把握之仗，防止冷一阵、热一阵，更要防止拍脑门工程既误事又伤财的情况，确保阶段性工程得到落实。

科学谋划是开展大气污染防治的重要环节，不仅体现政府科学运筹的能力，也体现了政府的法纪意识，更体现了政府的担当与责任。不招标就不能实施工程、不验收就不能拨付全额资金、不配套就不符合国家的政策，这些硬性条件，在谋划大

气治理工程时，就必须要进入决策者的脑子里，落实到整体安排上。试想，华北某地的决策者，如果将"冬病夏治"工程起步于冬季诊病寻医、春季上路操行、夏季治病吃药，即使招标时间再长，恐怕也不会出现无法落实的后果。

20. 限产限行是为了减轻污染
保障公众健康是最终目的

刊 2015.12.9《廊坊日报》1 版

12 月 6 日开始，我市启动重污染天气应急响应，车辆实行单双号限行；12 月 7 日早上 6 时起，市区全部公交线路全部车辆，实施市民免费乘坐新举措。8 日，记者采访时了解到，大多数市民对机动车限行措施和公交免费表示理解和支持，他们说："少开一天车不算啥，廊坊大气能尽快改善，这才是最重要的。"广大市民更是赞誉市政府实施公交免费惠民举措特别暖心。

据了解，针对我市大气污染防治工作需要和广大市民意愿，市政府决定，从 12 月 7 日早上 6 时起，本次应急响应期间，市区全部公交线路全部车辆，实施市民免费乘坐新举措。今后，凡启动重污染天气应急响应要求车辆单双号限行时，此项举措便常态化实施。公交公司由此带来的经济损失，由市政府支付专项补贴。

同时，根据市民出行规律，市公交集团还制定了科学的运营方案，安排 32 条公交线路延时运营，延时线路占现有线路总数的 94%，日均增加班次达 120 个。对 15 条线路的运力进行加密。其中，部分线路全天候加密，部分线路是在工作日早、晚上下班高峰期间加密。线路的加密会大大缩短乘客候车时间，发车间隔普遍缩短至 8 ～ 11 分钟，保障市民正常出行。

8 日一早，记者随机走访市区公交线路了解到，从 12 月 7 日首班发车时间起，市区全部公交线路的全部车辆均按照"两延时一免费"政策有序实施。1 路、3 路、5 路、7 路、8 路、10 路、11 路、12 路、13 路、15 路、16 路、17 路、18 路、21 路等 14 条线路首末班发车时间由 6:30—20:00 调整为 6:00—20:30；22 路首末班发车时间由

6:30—20:00 调整为 6:00—20:00；2 路首末班发车时间由 6:30—19:30 调整为 6:00—19:30；4 路、6 路、14 路等 3 条线路首末班发车时间由 6:30—19:00 调整为 6:00—19:00；23 路首末班发车时间由 6:30—19:40 调整为 6:00—19:40；25 路首末班发车时间由 6:30—19:30 调整为 6:00—19:40；20 路、26 路、27 路、28 路、29 路、30 路、31 路、32 路、33 路、34 路、35 路等 11 条线路首末班发车时间由 7:00—19:00 调整为 6:30—19:30；9 路、19 路等 2 条线路首末班发车时间不做调整。

就我市启动重污染天气应急响应的意义、目的以及一系列市民关心的问题，记者采访了市环保局副局长、市政府大气办副主任李春元。

李春元介绍，入冬以来，我市启动应急响应多为提前启动，提前干预，这是在认真总结近期空气重污染过程应对工作的经验和不足后，按空气质量预报结果上限确定的预警级别。"提前"传达出两层意思：一是面对即将到来的空气重污染我们可以做到提前预测，提前预警；二是在应对重污染天气的过程中，提前采取措施、提前干预开始被重视。如果在污染到来之前采取提前干预，雾霾在一定程度上是可以减轻甚至避免的。已有多次事实经验证明，提前干预可行有效。2015 年的阅兵，去年的 APEC 会议、南京青奥会，以及更早一些的北京奥运会，成功的空气质量保障都得益于提前采取措施。有数据统计，提前干预使 APEC 期间的 PM$_{2.5}$ 减少了60% 以上，使阅兵期间 PM$_{2.5}$ 减少了 70% 以上，这些提前减排在一定程度上降低了雾霾的发生概率和影响程度。为应对重污染天气，从 2013 年开始我国多地都启动了应急预案编制工作，也做了大量探索和修正，但效果却难尽如人意。究其原因，就是虽有干预，但缺少提前量。当然，应急措施的适度提前，要依靠准确的雾霾预测与预警。

李春元说，我市启动三级应急响应后，上级要求京津冀地区重污染城市要提升应急响应级别，为此，我市及时予以落实。根据《廊坊市重污染天气应急预案》第四项第二条规定：当紧急发布黄色或橙色预警信息时，指挥部可根据专家组会商意见，要求重点区域、重点行业企业实行更为严格的响应措施，以达到应急调控目标。目前，影响我市的冷空气较弱，风力较小，静稳指数较高，专家分析我市近日将出现重污染天气。

李春元表示，市政府围绕大气污染防治采取的各项应急举措，出发点和落脚点都是为了保障广大市民的身体健康，维护群众最关心、最迫切的生命利益。在雾霾重污染天气来临前，实施企业限产、车辆单双号限行等措施，是眼前防霾治污没有办法的办法，保持群众正常的生产、生活秩序要考虑，公众的生存健康更要考虑。

李春元说，在雾霾重污染天气来临时启动应急响应预案，是国家《环境保护法》

《大气污染防治法》和省、市相关法规的明确要求。近日，环境保护部又明确要求，对雾霾应急预案启动不及时的城市和相关责任人将严肃追责。因此，启动应急预案，是合法的、是科学的、是人性化的、是见到实效的、是对公众健康极为有益的。对于雾霾重污染天气启动应急响应，限产限行是为了减轻污染，保障公众健康是最终目的。广大市民和相关企业，应站位最大多数市民的健康利益之上给予更多理解和支持，积极行动起来，从控制小污染做起，严防积少成多的霾毒之患。

21. 大数据下的科学治霾

刊 2015.12.17《廊坊日报》3 版

环保大数据是如何实现科学治霾的？王奇锋说，首先是定目标。我们前端在廊坊布了大量的传感器，一个稳定的传感器才能获取一个稳定的数据源，一个稳定的数据源才能汇集各类数据，才能做后期分析。其次是做评估。数据评估分前评估和后评估两个阶段进行。前评估，以廊坊的燃煤为例，廊坊的城区燃煤在 54.7 万吨，农村散煤 68.8 万吨。据此制定了城中村大概要换多少煤，按照消耗的情况折算到空气质量系数上，我们认为把煤换掉年均可以减 5 微克每立方米。后评估是针对各项污染治理的落实情况进行监督，通过大数据分析成分组成，看到底有没有真正落实到位。

"利用大数据在廊坊治霾中抓落实，这种模式叫互联网＋传感器模式。"王奇锋说，廊坊市政府把所有企业街道设置成不同的三级网格，区县是二级网格，市级是一级网格，每个网格源实时去看垃圾、燃煤、小煤炉的燃烧、一些违法的环境行为，及时通过网格上报，可以第一时间处理这些污染，保证污染不会持续扩散。同时，还可以通过数据定量去进行评估。

王奇锋表示，"这些通过大数据采集分析出的结果，在科学治霾中发挥了巨大作用，而正是基于大数据时代，我们才有了良好的创业机会。"

（本报记者　腾佩智　整理）

22. 治霾，我们不能再怠慢

刊 2015.12.16《廊坊日报》2 版

11 月 27 日至 12 月 2 日，廊坊连续 5 天重雾霾，廊坊人们在这五天内，平均吸入肺部的空气污染物约 4 000 微克，如果把全廊坊市市民 2015 年吸入肺部的空气污染物都计算，全年吸入肺部的空气污染物是 2 920 万微克（按 100 万人计算），人均约 29 万微克。这些吸入的空气污染物，对我们的身体的影响是巨大的，尤其是对孩子，会严重影响孩子的身体发育！马云在最近的气候大会上说了一句话，如果地球病了，没有人会健康！我在此想套用他的话说："廊坊已经被污染了，我们每个人都受害"。

我们每个人都希望呼吸新鲜的空气，我们每个人都想看见蓝天，是谁污染了廊坊的大气？不是别人，恰恰就是我们自己！科学源分析已经证明，区域间污染的相互传播是必然的存在，我们日常主要的污染就在本地。

我们廊坊最大的污染来自燃煤。当烧煤的企业偷偷地向大气排放污染物时，工厂内和工厂附近的 $PM_{2.5}$ 平均比其他地方高 30%。作为一个企业家，确实可在治污投入上降低成本，但是，企业家本身和企业员工患病的概率同样增加了 20%～30%。当在偷排无人知晓而窃喜时，其实每天都要面临违法环保法、随时挨处罚的危险，这样的买卖值得做吗？这样的企业能可持续吗？

居民散户烧煤取暖，因为使用了便宜的劣质煤，省了几十元，但是您可能不知道，散煤直接燃烧排出的污染物比企业排出的污染物高出数十倍，您确实取了暖，但您既污染了您自己的小环境，您也为自己制造了一个得病的污染源，更为您的孩子的成长埋下了隐患。假如若干年之后，您的孩子就是因为吸入了大量的 $PM_{2.5}$ 和其他化学污染物，而患上了肺病或其他不治之症，您自己不但省不了钱，还会减少

自己的寿命，甚至为失去亲人而流泪。

我们廊坊第二大的污染来自车辆。一辆柴油车在廊坊行驶一天按 30 千米算，排出的 $PM_{2.5}$ 约为 0.17 克，一辆自驾汽油车，在廊坊行驶一天，排出的 $PM_{2.5}$ 约为 0.04 克，仅我们廊坊市区的车辆拥有量，一天向大气中排放的 $PM_{2.5}$ 约为 1 吨，尤其是重雾霾天气，我们排出 1 倍的污染物，大气的催化氧化作用把污染物放大 2 倍或 3 倍。我们开车为我们提供了方便，但是我们应当认识到，它在污染我们的生存环境，每当一辆汽车从你面前开过，您应当闻到汽车尾气的味道，它实际上已经吸入了您的肺部。如果我们能够绿色出行，既省油，又锻炼身体，我们是否可以尝试一下呢？

我们廊坊第三大的污染来自扬尘。廊坊是一个正在建设的城市，到处是施工工地。我们建设美丽廊坊，可是，我们应当用美丽施工来建设美丽廊坊。裸露土地，满街跑、满街撒的渣土车，使廊坊变成了一个"土"城；到处散扔的垃圾，使廊坊变成一个"脏"城；风一吹，廊坊的扬尘与脏气比北京、天津都高，PM_{10} 成了我们的首要污染物。

VOCs 是我们廊坊另一个污染物，电梯厂、家具厂的喷漆，化工厂的排放，美容店的喷胶以及食品厂的排放等含有甲醛、苯等有害气体，低浓度甲醛对眼睛、呼吸道有刺激性，对人体的影响主要表现在皮肤过敏、咳嗽、多痰等呼吸道症状及头痛、恶心等；苯及其化合物具有致癌性。长期接触这些有害空气容易降低婴幼儿免疫力，诱发血液性疾病，甚至影响神经系统发育。

最后一个和我们大家息息相关的污染是不完全燃烧。包括垃圾无组织燃烧、工厂废物燃烧、秸秆燃烧、羊肉串烧烤、烟花爆竹燃放等。这些不完全燃烧的危害极大，它一旦排入大气，作为不稳定的污染物，成为大气二次污染的原料。您烧垃圾，省了您自己的事；你卖羊肉串，自己赚了钱，但是您整天在烤炉前直接地吸入大量的污染物，您自己都不知道它对您有多大的危害！

大气是每个人都要呼吸的，正如"害人者必害己"一样，污染环境者必然污染自身。不是您排放了污染源，您就可以置身事外，您往大气排放一点污染源，我们大家就多吸一点污染空气，但您自己也要和大家一样多吸一点。我们为什么要做这种损人又损己的事呢？

有位环保人讲过：治理雾霾是我们的良心、责任。我非常赞成他的说法。我要说，我们每一个廊坊人，用自己的行动减少排放，是我们的良心、责任。我们的良心告诉我们，我们不能因为自己的方便和赚钱，而危害大家的公共财产、空气和水，因为危害了它，既害了大家，也害了自己，更害了我们下一代。

为了我们的下一代，为了我们的生活环境，为了他人，也为了自己，从我做起，从现在做起，减少排放，增添绿色。

PM$_{2.5}$特别防治小组的成员绝大部分人员来自杭州、广州、上海和内蒙古等地，我们来这里的目的是和廊坊的人民一起，减少廊坊的污染，救救孩子，救救自己，建设美丽、蓝天、白云的新廊坊，是我们共同的责任！

我们在廊坊工作了一年多，我们亲眼目睹了市委、市政府领导的决心和垂范。我们呼吁广大市民少些抱怨，多些支持，少些牢骚，多些行动。PM$_{2.5}$小组专家小组成员愿与全市人民同心而动、同向而行。

23. 用"蛮拼的"精神让蓝天为廊坊"点赞"

——解读 2015 年上半年廊坊治霾七大任务

刊 2015.1.7《廊坊日报》2 版

伴随着新《环境保护法》的正式施行，以强力实施"控煤、抑尘、限车、治理工业污染、治理各类烟气"为重点的新年度廊坊防霾治污七大任务，作为廊坊市委、市政府 2015 年在新常态下强力开局的"十项集中行动"重点工程之一，已向全市亮相。这既是 2015 年上半年全市大气污染防治"蓝天行动"的重要任务，也是全面完成《河北省大气污染防治行动计划实施方案落实情况考核办法目标任务》阶段攻坚和推进我市环境空气质量持续改善的新一轮攻坚行动。

全市经济工作会议明确要求，强力推进大气治理，2015 年全市要以治理燃煤污染和面源污染为重点，大力推广微煤雾化技术，改造城乡燃煤锅炉，加快淘汰 10 蒸吨及以下燃煤锅炉，加快国电热电联产项目建设；对没有纳入集中供暖的中小学校和机关事业单位全面实施煤改电；解决市区城中村 2 万户居民的散烧煤问题和市区 24 台分散燃煤锅炉并网改造；推行农村清洁炉具改造，以市区周边农村为重点，力争为 15 万户农民实施清洁炉具改造替代；全部淘汰黄标车，建立农村秸秆禁烧长效机制。实现在 2014 年基础上 2015 年全年 $PM_{2.5}$ 浓度下降 6% 工作目标。完成上述防治任务，实现预期的 $PM_{2.5}$ 浓度下降目标，2015 年，全市大气污染防治工作要遵循"科学施治、源头预防、重点治理、整体推进"的工作思路，以拆锅炉、保煤质、改炉具、抑扬尘、限车辆和强化重污染天气应急响应措施为重点工作任务，突出抓好市县两级重点城区和重点工程两个重点，通过落实再加力，问责下狠手，确保市委、市政府重点工作部署落地生效。

市委、市政府制定出台这样的攻坚方案和工作思路，是有充分科学依据的。2014 年全市通过持续开展"蓝天工程"，上半年实施了"八大攻坚战"、夏季开展了"冬病夏治"行动、冬前开展了"五大任务"攻坚战，经过不懈努力，实现了 2014 年我市市区空气质量达标天数 153 天（其中一级天数 10 天），达标率为 41.9%，与 2013 年同期相比达标天数（132 天）增加了 21 天，达标率提高了 6.0 个百分点；重污染天数 71 天，重污染天数比例为 19.5%，与 2013 年同期相比减少 14 天的良好成果。根据我市大气污染成因分析、专家建议和我市实战经验，市委、市政府才确定了 2015 年上半年全市大气污染防治要市县同步，围绕以下七项重点任务克难攻坚、深度治理和抓好督导检查、狠抓任务落实的决心。

一是实施重点区域综合整治。国家确定的我市四个环境空气质量监测点和各县（市）监测点都设在市、县主城区重点区域，是我市大气污染防治重中之重的核心部位。经调查分析，所有重点区域污染物主要来源，均为燃煤、车辆、各类扬尘和油烟。一要完成好此项，治理任务保煤质。2015 年全市各相关部门要形成合力，认真落实省《工业和民用燃料煤》标准要求，任何单位和个人不得销售、使用硫分高于 0.4%，灰分高于 15% 的原煤；廊坊市区重点区域不得燃用硫分高于 0.4%，灰分高于 25% 的型煤；所有煤炭经销和直供采购用煤单位必须建立煤炭购销台账，载明煤炭购销数量、购销渠道及煤炭检验报告。对非法采购、使用不符合标准煤炭的单位和个人处以重罚。二要治煤炉。市县两级要区分不同情况，分别采取整治措施，廊坊市区主要是采取拆除、取缔和更换节能环保炉具、配送清洁型煤方式，对重点区域周边居民和小商户散烧煤进行治理。三要抑扬尘。市区要对重点区域周边裸露土地进行硬化或绿化，对煤堆、料堆全部实施完全封闭。四要治油烟。市区要对重点区域周边规模以下小型餐饮行业油烟采取取缔或安装高效油烟净化设施方式进行治理，减少其油烟排放对环境的影响。同时，各县（市、区）要采取源头管控、废物回收等办法，杜绝和控制危险物品焚烧和违法处置。元旦、春节和清明节期间，全市要采取控购、控销等多项措施，切实减少烟花爆竹在市县两级主城区燃放。五要迁污企。市主城区内还存在建材加工、机械加工、喷漆、印刷等行业土小企业和加工作坊，在生产加工过程中产生大量的烟粉尘、挥发性有机物等污染物。对这类企业和作坊，要采取原地深度治理和采取限期搬迁的方法进行综合整治。

二是实施全市中小学、企事业单位和无物业小区分散燃煤取暖锅炉治理。2015 年，全市要加大对中小学、企事业单位和无物业小区分散燃煤取暖锅炉治理工作力度。市区要对广阳、安次和廊坊开发区三区内的 64 家中小学校、市建设局下属的 19 个排水泵站、24 个无物业管理小区的 160 台分散燃煤供暖锅炉进行治理和改造。

市区中小学校和市政处排水泵站采用煤改电方式淘汰原有燃煤取暖锅炉，无物业小区依实际情况分别采取加装脱硫除尘设施或更换环保锅炉的方式进行治理。

三是实施集中供热燃煤锅炉治理与管控。全市所有集中供热企业燃煤锅炉污染治理设施的提标改造，采取加装布袋除尘和静电除尘装置等方式，进行大气污染治理设施升级改造，确保外排烟气各项指标稳定达到《锅炉大气污染物排放标准》（GB 13271—2014）中特别排放限值要求（颗粒物浓度不超过 30 毫克 / 米^3、二氧化硫不超过 200 毫克 / 米^3、氮氧化物不超过 200 毫克 / 米^3）。不能达标排放的，一律停止使用，并依法进行处罚。推广 2014 年市区集中供热企业管理办法，2015 年全市所有集中供热单位全部派驻驻厂监督员，每天对锅炉运行情况和脱硫除尘系统进行监管和检查，建立集中供热燃煤锅炉"人防"监管体系，确保集中供暖锅炉脱硫除尘设施高效稳定运行。

四是实施工业企业挥发性有机物治理。在全市有机化工、表面涂装、包装印刷、人造板材、家具制造等重点行业开展挥发性有机物（VOCs）综合治理，减少生产和使用过程中挥发性有机物的排放，切实降低夏季空气质量臭氧浓度。

五是实施扬尘污染治理。进一步加大全市建筑工地、渣土运输车辆整治力度，加强城区道路清扫保洁和垃圾清运作业，深入落实各项管控措施，全面控制城市扬尘污染。

六是实施机动车尾气治理。全市要加大机动车管控力度，持续推进黄标车和老旧车淘汰，严格执行车辆限行规定，制定政策规定，强化施工机械、渣土运输车辆的尾气排放监管。

七是实施强化重污染天气应急响应。一年多的实践和专家论证表明，在重污染天气来临时实现污染"消峰"，不仅可以大大减轻重污染天气的严重程度，而且对我市空气质量的持续改善有至关重要的影响。同时还可以对全市大气污染"靶向治理"提供科学依据。要加强监测预警能力，做好重污染天气过程的趋势分析，提高重污染天气预警的提前量和准确度；细化重污染天气应急响应减排措施，并严格落实，努力实现重污染天气"消峰减频"。

强力实施专项督导检查，是确保各项防治工作落实的关键。着眼强化重点区域综合整治、全市分散燃煤锅炉治理、集中供热锅炉深度治理、挥发性有机物治理、扬尘污染治理、机动车尾气治理和秸秆禁烧工作，为确保各级各部门按照各自职责分工，在规定时间节点完成相应工作任务，2015 年，强力实施专项工作督导检查，成为保障措施新亮点。一是加强协调，落实责任。落实 2015 年廊坊市大气污染防治重点工作，任务艰巨、责任重大。市县两级政府大气办将会同同级环保部门，切实负起大气污染防治集中行动的总体协调推动、进度汇总、督导落实责任。各级各部门将根据各自担负的工作任务和目标，制定本部门本单位切实可行的工作实施方案。各单位还将把各项任务层层分解，落实到人。市委、市政府主要领导和分管领导至少每个月对重点工作开展情况进行一次集中调度，各县（市、区）和市直相关部门每月要向市委、市政府写出专题工作进展情况汇报。二是细化台账，积极推进。市直各部门，各县（市、区）政府、廊坊开发区管委会，将按照集中行动方案要求，按照时间节点积极推进各项工程的实施。各单位将借助廊坊市大气污染防治重点工程项目管理系统，如实填写工程完成情况电子台账，完善相关档案资料，防止和杜绝弄虚作假行为。三是严肃问责，一票否决。对专项督导检查中发现的未按要求和时限履行工作职责、完成目标任务的单位，由纪检监察部门对责任单位及其属于监察对象的责任人，依法依纪实施责任追究，严肃执纪问责。同时，将考核结果列为各级各部门年度考核的重要内容，考核不合格的在年终评优、评先时，实施一票否决。与此同时，2015 年，全市大气污染防治还要着眼完善治污防控体制机制。全面贯彻新《环境保护法》，依法依规治污，推进防治工作长效化、法治化。完善基层环保工作网格化监管和智慧环保建设，建立环保、公安双重管理的执法体制。

2015 年上半年，将是我市大气污染防治工作走向依法治理、持续治理、长效治理、深度治理的关键阶段，实现全年 $PM_{2.5}$ 浓度在 2014 年基础上下降 6%、在 2013 年基础上下降 15% 目标，仅靠完成上半年的几项重点工作任务不行；仅靠政府的决心、企业的努力也不行，只有全市上下各级各部门和各类企业、广大群众同步行动起来，并以时不我待、自我加压和"蛮拼的"精气神，奋发有为地持续向污染宣战，目标才可能实现。

在 2015 年新年贺词中，国家主席习近平用富有时代气息的语言讲道："我们的各级干部也是蛮拼的""我要为我们伟大的人民点赞"，两句话拨动了无数人的心弦。为京津冀大气污染防治作出了突出贡献的所有廊坊人，无不为习主席的"点赞"而感动。回首过去一年，防霾治污，我们廊坊啃下了不少硬骨头，成绩的背后，倾注了全市人民的心血。

"蛮拼的"就是一种进取的志气，一种奋发的状态。站位 2015 大气污染防治的新起点，全市上下气可鼓而不可泄，我们更加需要那么一种拼劲、闯劲、干劲。只要我们全市上下坚韧不拔、形成合力、奋战攻坚，美好的蓝天，就会在新年度给我们每一个廊坊人翘首"点赞"。

24. 人人遵守环保法规　人人参与污染防治

　　——致广大市民及企业经营者的公开信

刊 2016.2.3《廊坊日报》2 版

广大市民及企业经营者朋友们：

　　良好的生态环境是全社会的共同财富，是经济社会持续发展的根本基础，碧水、蓝天、清新的空气、洁净安全的食物、宜居的生活环境，是我们每个人最基本的需求，改善生态环境是每个人义不容辞的责任。近年来，雾霾天气已成为我国大部分地区秋冬季节的主要灾害性天气，我市也不例外。解决以雾霾为代表的生态环境问题，需要超越一己之利、个人之便，用尊重自然、顺应自然、保护自然的生态文明理念规范自己的行为；需要唤醒每一个人的责任意识。

　　新《环境保护法》是一部被广泛解读为"史上最严"的环保法，强化责任、严格监管、加大处罚是新环保法的重点。新《大气污染防治法》制定了一系列严格具体的制度措施，对各级政府、各有关部门、各排污企（事）业单位和其他生产经营者等都规定了许多新的法律责任和义务，尤其是在治理大气污染方面，规定了信息公开、按日计罚、停业整治、查封扣押、行政处罚等许多新的更加严厉的惩处措施。我省按照"源头严控、过程严管、后果严惩"的思路，制定出台了《河北省大气污染防治条例》，对大气污染防治进行全面规范，明确了政府及其部门的责任，规范了企业事业单位和其他生产经营者的防治责任及公民的义务。"两法一条例"是指导我们向污染宣战的行动指南和有力武器。

　　企业是国民经济的细胞，自觉治理污染保护环境，是企业的社会责任，环境保护法律法规，是企业必须遵守的基本行为规范。近年来，全市绝大多数企业不仅能够遵守环境保护的各项法规，而且还积极开展污染治理，推进节能减排，为环境质量改善做出了积极贡献。但也有少数企业对生态文明建设认识不高，环保法律意识淡薄，非法排污、超标排污、恶意排污的现象时有发生。希望全市各企业切实把环境保护作为企业发展的生命线，把追求环境效益和社会效益摆上重要位置，彻底抛弃侥幸心理和观望心态，不断加强转型升级和治污减排，切实履行治理污染的社会责任，做好以下工作：

牢固树立环保意识。在企业内部深入开展环境宣传教育，倡导科学发展理念，坚持"预防为主、防治结合"方针，切实肩负起环境保护的社会责任，促进社会、经济和环境的可持续发展。

严格遵守环保法规。坚决贯彻落实"两法一条例"等环保政策法规和标准，严格执行排污申报和排污收费等制度，主动接受环境现场执法检查和监督管理，做到无环境污染事故发生，确保环境质量改善。

切实加强污染防治。加强企业节能减排投入和技术改造力度，确保节能减排目标全面实现。加强污染治理设施的运行管理，确保废水、废气、噪声和固体废物达标排放。主动淘汰落后的生产设备和工艺，积极实施清洁生产，发展循环经济，提高资源的综合利用率，减少污染物的排放。制订科学可行的突发环境事件应急预案，并组织应急演练，确保环境安全。

自觉接受社会监督。加强企业环境管理，强化诚信意识，恪守环保信用，将诚信理念贯穿于企业生产经营全过程，全力打造"资源节约型和环境友好型"企业品牌。扎实推进企业环境信息公开工作，主动处理好厂群关系，自觉维护好群众的环境权益，自觉接受社会公众和新闻媒体监督。

随着"两法一条例"的实施，全民环保已经从自觉自愿上升到法律义务，全体公民应当增强环境保护意识，采取低碳、节俭的生活方式，自觉履行环境保护义务。为此，我们倡议广大市民：

做环保理念的传播者。移动互联时代，我们的传播渠道更为便利，传播方式更加多元。举手之劳转个帖子、追一条评论或者点一个赞，都有可能把环保理念传播给更多的人。

做低碳生活的践行者。日常生活中，每一脚油门、每一根燃烧的秸秆、每一串响亮的鞭炮、每一抹绚烂的烟火背后，都可能增加对雾霾的"补给"。对于大自然的馈赠，我们应常怀敬畏和感恩之心，少开一天车、少用一张纸、少要一个塑料袋，不妨从身边小事做起，践行低碳节约的消费方式和生活习惯。

做绿色时尚的引领者。在促进空气质量改善的过程中，每个人都可以成为绿色

时尚的引领者。例如，鼓励亲朋好友把在婚礼上燃放礼炮改为共植结婚树，为城市增绿；又如，好天气里选择骑车出行，既健康又自由。当绿色环保的行为方式成为新的时尚，得到更多认可和追逐时，保护空气质量的责任意识也将深入人心。

做生态环境的呵护者。建设美丽家园、改善生态环境，需要每一位市民的真诚付出和依法呵护。大家要做到"三及时""两敢于"：及时改变自身有害于生态环境保护的不良行为，及时改正自身损害生态环境的违法行为，及时提升自身保护生态环境的思想意识和法制观念；敢于批评和纠正各种损害生态环境的不文明行为，敢于揭露和举报破坏生态环境的违法行为。

生态环境治理，重在精细、贵在持久、关键在社会联动。让我们迅速行动起来，携手同心，从身边小事做起、从一点一滴做起，用我们辛勤的劳动和智慧，用我们的热情和汗水，积极投身到治理环境的行动中来，为廊坊的"绿色、高端、率先、和谐"发展做贡献，为改善环境质量，建设天蓝、水清、地绿的绿色廊坊、美丽廊坊、幸福廊坊而携手奋斗！

廊坊市环境保护工作领导小组

2016 年 2 月

25. 减少烟花爆竹燃放
过祥和环保春节的倡议书

刊 2016.2.5《廊坊日报》2 版头条

广大居民朋友:

每逢新春佳节,广大居民朋友都会以燃放烟花爆竹的方式欢庆节日,营造喜庆气氛。但是,大量燃放烟花爆竹不仅容易引发火灾,造成人身伤亡事故和财产损失,还会带来空气、噪声、固体废物等污染问题,严重危害广大居民的身体健康,与我市"生态优先、绿色发展"建设美丽廊坊不相适宜。新春纳福从健康呼吸开始,为了广大居民的身体健康,为了廊坊空气质量的持续改善,为了让大家过一个安全、文明、低碳、环保的节日,我们倡议:

一、率先垂范从我做起。各级党政机关、企事业单位工作人员要充分发挥带头示范作用,自觉不购买、不燃放烟花爆竹,影响和带动周边人群积极响应倡议,主动放弃燃放行为,带动全社会形成环保、文明的节日喜庆氛围。

二、不燃放、少燃放烟花爆竹。广大居民朋友要树立"少放烟花爆竹,就是爱护自己和家人健康"的文明过节理念,自觉做到不放或少放烟花爆竹,减少有害物质排放,降低老人、儿童等敏感人群发生呼吸系统疾病的风险,共同为改善环境质量、建设生态文明贡献力量。

三、选择低碳环保的喜庆方式。尽量选购安全系数高、污染轻、噪声小的环保型烟花爆竹,使用电子鞭炮、鲜花或播放喜庆音乐等方式代替燃放烟花爆竹,推动低碳环保理念深入人心,努力在全社会形成文明喜庆的过节新习俗。组织开展形式多样、喜庆节约、红红火火的庆祝活动,传递环保正能量,让空气更清新、环境更

美丽。

四、文明燃放烟花爆竹。不在明令禁止的安全保护单位和公共场所燃放烟花爆竹；不在阴霾天等不利于污染物扩散的条件下燃放烟花爆竹；不在楼顶、草坪、杂物多的地方燃放烟花爆竹。维护公共安全，保护公众权益，消除安全隐患，减少对公众生活和身体健康的影响。

广大居民朋友，让我们身体力行，从减少燃放烟花爆竹做起，用实际行动保护环境、捍卫"气质"，传递环保正能量，营造文明、祥和、健康、安全的节日喜庆氛围，过一个欢乐、低碳、环保的幸福年！

廊坊市大气办

2016 年 2 月 3 日

26. 建议公众减少烟花爆竹燃放

刊 2016.2.19《廊坊日报》1 版

2 月 18 日，$PM_{2.5}$ 防治专家小组通过一组春节期间我市烟花爆竹燃放对 $PM_{2.5}$ 影响的监测数据，建议市民在节日期间，尽量不放或少放烟花爆竹，为保护环境出一份力。

燃放烟花爆竹对 $PM_{2.5}$ 浓度有直接影响，据统计，除夕当天，由于烟花爆竹的燃放，我市空气质量从优良迅速变化至重度污染，AQI 也从除夕前的 53 陡升至 267，SO_2 日均浓度从除夕前的 30 微克 / 米 ^{3} 陡升至 110 微克 / 米 ^{3}。尤其是在烟花爆竹燃放的集中时段，如除夕夜间至初一凌晨，我市连续 4 个小时 AQI 指数"爆表"，SO_2 小时浓度上升了 10 倍，从 34 微克 / 米 ^{3} 上升至 327 微克 / 米 ^{3}，CO 小时浓度上升了 12 倍，从 0.6 上升至 7.5，这些污染物对人体的伤害都是致命的。

$PM_{2.5}$ 防治专家小组专家王奇锋说，这种突发式的增长主要是鞭炮和烟花影响。鞭炮和烟花的化学成分复杂，主要是硝酸钾（灰色）、木炭（黑色）和硫磺（黄色）。鞭炮和烟花燃放时会释放出一氧化碳、二氧化碳、二氧化硫、氮的氧化物等有害或有毒气体，并产生碳粒、金属氧化物等颗粒烟尘，这些气体和烟尘弥漫于低空中，使空气混浊，令人窒息，同时还刺激人的呼吸道黏膜，伤害肺组织，以致诱发呼吸道疾病。

$PM_{2.5}$ 防治专家小组建议，不在任何场所，特别是易燃易爆等规定禁止烟火的地点燃放烟花爆竹，不运输、储存、销售、携带和燃放烟花爆竹，以自己的行为带动和影响身边人；不向行人、易燃物、车辆抛掷点燃的烟花爆竹，不在小区楼道、阳台等处燃放烟花爆竹；正月十五等传统燃放时间点，沿街商户不燃放烟花爆竹，保护公共环境卫生；节日期间采用公交等绿色环保出行方式，建议少开车、不开车，减少废气排放。

27. 清明节文明环保祭祀倡议书

刊 2016.3.31《廊坊日报》2 版头条

广大市民朋友们：

又是一年春草绿，又是一年清明时。清明节即将来临，它是我国传统祭祀节日，已列入国家法定假日。清明节是进行祭奠活动的高峰期，人们将以各种方式缅怀英烈、祭奠逝者、祭扫灵墓、悼念先人、寄托哀思，表达怀念之情，体现了中华民族传统美德。然而，每到清明等祭祀时节，烧纸焚香祭奠之风愈演愈烈，大街小巷路口、野外墓地，纸制冥品花样繁多，火光冲天，烟雾弥漫。这种不文明、不环保、不卫生、不健康的祭扫方式，不仅影响了社会风气，又严重污染了空气环境，还容易引发火灾，给社会安全和公众健康带来了诸多隐患。

为了进一步提升市民环保素养，保护我市大气环境，倡导文明新风尚，市环保局向广大市民发出如下倡议：

一、倡导文明环保祭祀，摒弃污染环境的祭奠方式。把传统的祭奠习俗用环保、时尚、自然的方式进行表达，做到不污染环境、不影响他人生活等。推行社区公祭、鲜花祭祀、网上祭祀、植树祭祀、家庭追思会等祭奠方式，通过献一束花、敬一杯酒，以及清扫墓碑、颂读祭文等方式寄托对已故亲人的哀思，将中华民族慎终追远的情感融入现代文明、环保的表达方式之中。

二、倡导节俭祭祀，摒弃浪费的祭奠方式。提倡长辈在世时多孝敬，丧葬祭祀少花费。做到不大操大办、不铺张浪费、不相互攀比，用健康、时尚、节俭的方式寄托哀思。节能就能减排，减少污染物排放，就能改善环境质量。

三、倡导安全祭祀，摒弃粗放的祭奠方式。要严格遵守有关防火和烟花爆竹燃放规定，不在路边、广场、小区、树林、草坪、建筑物下等场所烧冥物、放香炉，不在禁放地点和时段燃放烟花爆竹，防止火灾事故发生。

广大市民朋友们，让我们积极行动起来，从现在做起，从你我他做起，弘扬先进文化，用文明、健康祭祀的实际行动，成为告别陋习的先行者，环保祭祀的带头人，共同度过一个环保、安全、和谐的清明节，为建设天蓝、水清、地绿的幸福廊坊贡献力量！

廊坊市环境保护局

2016 年 3 月 31 日

28.5 月前 20 天我市空气质量为啥差？

刊 2016.5.24《廊坊日报》1 版

5 月 23 日，记者从市环保局获悉，5 月前 20 天，我市空气质量欠佳，5 月 1 日至 20 日市区空气质量综合指数为 5.16，与去年同期（4.82）相比上升了 7.1%，PM_{10}、二氧化硫、二氧化氮、一氧化碳、臭氧浓度与去年同期相比分别上升 1.1%、9.1%、20.0%、6.7%、32.4%。

数据显示，5 月 1 日至 20 日我市市区共采样 20 天，达标天数 12 天，其中一级天数为 1 天，二级天数为 11 天，达标率为 60.0%，与去年同期相比，达标天数减少了 5 天；超标天数 8 天，其中三级天数为 7 天，四级天数为 1 天。未出现重污染天数，与去年同期持平。在超标的 8 天中，首要污染物分别为 O_3、$PM_{2.5}$、PM_{10}。

5 月 1 日至 20 日，我市共出现 4 次污染过程。市区空气质量 SO_2、NO_2 浓度均值达到《环境空气质量标准》（GB 3095—2012）中二级年均值标准。PM_{10}、$PM_{2.5}$ 浓度均值超过《环境空气质量标准》（GB 3095—2012）中二级年均值标准，分别超标 0.31 倍、0.17 倍。PM_{10}、SO_2、NO_2、CO、O_3 浓度与去年同期相比上升 1.1%、9.1%、20.0%、6.7%、32.4%，$PM_{2.5}$ 浓度与去年同期相比下降 12.8%。

对于近日空气质量下降的主要原因，$PM_{2.5}$ 特别防治小组专家分析，当前对空气质量有严重影响的污染物主要是 VOCs（挥发性有机物）和臭氧。16 日至 19 日，首要污染物是臭氧，我市空气质量在 17 日、18 日均达到轻度污染水平，19 日达到 5 月以来的第一次中度污染。污染物主要源于汽车尾气、饭店油烟、烧烤、工地、渣土车、露天喷漆、铁艺焊接等引起的扬尘和 VOCs 污染物。据悉，我市目前正在开展清理取缔露天烧烤联合执法集中整治行动，希望广大市民积极配合，举报各类违法排污行为。

29. 露天烧烤危害多 污染环境损害健康

刊 2016.7.8《廊坊日报》5 版

随着天气转暖，每当夜幕降临，街头烧烤摊便开始张桌迎客。露天烧烤在满足了部分市民品尝美味的同时，带来的占道、垃圾、烟雾、噪声等问题也受到不少市民尤其是周边居民的反对。

饮食服务业油烟具有颗粒小、滞空时间长、不易扩散的特点，尤其是露天烧烤产生的大量烟气属于低空裸排，严重影响城市的空气质量。露天烧烤大多没有排烟处理装置，使用的燃料多为木炭或焦炭，烧烤时会产生大量的烟气。据 $PM_{2.5}$ 小组专家介绍，烧烤产生的油烟是大气污染物之一，由于不完全燃烧，不仅会产生一氧化碳、硫氧化物、苯并芘等物质，还会产生包括 $PM_{2.5}$ 在内的大量颗粒物，污染大气环境；其烟气中含有强致癌物苯并芘，也严重影响着人们的身体健康。同时，露天烧烤浓烟中的细颗粒物落地后，极易对路面造成污染。目前，对于这种污染没有好的办法进行治理。除了污染以外，露天烧烤的存在，还影响着城市的市容和附近居民的正常生活。

露天烧烤不仅影响城市环境，更严重危害人体健康。肉类中的核酸与大多数氨基酸在加热分解时产生基因突变物质，这些物质会导致癌症发生。此外，烧烤时也会有一些致癌物质通过皮肤、呼吸道、消化道等进入人体内而诱发癌症。明火烤出来的一块鸡翅、一串羊肉串，至少含有 400 种以上的致癌物。世界卫生组织公布了历时 3 年的研究结果：1 个烤鸡腿等同于 60 支香烟的毒性，1 串羊肉串等同于 20 支香烟的毒性。而且，烧烤食物外焦里嫩，很多时候里面的肉并没有熟透，甚至还是生肉，若尚未烤熟的生肉是不合格的肉，如"米猪肉"等，食者可能会感染上寄生虫。

　　露天烧烤带来的污染、扰民、违法占道等问题屡治无效，因此，全面禁止露天烧烤，加强监管，利大于弊。特别是当前大气环境污染严重，任何对空气质量造成损害的经营都应在取缔之列。希望广大市民以自身健康和维护城市环境为重，自觉抵制不文明行为，远离露天烧烤。同时，也希望烧烤经营商户，主动使用环保烧烤炉具并安装净化设施，守法经营，共同创造良好的生活环境。

30. 倡导低碳出行减少机动车使用的倡议书

刊 2016.8.9《廊坊日报》2 版头条

广大党政机关、企事业和群众团体等单位干部职工：

　　汽车作为现代文明与进步的象征，已成为我们日常生活不可缺少的重要组成部分，但城市庞大的机动车保有量、高频次的机动车使用率和大范围的交通拥堵，导致了高浓度的尾气形成聚集，其中所含的大量氮氧化物、氢化合物、油微粒等有害物质与自然气溶胶混合并相互作用，会形成复合污染物，给人民群众的身体健康造成严重伤害。

　　为进一步改善民生，为广大市民创造一个温暖的冬季生活环境，我市热电联产配套管网工程施工建设正在加紧进行，但因施工需要侵占部分机动车道，造成部分路段交通拥堵，给市民出行带来不便。同时，我市近期连续发生高热、高湿、静稳天气，不利于空气污染物稀释、扩散，空气污染指数明显攀升，空气质量明显下降，对人民群众生活环境造成了严重影响。

　　低碳出行、健康出行、绿色出行、文明出行，共建绿色文明家园，势在必行。为此，我们向全体干部职工发出如下倡议：

　　一、做文明交通的倡导者。广大干部职工要带头做低碳环保文明出行的倡导者。大力倡导文明交通行为，自觉摒弃各类交通陋习，积极抵制危险驾驶行为，引导各种车辆驾驶人、道路行人自觉遵守交通法规，服从公安民警的指挥管理，做文明市民，树廊坊形象。

　　二、做非机动车使用的践行者。从现在起我们倡议广大职工"能走不骑，能骑不坐，能坐不开"的出行理念；特别是在高温、高湿、静稳天气，更要减少私家车的出行使用，尽可能采取乘坐公交车、骑自行车或步行等低碳绿色的出行方式，做

到绿色交通，我们践行。

三、做低碳环保的宣传者。倡议从现在开始广大干部职工要学习掌握、宣传低碳知识，提高低碳意识，树立低碳理念，倡导低碳生活；向身边人宣传开展"低碳健康出行"的意义和方式，带动更多人参与到行动中来。

自然、朴素、简朴的生活正在回归，责任、节约已成为新的生活时尚。让我们携手，从我做起，从现在做起，更加自觉地参与到"低碳、健康、环保、文明出行"活动中来，为我们出行更便捷、交通更畅通、环境更优美、生活更健康而共同努力！

廊坊市大气污染治理工作领导小组办公室

2016 年 8 月 8 日

31. 随地烧纸污染环境
环保部门倡导绿色祭祀

刊 2016.8.17《廊坊日报》2 版

农历七月十五是我国的传统节日——中元节，按照传统习俗，市民都有点烛、焚香、烧纸钱祭祀祖宗，缅怀先人的习惯，寄托对已故亲人的哀思。然而这样的祭祀方式常常导致烟雾缭绕，纸灰乱飞，严重影响城市环境，这种不文明的方式不但会对城市环境造成污染，影响人们的身心健康，也在一定程度上带来诸多安全隐患。

近日，在市区祥云道与新开路的十字路口，记者发现每到晚上八九点钟，有很多人在十字路口两旁的便道上焚烧纸钱，火堆冒着滚滚浓烟，使这个路口烟雾弥漫，久久不散。而旁边，还有几个卖纸钱的小摊贩提供着现成的"污染源"，路过的市民掩鼻疾走。"这几天晚上出来散步，每次走到这，都得硬着头皮过，烧纸的浓烟不但呛人，风一吹，地上的灰烬到处都是，整个街道烟熏火燎，脏乱不堪。"家住阿尔卡迪亚小区的居民黄先生说。

市环保局副局长、新闻发言人李春元介绍，这些市民可能认为焚烧这区区一小堆纸钱影响不大，殊不知这一个小小的火堆就能造成方圆500米内的空气严重污染，而每天晚上仅一个路口就有十几个大大小小的火堆，给城市空气质量造成的严重影响可想而知。

"良好的环境，清新的空气，会让每一位市民从中受益。而城市环境的好坏同样掌握在每一位市民的手中，一点点改变可能就会营造出一个清新的城市。我们倡导通过为亲人种植一棵树、献一束花、读一篇祭文、清扫墓碑、召开一次家庭追思会、网上祭祀、社区公祭等文明健康的祭奠方式来寄托哀思，保护生态环境，保证空气质量，用实际行动维护一片蓝天，呵护绿色家园。"李春元说。

32. 哪些情形限制生产、停产整治？

2016.9.1《廊坊日报》5 版

企业事业单位和其他生产经营者超过污染物排放标准或者超过重点污染物排放总量控制指标排放污染物的情节不严重的，县级以上人民政府环境保护主管部门可以责令其采取限制生产、停产整治等措施。

哪些情形限制生产？排污者超过污染物排放标准或者超过重点污染物日最高允许排放总量控制指标的，环境保护主管部门可以责令其采取限制生产措施。简言之，一般的超标、超日最高总量排污的行为，环保部门可以对排污者限制生产。

哪些情形停产整治？①通过暗管、渗井、渗坑、灌注或者篡改、伪造监测数据，或者不正常运行防治污染设施等逃避监管的方式排放污染物，超过污染物排放标准的；②非法排放含重金属、持久性有机污染物等严重危害环境、损害人体健康的污染物超过污染物排放标准 3 倍以上的；③超过重点污染物排放总量年度控制指标排放污染物的；④被责令限制生产后仍然超过污染物排放标准排放污染物的；⑤因突发事件造成污染物排放超过排放标准或者重点污染物排放总量控制指标的；⑥法律、法规规定的其他情形。

哪些情形停业、关闭？①两年内因排放含重金属、持久性有机污染物等有毒物质超过污染物排放标准受过两次以上行政处罚，又实施前列行为的；②被责令停产整治后拒不停产或者擅自恢复生产的；③停产整治决定解除后，跟踪检查发现又实施同一违法行为的；④法律法规规定的其他严重环境违法情节的。这是停产整治的后手，也是终极版。

33. 科学洒水控尘抑污　科学安排确保供水

——我市科学施治向臭氧污染宣战

刊 2016.9.1《廊坊日报》6 版整版

近段时间以来，我市日照强、云量少、风力弱的天气愈加明显，看似风和日丽的天气里，很多人却出现喉咙、眼、鼻等不适现象。记者从市 $PM_{2.5}$ 专家组了解到，原来，这是臭氧悄悄"隐藏"在万里晴空中，成为近几年我市夏季大气环境污染的元凶。昨日，记者对此采访了市 $PM_{2.5}$ 专家组、市环保局、市建设局以及廊坊市清泉供水有限责任公司等部门，了解我市针对臭氧污染所采取的各项治理措施。并得知，除了加强城区各项工地管理外，采用洒水方式是控尘抑污最为有效、快捷、安全的措施之一。

一、臭氧成我市大气污染首要污染物

臭氧又名三原子氧，是汽车、工厂生产、机械作业等污染物排入大气的挥发性有机污染物（VOCs）和氮氧化物（NO_x）等一次污染物。在强烈的阳光紫外线照射下吸收太阳光能，使原有的化学链遭到破坏，发生光化学反应，生成臭氧、过氧乙酰硝酸酯（PAN）等二次污染物。臭氧就是这个过程所产生的主要物质。因为比氧气多了一个氧原子，臭氧的氧化性比氧气更强。

越来越多的研究表明，高臭氧浓度下，如果人体长时间暴露（6～8 小时）在外，会刺激眼睛，使视觉敏感度和视力降低；破坏皮肤中的维生素 E，让皮肤长皱纹、黑斑；对患有气喘病、肺气肿和慢性支气管炎的人群来说有明显的伤害，臭氧几乎能与任何生物组织反应，对呼吸道的破坏性很强。臭氧还会刺激和损害鼻黏膜和呼

吸道，这种刺激，轻则引发胸闷咳嗽、咽喉肿痛，重则引发哮喘，导致上呼吸道疾病恶化，还可能导致肺功能减弱、肺气肿和肺组织损伤，而且这些损伤往往不可修复。

对于敏感人群，当臭氧浓度在 200 微克 / 米^3 以上时，会损害中枢神经系统，让人头痛、胸痛、思维能力下降，同时使甲状腺功能受损、骨骼钙化，诱发淋巴细胞染色体畸变，损害某些酶的活性和产生溶血反应。最危险的人群是孕妇和儿童，由于臭氧的比重约为空气的 1.66 倍，常常聚集在下层空间，所以个头小的儿童是最直接的受害者，直接引发哮喘发病，脉搏加速、疲倦、头痛，严重引起肺气肿，以致死亡；怀孕期间孕妇接触臭氧，出生的宝宝可能会先天睑裂狭小。

臭氧对人类的危害如此之大，那么，在日常的生活中又该如何应对？ PM$_{2.5}$ 专家组相关工作人员告诉记者，近年来，我市不断开展 VOCs 源解析、VOCs 企业治理等工作，积累了丰富的数据与治理经验。

据介绍，我市臭氧浓度上升的时间性和季节性都很明显。清晨气温较低，臭氧浓度也较低，8 点之后，随着形成臭氧的废气越来越多，日照时间越来越长，臭氧浓度也逐渐升高，于 14 点到 16 点之间达到峰值，之后再缓慢降低，到晚上 8 点后，臭氧浓度又恢复了较低的状态。

通过化学分析，专家组总结出我市臭氧浓度较高的几个原因：首先，臭氧的活泼度较高，在常温常压下臭氧在水中的溶解度比氧高约 13 倍，比空气高 25 倍，臭氧分子结构是不稳定的，它在水中比在空气中更容易自行分解，所以，我市积极采取洒水措施，有效降低空气中臭氧的浓度。其次，形成臭氧的一个重要的前体物就是氮氧化物，我市建成区的氮氧化物主要是从机动车、重卡车辆尾气而来，所以降低臭氧含量最直接的方法就是减少机动车行驶的数量和重型卡车远离市区，从中长期角度来看，我市治理臭氧前体物的重点应放在"车、油、路、企业"四个方面：提升汽车尾气排放标准，改善汽车尾气装置，减少排放；提升燃油质量；治理交通拥堵；淘汰落后产能，控制燃煤电厂、水泥、涂料、油墨印刷厂等企业排放的氮氧化物、挥发物。另外，我们就要充分利用臭氧的化学特性，进行短期的策略性防护；再次，氮氧化物均微溶于水，一氧化氮、二氧化氮水中分解生成硝酸，快速的湿沉降可以从源头上减少氮氧化物浓度水平。最后，廊坊区域较小，受周边城市的跨界污染比较严重，而污染的空气通常是热的，通过局部降温可以使廊坊区域变冷，形成一定的冷岛效应，尽可能地避开污染输送过程。

8 月以来，我市还有针对性地实施了 VOCs 企业管控、重卡绕行，特别是市环卫部门在臭氧高值天加大洒水力度与路面保湿，降低空气中的臭氧浓度。

截至 8 月底，我市臭氧月均浓度水平的同期增长率均低于周边地区，这也充分证明了我市采取洒水降低臭氧浓度的措施是科学有效的。

除降低臭氧浓度外，我市采取街道洒水的举措还能有效沉降道路垂直面上空的扬尘，一定程度上降低 PM_{10} 及其他颗粒物对空气质量的影响。

二、部门联动确保大气污染治理工作出实招、创佳绩

据市环保局工作人员介绍，今年初，省环保厅出台了《河北省挥发性有机物排放标准》，严格规定了 11 大类重点 VOC 排放企业的排放标准和治理设施、治理效率的相关规定，同时，又出台了《河北省 VOC 排放企业达标治理方案》，要求所有 VOC 排放企业在年底前完成达标治理。2017 年 1 月 1 日起，对各企业进行执法检查和排查，如发现有超标排放的企业将被立即关停并予以重罚。由此可以看出，全省大气治理工作形势依然严峻。

目前，廊坊正值夏秋交替季节，白天气温较高，臭氧浓度也会随着气温的升高而上升。在臭氧污染治理方面，我市 $PM_{2.5}$ 专家组积极行动，科学治理，充分利用臭氧的化学特性和我市所处地理位置特点以及上下班高峰时段交通特征，采取科学措施，制定市区路面湿扫、洒水及雾炮作业方案，合理安排路面湿扫、路面洒水及雾炮作业，常态化保持路面干净、整洁、湿润，降低路面温度。增加空气湿度，降低复杂气象对城市空气质量的影响。做到车过不起尘，风起不扬尘。确保我市大气污染治理工作出实招、创佳绩。

每天，我市 $PM_{2.5}$ 专家组都会在早晨 8 点钟左右监测、发布我市当日天气情况及空气中污染物情况，然后根据监测结果制定相应治理方案，对各监测点周边重点道路范围与作业方式进行明确规定。达到"以克论净"考核标准，即主路低于 7 克 / 米 ^{2}，辅路低于 10 克 / 米 ^{2}，人行道低于 15 克 / 米 ^{2}；24 小时常态化保持路面湿润，不得积水。

如遇到臭氧高值、浮尘、大风、沙尘暴、高湿静稳天气、秋季雾天、降雨等特殊天气，经专家组与市环卫局会商后对作业情况进行调整。市环卫局负责辖区范围内的湿扫、路面洒水及雾炮作业。

据悉，我市主城区新华路、金光道、北凤道和新华路交叉口往东到新开路，新源道从新华路到新开路路段、建设北路从北凤道到广阳道路段。作业方式为：凌晨 0 点到 5 点，进行 2 次洗地作业；早 5 点到晚 11 点，2 辆洗地车循环洗地喷雾作业；早 5 点到晚 8 点，4 辆多功能道路养护车，对区域内人行便道和自行车道进行循环冲洗作业；早 5 点到晚 11 点，3 台 25 吨主干道洒水车和 1 台 10 吨次干道洒水车进行循环洒水作业；2 台雾炮车 24 小时全天候雾炮作业。

爱民道与和平路交叉口往南到金光道，往东到东安路，往北到爱民道，往西到和平路。作业方式为：凌晨0点到5点，进行2次洗地作业；早5点到晚11点，2辆洗地车循环洗地喷雾作业；早5点到晚8点，4辆多功能道路养护车，对区域内人行便道和自行车道进行循环冲洗作业；早5点到晚11点，4台25吨主干道洒水车进行循环洒水作业；2台雾炮车24小时全天候雾炮作业。

永兴路与光明西道交叉口往西到西昌路，往南到南龙道，往东到永兴路，往北到光明西道。作业方式为：凌晨0点到5点，进行2次洗地作业；早5点到晚11点，2辆洗地车循环洗地喷雾作业；早5点到晚8点，4辆多功能道路养护车，对区域内人行便道和自行车道进行循环冲洗作业；早5点到晚11点，6台10吨洒水车进行循环洒水作业；2台雾炮车24小时全天候雾炮作业。

市城区除监测点周边主要道路之外，其他道路早5点到7点路面洒水作业、雾炮作业各1次；上午10点到下午5点每两时路面洒水作业、雾炮作业各1次；夜间8点到10点路面洒水作业、雾炮作业各1次。

另外，早5点到7点、上午10点到11点、下午3点到4点、夜间9点到11点分别进行湿扫作业1次。

如遇浮尘、大风、沙尘暴等特殊恶劣天气，或者连续的高温、低湿气象条件导致臭氧浓度攀升，则启动路面洒水、湿扫及雾炮作业强化措施。

强化作业时，路面洒水强化作业方式为：早10点到下午5点（其他时间按常规措施执行），每小时进行1次路面洒水作业；长时间浮尘天气全天24小时连续作业直至浮尘天气消失；短暂大风扬尘天气在上风向处连续作业直至大风扬尘天气消失。

雾炮强化作业方式为：早10点到下午5点（其他时间按常规措施执行），每小时进行1次雾炮作业；长时间浮尘天气全天24小时连续作业直至浮尘天气消失；短暂大风扬尘天气在上风向处连续作业直至大风扬尘天气消失。

湿扫强化作业方式为：长时间浮尘天气全天24小时连续作业直至浮尘天气消失；短暂大风扬尘天气在上风向处连续作业直至大风扬尘天气消失。

遭遇降雨天气时，洒水作业提前停止。

对于城区东郊、南郊、西郊、北郊4条快速路，每天不少于24次雾炮作业。此外，据市建设部门介绍，各建筑工地积极配合方案的各项抑尘工作，在大风扬尘、浮尘等特殊天气做好工地裸土苫盖、路面洒水抑尘、渣土车冲洗密闭等工作，严重沙尘天气停止一切动土施工作业。

市环卫局还安排专人与专家小组就复杂气象、强化作业启动等问题对接会商。

各区根据会商结果负责调度当天的路面洒水作业方案的实施，并随时根据专家小组的意见进行路面洒水方案的临时性调整。

此外，我市还成立 $PM_{2.5}$ 特别防治小组，负责监控与路面洒水方案有关的监测数据，判断当天启动或者停止强化措施的条件；负责对环卫局负责人进行启动条件方面的技术指导，并与环卫局负责人建立作业指导微信平台，随时指导路面洒水作业的实施等；

未来，市环卫局还将购置30台高标准洒水车和20台湿式清扫车，以达到既节水，又高效的环保洒水作业，确保我市大气治理工作成效显著。

除环保、建设、$PM_{2.5}$ 专家组等部门外，廊坊市清泉供水有限责任公司也为大气污染治理工作做出了巨大贡献。

据了解，廊坊市清泉供水有限责任公司现有已建地下水厂三座（即一水厂、二水厂和新源水厂）和在建地表水厂一座。其中地下水厂设计日总供水能力为8.4万立方米；在建地表水厂现一期一阶段日供水15万立方米。根据地表水厂通水前的城区供水，2016年供水现状预测，供水量增幅12%，今年最高日供水为11万立方米，城区供水在各水源井超负荷运行，实际日供水能力为9.57万立方米，供水需求远远超过实际供水能力，供需矛盾突出。

为避免水源的不良流失和浪费，廊坊市清泉供水有限责任公司采取措施，挖潜补漏，缓解用水高峰时期，管网末端供水水量不足的问题，以市民为中心，以保供水为己任，抽调人员，成立了供水稽查队，分区域逐一对市区供水管网、用户水表使用等情况进行彻底排查，以防止管网老化造成跑冒滴漏（特别是暗漏）、偷盗水、供水手续不全、用水浪费等情况的发生，造成供水水量流失、水压不稳，影响市民正常用水。

同时，投入资金1 150余万元，先后完成了2眼水源井安装、4眼损坏水源井维修、4眼水源井补打、40眼水源井技能改造等工作，使城区日供水量增加了1.08万立方米，在设备超负荷运转的状况下，最高日供水达到了10.5万立方米。

完成了水厂、水源井用电线路和机械设备的检修和日常维护工作，并增派人员，加大对白家务水源地各水源井的巡查力度，在输水管线、输电线路设置醒目标识，避免机场施工造成水源井不能正常运行，影响供水。

廊坊市清泉供水有限责任公司还发挥调度中心管网压力监测作用，根据监测的用水变化情况，及时做好各水厂供水调度，确保供水水量、水压稳定。在原客服中心只有一条服务热线的前提下，新增加了一条服务热线和3名客服人员，形成双线路，以方便百姓及时反馈用水信息，及时、快捷地帮助百姓解决用水问题。增加抢、

维修人员，成立两个抢修大队，做到随时待命，对突发事件进行处置，以确保在最短时间内恢复通水。重新修订和完善了供水应急处置预案，按照预案等级，第一时间向市建设局、市政府报告事件原因及处置情况，并按规定向社会发布公告。针对市场区地下水资源短缺，供水量不足的形势，廊坊市清泉供水有限责任公司全力以赴确保城区供水。

为缓解城区供水水量不足，加快地表水厂建设。目前，该工程已完成通水前全部设备调试工作，人员配备已全部到位，为长江水源早日进厂做好所有前期准备。廊坊市清泉供水有限责任公司还将安装启用 6 眼地下水源井，补充水量。在地表水厂未正式投入运行前，尽快解决已经完成的 6 眼补打水源井接电问题，争取早日完成安装，投入使用。

廊坊市清泉供水有限责任公司还将做好排查，严防"暗漏"，安排专人对城区供水管网进行摸排，做好管网改造规划，按计划加大力度对年久失修，跑冒滴漏严重，影响市区供水压力稳定的管网进行维护、维修。针对老旧小区、棚户区等供水管网老化，影响市民用水问题，在上半年已完成 3 000 余户改造的前提下，根据老旧建设年代及管网情况，提出改造计划，逐步实施，进行一户一表改造，服务到户，以彻底解决居民用水水压不稳、用水困难问题。

同时，合理布局供水管线，确保供水畅通无阻。对现城区供水管线，特别是建设于 20 世纪七八十年代的供水管线进行摸排，合理布局城区供水管线，做好供水专项规划，使之形成全环状，供水无死角。

三、市民观点：保护环境需集思广益，共同面对

对于大气污染治理工作，各职能部门不分昼夜，积极行动，使我市的大气环境得到了明显改善。在享受着"廊坊蓝"的美好的同时，市民也纷纷为各部门的努力竖起大拇指。

8 月 31 日，记者在市区多条主干道上看到蓝白相间或是绿白相间的洒水车正在作业。对于正在作业的洒水车，市民陈女士向记者表达了自己的观点。

陈女士是位白领，每天过着朝九晚五的生活。她的单位在新华路，每天透过单位的窗户她都能看到路面上有洒水车作业。她认为，一个城市的干净和整洁，离不开在大街小巷穿梭的洒水车。"洒水车不仅能够冲洗路面，还能够除尘抑污。洒水车给城市带来了清洁，在这炎炎夏日，也给市民带来了清凉。"

"作为廊坊的一位普通市民，我们一定要珍惜来之不易的整洁环境。同时，更要理解和尊重环卫部门的劳动付出和取得的成果。在机械化作业过程中，凡是听到

洒水车音乐响起，或是从洒水车附近经过，大家要注意避让，因为它们正在为大家创造整洁的环境。"市民赵炜认为，城市是大家的，保护这座城市也要靠大家。为了大家的生活环境，城市的多个部门正在努力，为大家创造更好的生活环境，"每天看着环卫工人这么辛苦的工作，希望大家多多宣传环卫作业，对洒水车多一些理解，让更多的人了解环卫，理解环卫，尊重环卫。环境是大家的环境，扮美环境也有大家的责任。"

小肖是一位公务员，每天都能从新闻上了解到很多关于大气污染防治的消息。他知道廊坊目前主要的污染物臭氧已经超过了以 $PM_{2.5}$ 为首要污染物的天数。"据我了解，很多人出现喉咙眼鼻不适，臭氧是一个主要原因，而且臭氧浓度越高，人体长时间暴露的话，产生的危害更严重。廊坊近年来不断开展了 VOCs 源解析、VOCs 企业治理等工作，积累了丰富的数据和治理经验。同时，我还了解到，使用洒水车可以从源头上减少氮氧化物浓度水平，可以有效治理污染。尤其是环保部门在臭氧高值天加大了洒水与路面保湿，截至 8 月底，廊坊臭氧月均浓度水平的同期增长率低于周围地区，这说明廊坊环保部门采取的措施是科学的。希望以后能更多地采用洒水车治理环境。"

市民张飞说："洒水车开过来，大家看到了就避让，车一直开着走，市民自己应该注意。或许洒水车上路，给有些行人或是司机车主带来不便，但更多的还是为了大家生活的环境，尤其是现在大气污染防治已经关乎到每一位市民。"

"我今年 60 岁了，我是一位老廊坊人。以前没有洒水车时，道路上都是扬尘，经常让人睁不开眼睛，现在有了洒水车，每天的路面都被冲刷得干干净净，真是政府的决策好。"家住金泰小区的张建国说，现在每天马路上洒水车、喷雾车，各种功能的车辆都在为城市环保出力，政府也采取多种措施，清除道路灰尘，为大家创造好的生活环境，他多次在自己的微博上为政府部门点赞。

网友"嘟嘟回家"则认为，"我觉得洒水车对人们的生活很有必要，提升城市环境质量需要我们共同来维护。"

34. 中秋节期间气象条件不利于污染物扩散 专家建议环保出行和严查企业偷排偷放

刊 20116.9.14《廊坊日报》2 版头条

9 月 13 日，市大气办召开紧急新闻发布会通报，经 $PM_{2.5}$ 小组与廊坊市气象局、中国气象局、廊坊市环境监测站和北京市环保局会商，预计未来五天，廊坊市将经历一次污染过程，15 日至 16 日（中秋节假期）扩散条件将达到近期最差，预计达到中度污染。特别是南部五县局部地区、部分时段将达到重度污染水平。针对这一情况，$PM_{2.5}$ 专家组建议广大市民在节日期间，尽量选择绿色环保方式出行、杜绝燃放烟花爆竹，为改善空气质量贡献自己的力量。同时市环保局、市综合执法局、市公安局等市直相关执法部门也将按照市委、市政府的严肃要求，切实加大对各类污染源的严查力度，特别是对企业偷排偷放行为，将给予严厉查处，切实维护市民的合法环境权益。

或许细心的市民早已发现，最近一段时间以来，我市各级各部门都相继采取了多种措施，严防严控大气污染，特别是"月清百污"行动的扎实推进，更是有效巩固了大气污染治理的成果。截至 9 月 12 日，我市年度综合指数为 6.28，已经成功退出全国倒排前十。

然而，人努力，天不帮忙。未来五天，受持续弱偏南风和高湿气象的影响，我市又将迎来一次新的重污染过程，特别是在中秋节期间扩散条件将达到近期最差。中秋佳节，本是市民走亲访友、出门游玩的好时节，遇到重污染天气，难免有些扫兴。但是，作为城市的主人，我们也应该积极参与到大气污染治理的工作中，为改善环境贡献自己的力量。

为此，$PM_{2.5}$ 特别防治小组秘书长胡海鸽建议，广大市民朋友在中秋佳节期间，可以选择自行车、公交车等绿色出行方式。"拒绝食用露天烧烤和流动摊点制作的各类小吃，不燃放烟花爆竹，尽量控制各类油烟排放……这些事情虽然看起来很小，但对于改善空气质量却有着至关重要的作用。小污成大害、积少可成多，污染必害人、预防最关键。"胡海鸽说。

为应对此次不利天气，将污染天气的影响降到最低，我市相关企业和相关建筑工地，也将积极采纳专家建议，全力配合做好防霾减污工作。

市县建成区内所有建筑施工工地将立即停止土石方作业和外墙装修，并对土方进行严格苫盖；对主城区荒废工地，将通过喷洒抑尘剂或苫盖等方式进行抑尘；严控道路扬尘，市县建成区加强人口密集区周边道路湿式清扫频次，环卫局湿式清扫工作必须在早 7:00 和晚 17:00 前完成，防止交通拥堵。

市热力管网工程将建立集中热电联产施工项目的专项管控小组；管网装卸、土方施工、周边道路交接面需采取专配的环保措施，指定专门的雾炮和湿式清扫车保洁作业；运输车辆的排队、拉运与怠速需制定严格的管理规范；机械装运、电焊施工的时间安排尽量科学排班；严查各类机械用油，发电机柴油供电尽量更换为电力供电；加强集中供热管网工程渣土运输车和非道路移动机械的重点管控，集中供热管网工程中的渣土运输车严禁 7:00—9:00、17:00—19:00 等早晚高峰期间运输，非道路移动机械在高峰时段最大限度减少占道。热力管网工程的渣土车运输要加强管理，利用移动冲洗车进行车身冲洗，严禁带泥上路。

严格整治市内不达标排放的烧烤摊位和餐饮点，彻底取缔露天烧烤。严查主城区周边所有餐饮行业油烟净化装置安装使用情况，未安装、安装不合格油烟净化装置或未正常使用的餐饮经营单位，将责令立即停止营业。

全面禁止垃圾落叶露天焚烧，充分发挥网格化管理机制作用，做到每条路有人查，每块地有人管，及时发现并制止各类垃圾落叶焚烧行为。同时，县、乡、村分级建立联合巡查队伍，按照属地管理的原则，进行不间断巡查、无缝隙巡查，发现一起，查处一起，持续保持禁烧高压态势，建立全民爱护环境、保护环境的良好社会氛围。

各职能部门还将加大对加油站、储油库油气回收设备的检查力度，对不达标的加油站进行停业整顿；加大对加油站规范经营作业的检查，严禁加油站在 11:00—16:00 进行油库进油作业，确保 10:00—16:00 不进行装卸油作业，不出现渗漏、滴油等现象。对小钢铁、小岩棉、小冶炼、胶合板、小塑料等"散小乱无"企业，对各类无工商执照、无环保手续、无污染防治设施的土小企业、各类土小涉气企业、手工作坊等将进行全面取缔。

35. 公众共同参与防控

刊 2016.11.7《廊坊日报》1 版

入秋以来，仅 10 月，我市就先后经历了四轮污染过程，但这仅仅是冬季空气污染的"先行军"。

据环保专家预测，从 11 月 8 日夜间开始，由于天气静稳，空气污染扩散条件开始转差，9 日和 10 日早晨逆温较强，雾霾交替，预计廊坊市空气质量以轻度污染到中度污染为主，部分时段局部地区会达到重度污染水平。同时，专家指出，今年我国京津冀地区将面临南风多、逆温时间长、静稳天气多等不利气象条件，预计我市在 2016 年剩余的 55 天时间内，至少还要经历 7 轮污染过程，每轮污染过程平均持续时间为 3 ～ 4 天，这也意味着 11—12 月至少一半的时间，人们都要在污染天气中度过了。

《人民日报》这两天有一条评论这样说："少给大气添负担，雾霾一定能减轻"。因此，面对下一轮污染天气，$PM_{2.5}$ 专家呼吁公众共同参与防控，达到"人人治霾、治霾为我"的高涨态势，最终获得环境质量"保卫战"的胜利。

天帮忙很重要　人努力是根本

在最近这轮污染过程中，廊坊市应急管控措施对污染物浓度削峰效果明显，污染程度整体比周边的天津、北京、唐山要轻。具体为，廊坊市日 AQI 峰值为 208，比北京峰值（292）低 84，比天津峰值（223）低 15，比唐山峰值（268）低 60。

这次重污染过程的缓解和廊坊环保人的努力是分不开的。

自 10 月 31 日廊坊提前启动Ⅲ级应急响应以来，廊坊市上下联动，成立了 11 个重污染天气督导检查组，由市政府办公室、市大气办、市环保局和 $PM_{2.5}$ 专家小组领导带队，从机动车减排、工厂企业减排、防止施工道路扬尘、严禁秸秆垃圾焚烧和寒衣节纸钱焚烧等多个方面入手，降低了廊坊本地污染源的排放。

新一轮雾霾来袭　治理需要你我共参与

"面临重污染天气，面临雾霾沉沉，苍穹之下，谁也无法独善其身。雾霾乃至其他环境问题的根本解决，没有任何捷径，依靠的只能是每个'污染制造者'的责任意识和共同担当。平静生活中的衣食住行，都有巨大的资源、能源消耗、污染物排放，每个人都是污染物的贡献者。" $PM_{2.5}$ 特别防治小组常务秘书长胡海鸥说。

他表示，公众行为的污染物排放强度虽小，但总量却不容忽视。作为个人，应该用自己的方式积极参与空气治理和保护。例如，选择绿色低碳生活，少开车，多坐公交，不焚烧秸秆、垃圾和祭祀纸钱，多一些低碳文明行为；随手关灯，践行勤俭节约；发现污染空气行为，主动制止或向环保部门投诉举报；小到餐饮出行，大到择业置产，从衣食住行都应考虑到尽量减少污染排放。只有全社会每个人都从自身做起，从点滴小事做起，才有可能让我们在冬季多一些蓝天白云，多呼吸一些洁净空气。

成绩得来不易　巩固更需努力

据了解，经过几年的治理，廊坊地区在治理大气污染、改善环境空气质量、遏制重污染天气方面取得了一定成效。截至 2016 年 10 月底，全市空气质量改善趋势明显，空气中细颗粒物（$PM_{2.5}$）平均浓度为 55 微克 / 米 ^{3}，比 2014 年同期下降 43.3%；空气质量综合指数为 6.22，比 2014 年同期下降 27.6%；空气质量达标天数 186 天，比 2014 年同期增加 60 天；重污染 13 天，比 2014 年同期减少 43 天。

但是，成绩得来不易，巩固更需努力。

随着社会环保意识的不断提升，公众对环境质量的要求还会进一步提高。我国的环境污染治理正处于爬坡过坎、攻坚克难的关键时期，稍不注意就可能反弹。正因为如此，环境保护仍然"在路上"，必须人人参与、常抓不懈、一以贯之，才能最终获得环境质量"保卫战"的彻底胜利，才能迎来朗朗晴空、朵朵白云。

36. "前两轮"防控喜中掺忧
"后三轮"应急考验在即

——市大气办、市环保局、PM$_{2.5}$专家就应对12月大气污染防治不利天气答记者问

刊 2016.12.15《廊坊日报》1 版

时值寒冬,我市大气污染防治工作走进了年年阵痛的12月。据上级通报、专家会诊,12月,我市将面临先后5轮的高湿、多雾、静稳、各类污染物极易集结的重污染不利天气。而追忆过去的2014年和2015年,我市均是在12月防守失控,在12月里葬送了历经艰辛取得的"退十"机遇。

今年的"退十"迎考会是怎样?在我市所经历的前两轮重污染天气过程中,通过全市上下团结奋战,严格落实各项应急管控措施,一举将专家先前预测的两个极端严重污染日变成了降一级的重度污染,将3个重污染天气日扭转为两个轻污染日和一个良好日,实现了污染指数的"大逆转"!

面对前两轮喜忧参半的结果,面对后三轮污染过程的艰巨考验,12月13日,市大气办召开专题新闻发布会,就前两轮"逆转"是怎样实现的,后三轮应急该如何将"逆转"做得更扎实有效,通过座谈讨论和答记者问的形式,对经验教训进行了总结回顾,同时,疏通理顺了下一步防控工作思路。

记者:请介绍一下前两轮重污染天气过程防治情况。

PM$_{2.5}$特别防治小组王奇锋博士:1—4日,是本月的第一轮污染过程,根据河北省应急中心的建议以及市环保局、气象局和PM$_{2.5}$专家组会商研判结果,市政府于12月1日20时发布重污染天气红色预警并启动了I级应急响应,攻坚成绩显著。就响应期间减排效果评估来看，污染过程中严重污染（AQI > 300）的持续时间从 38 小时缩短到 28 小时，削减了 26%；重污染（200 < AQI ≤ 300）的持续时间从 35 小时缩短到 27 小时，削减了 23%；这 4 日，污染峰值由 AQI > 500 削减至 450，AQI 平均值由 284 削减至 228，平均削减了 20%。

6—11 日是第二轮污染过程，根据河北省应急中心的建议以及市环保局、气象局和 PM$_{2.5}$ 专家组会商研判结果，市政府于 12 月 7 日零时启动 II 应急响应，并根据污染形势于 12 月 9 日 15 时将重污染天气预警级别提升至红色并启动 I 级应急响应。据专家前期预测，9 日将达到重度污染，11 日将是极端重污染天气，但经过全市上下的共同努力，最大限度地降低污染指数，9 日当天的空气质量情况为良，11 日为重污染天气。

记者：取得这样良好成果的原因是什么？我们有什么好的经验做法？

市大气办刘炜处长：在本月前 12 天仅仅间隔两天的两轮重污染天气过程中，市主要领导亲自坐镇大气污染防治指挥中心，实时监控污染指数，及时、灵活调度，严重时段亲自带队督查城中村散煤燃烧、企业停限产等问题。全市各县（市、区）深入动员，"一把手"亲自上阵，靠前指挥，保证各项管控措施落实到位，严查严控排污企业停产限产、劣质散煤燃烧、垃圾落叶焚烧等影响空气质量的行为。市综合执法局、工商局、商务局、环保局、公安局交警支队等市直相关部门各负其责，为防污治霾贡献了积极作用。

王奇锋：我认为成功的经验主要有四个方面：一是主要领导一线调度，靠前指挥，及时调度。对比其他城市的"慢动作"，我们的"一把手"直接调控，逐小时逐小时地"抠"污染指数，在形成颗粒物之前提前发布重污染天气预警并启动应急响应，为应对重污染天气争取了宝贵的时间。二是对关停企业实施工业用电量监控。由于人工监控存在难度，应急响应期间，我们对应关停的企业实施了在 APEC 会议和"阅兵蓝"期间采用过的以用电量来评估是否关停的标准。三是严格督查，及时曝光问题，确保减排措施落实。重污染天气应急期间，政府派出 12 个督导组深入一线督查企业应停未停、露天焚烧等典型问题进行督查、曝光、整改、追责，严格落实大气污染防治十条严控措施。四是宣传引导，全市动员公众参与。发布预警后，廊坊市通过各种媒体及信息平台积极宣传重污染天气应急工作，引导公众采取健康防护措施，积极参与应对工作。通过加强舆论宣传，公开应急措施采取情况，鼓励公众积极举报应急响应期间的大气污染行为。

市大气办专职副主任、市环保局副局长李春元：第一是我市在落实大气污染防治工作的主体责任中，不是简单开会、调研，也不是单纯下发文件，而是将大气污

染防治工作落到实处，由党政"'一把手'抓'一把手'"，主要领导连续 5 个极端污染日坐镇指挥，现场调度。例如，市委书记冯韶慧，市长陈平，市委常委、副市长贾永清就昼夜坚守在大气污染防治指挥所，夜间还经常带队检查村街污染源排放情况，在这样的氛围中，全市上下一心、合力攻坚，才取得了近期这样可喜可贺的成绩。可以总结为主要领导坚守一线，实时指挥到位有力。

第二是应急决策及时，防控精准加力。两轮重污染天气过程，我们都先于周边其他地区 12 小时以上启动 I 级或 II 级应急响应，超常规加强防控，抓住了污染颗粒物累积成型前的关键时期，为降低污染指数作出了最大努力。

第三是联防联动到位，全市上下形成合力。各县（市、区）认真履行"一岗双责"及环境监管网格第一责任领导职责，层层落实责任制。全市上下认真贯彻落实市委、市政府决策部署，态度坚决，措施有力，大气污染防治各项工作取得了新进展新成效。特别是治霾一线的广大基层同志，充分发挥加压奋进、连续作战、攻坚克难的优良作风，以"壮士断腕、背水一战"的气魄、"大战用我、用我必胜"的担当，为守护廊坊的蓝天白云作出了积极贡献。

第四是广大公众积极参与，全方位助力。在良好的大气污染防治氛围下，广大公众对各项工作给予了积极配合，从身边小事做起，少开车、不燃放烟花爆竹、不焚烧杂物、减少餐饮油烟排放、积极举报污染空气质量的违法行为等，为全市空气质量持续好转贡献了积极力量。

第五是各级媒体、社会团体，宣传发动得力。报纸、电视等媒体和其他社会团体采用多种形式广泛宣传，积极提高广大群众的大气污染防治意识和法制观念，鼓励公众积极参与大气污染防治，并对各类督查出的问题及时予以曝光公布。

记者：确实，成绩来之不易，经验做法值得提倡。那么我们的工作还有哪些不足？存在哪些问题？

王奇锋：针对 12 月的几个污染过程，取得了一些成绩。但是也存在一些问题。第一，在地方执行方法上，由于环保大气的专业性，很多人对工作重点把握不准。以后，$PM_{2.5}$ 特别防治小组会和市环保局、气象局将加密会商，给基层工作提供一定的帮助。

第二，就是技术力量、技术支撑。像 12 月前两轮污染过程中，我们动用了无人机、遥测车、巡检车、在线源解析，但实际上，针对有机物和一氧化碳等气态污染物的一些变化过程，还是缺少一些专业的分析工具。以后会在这些方面加以注意。

$PM_{2.5}$ 特别防治小组秘书长胡海鸽：总结 12 月这两轮污染发现，市建成区存在的共性问题，一是城中村、城边村煤替代工程收尾工作未全部完成，部分城中村管网供热无法正常使用，散煤和生物质大量使用。建议立即制定补贴办法，对纳入"电代煤"和"气代煤"的用户适当提供补助。对无法使用煤替代的居民，逐户进行清洁型煤替代，并给予相应补助；二是企业停产限产不到位，尤其是散、小、乱、污企业监管存在不足，必须加强督查，不论距离敏感点远近必须停产到位。三是集中供热锅炉等重点排污企业部分时段存在处理设施故障，闷炉和换药时段出现数小时严重超标排放的现象，建议环保部门必须加强督查，企业配备专业技术力量，保证稳定达标排放。

南部县（市）中，永清县城区扬尘问题突出，夜间高污染排放车辆管控存在不足，必须加大保洁力度，夜间保持人员和力度，加强大车绕行管控力度。固安县城区及周边小煤炉使用大量存在，夜间 18:00—21:00 煤烟尘等污染物排放严重，指数上升速度快，必须加大对违规煤炉、散煤的取缔置换力度。文安县胶合板和大城县岩棉土小企业仍未完全取缔，在下轮污染过程中必须逐一排查和关停。霸州市城中村使用燃烧散煤、生物质取暖和垃圾焚烧问题突出，建议加强巡查力度，加大散煤的置换回收工作。

北部县（市）中，三河市加强对过境大车的管控，同时加强对燃煤企业和供热站的脱硫脱硝设备的监控，确保达到河北省特别排放限值；香河县应加强对严控区道路扬尘的管控，对主要道路进行湿扫作业，严格实行以克论净，降低道路积尘负荷，同时加强对工地的管控，及时对裸土进行苫盖；大厂回族自治县应对城区内散煤加强督查，保证供热站的脱硫脱硝除尘设备正常运行，严控大车入城。

$PM_{2.5}$ 特别防治小组数据中心主管董章永：通过巡查发现，各县（市、区）都不同程度地存在一些问题。例如，固安的小煤炉、永清的扬尘、大城的岩棉企业、文安的胶合板企业，香河县城对扬尘的控制不够，安次区工业企业停产不够到位，广阳区城中村气代煤收尾工程做得不够细致，导致一氧化碳排放严重等。

例如，专家组对二氧化硫和散煤做了一个同源性的分析。发现北华航天工业学院的监测点，散煤和一氧化碳的同源性趋势高达 0.7，而其他的三个点都在 0.5 以下。二氧化硫和一氧化碳的相关性指数偏高，说明它们有同源性，矛头指向散煤燃烧。

李春元：12 月 1 日以来，我市大气污染防治十条严控措施 12 个督导组持续开展督导检查，坚持每天召开新闻发布会、每天向政府主要领导提交问题简报，严肃督查不讲面子、重点问题绝不放过。市大气办针对 12 个督导组发现的问题连续印发了 12 期简报进行通报。截至 12 月 12 日，共发现主要问题 10 类 677 个。

虽然在应对前两轮污染过程中成绩可喜可贺，但问题依然存在。主要集中在 9个方面：停产执行不够坚决；散煤置换不够到位；控烧控烟不够经常；扬尘管控不

够周密；夜间管控不够重视；有的地方一线指挥不够很好；有的地方对专家意见理解不够清楚；违法惩处不够坚决；有些部门约谈问责不够严肃。

针对以后的工作，应该下大力度做好几件事。第一，进一步加大该停该限企业停产限产工作力度，停要停到位，限要限到位。坚决打击违法生产、违法排污。第二，要进一步加大各类散烧煤清理力度、散煤置换力度，要彻底清理各类散煤销售点。第三，严防严控各类垃圾、生物质、秸秆及各类杂物的露天焚烧，要采取带着灭火器24小时巡查，一家一户走访，一家一户巡查，一家一户清理，一家一户置换的方式，确实切断污染源的焚烧来源。第四，严防严控各类大车和污染车辆进城。第五，要严防严控各类扬尘污染。在市县主城区严格落实"以克论净"，确实实现该停的工地停下了，该治理的扬尘控下来，该盖的盖起来。第六，严格控制婚丧嫁娶鞭炮的燃放。同时从几个方面加大力度，深入细致地工作。一要加大对违法排污企业依法处罚，二要对督导组县（市、区）各类工作不落实、软落实、假落实的曝光，通报约谈的工作。最后，加强专家指导的力度，有针对性地做好区域性污染防控工作。

记者：市民对应急响应比较关注，想了解一下这些应急响应管控措施是暂时的，还是长期的？

市大气办常务副主任、市环保局局长张贵金：首先我们要认识到，大气污染防治是项长期工作，它和水污染治理不同。水污染只要治理到位，水质可以维持较好的状态，但是指望通过一两个月或者一两年的努力，就能把空气质量长久改善，那是不可能的。其他城市的经验教训就是对我们的警示，大气污染防治工作稍微懈怠，防控措施不严格，各种污染源就会反弹，空气质量立刻变得糟糕，所以说大气污染治理工作要立足长远，我们要做好打持久战的准备。

从一个时间段来说，目前我们处在冬季取暖期，也就是北方"冬防"期间，从10月到来年3月，这几个月正是我们全年大气污染防治工作的重要节点，如果这个节点把握不好，全年的工作成果将毁于一旦，所以各项工作更严更实，结合空气质量情况，我们采取了较为密集的应急响应管控措施。

记者：对于关停企业希望政府给企业一个缓冲，您怎么看？

张贵金：在十项措施里规定，没有排污许可证的企业一律停产整顿，这是环保法要求的。从2017年1月1日起，凡是没有排污许可证的企业一律彻底关停。连整治都没有机会了。所以，这是有法可依的。没有任何条件可讲的。

最后，PM$_{2.5}$特别防治小组发布了下一轮污染过程形势预测及防治建议。经中国气象局、廊坊市环境监测站和PM$_{2.5}$专家组会商，并咨询廊坊市气象局，2016年12月中下旬中国北方大部分地区近地面气温偏高，冷空气活动频率和强度较常年偏低，不利于污染物的扩散，预计还将出现 2～3 轮污染过程。预报显示第三轮污染过程将从 14 日持续到 19 日，并延续了前两轮的特点，早晚逆温强，相对湿度高达 70% 以上，夜间本地污染持续积累，北部、中部及西部地区以中至重度污染为主，北部部分时段达到严重污染。具体的 13 日至 15 日前期间歇性污染天气，16 日至 20 日持续性重污染，17 日至 20 日达到严重污染，尤其是 19 日达到污染峰值，全天大部分时段都为严重污染，南部县（市）污染最重，甚至将出现数个小时 AQI 爆表的情况。根据现有气象资料进行预测，12 月 23 日至 28 日将迎来第四轮重污染过程。

分析 12 月廊坊的污染特点，数据也表明重污染过程中对细颗粒物 PM$_{2.5}$ 贡献最大的燃煤源，平均占比达 35% 以上，而生物质燃烧源也有明显的上升，由 6%～7% 上升至 10%～11%。涉及燃烧和烟气排放的污染源，包括城中村散煤、生物质燃烧源、工业锅炉和供热锅炉排放仍是我市需加强控制的重点污染源。

前两轮应急防控取得可喜逆转成果的实践告诉我们，污染是可防可控的。在不利天气来临前，及时启动应急响应，继而全市上下齐心协力、众志成城、坚定信念、严防严控，就可以最大限度减轻污染。前两轮应急防治成果，不仅实现了减轻污染保公众健康的良好愿望，而且用事实证明，我市防霾治污的各项举措是正确的、是科学的、是深得广大群众拥护的。距离 2016 年大气污染防治工作胜利收官还有十多天时间，但在此期间，我们还将面临 2～3 轮的重污染天气过程。面对艰巨的防治任务、严峻的不利气象条件，实现年度奋战目标，已经到了最关键时刻。全市上下要咬紧牙关不动摇、咬定青山不放松、咬定目标不懈怠，用到年底前这段时间把全年奋战成果巩固住。眼前最需要的是全市上下进一步提升信心干事业、勇于担当抓落实。困境当前勇者胜，天道酬勤我自当。只要我们相信科学，精准防治，找准问题，查漏补过，坚定信心，不畏困难，深入一线，狠抓落实，后三轮的攻坚战，也一定会是胜利，年度最终的结果，一定会是更大的胜利。

37. 今日积霾明日祸　莫因晴阳迷双眼

刊 2016.12.23《廊坊日报》2 版

12 月 15 日以来，廊坊市经历了本月第三轮重污染过程，也是本年度持续时间最长、污染程度最重的一次 I 级应急响应污染过程。针对此次重污染过程，全市上下团结一心、奋力攻坚、频繁调度，严格落实《廊坊市大气污染防治十条严控措施》，最终使污染程度较预测结果明显减弱，实现了 15 日、16 日空气质量指数下降一级，17 日至 21 日城区未出现日均 AQI 值"爆表"（AQI 为 500）的积极成果，最大限度地保护了公众的健康利益。

经过连日的奋力攻坚，昨天终于雾散霾去，廊坊阳光明媚。虽然 12 月我市已经连续遭遇三轮重污染天气，但是老天并没给我们稍长一点的喘息机会。

据 $PM_{2.5}$ 特别防治小组专家预判，从 12 月 23 日夜间开始，第四轮污染过程将再次来临，24 日至 25 日我市会达到重度污染水平，预计小时 AQI 峰值将超过 350。市大气办专职副主任、市环保局副局长李春元表示，"前三轮重污染过程的经验和教训告诉我们，要保证第四轮重污染过程实现污染程度的减轻，污染指数的降低，就要紧紧抓住 23 日的关键时期，提前部署、提前减排、提前管控，将污染物前期累积降到最低。不能等到污染物累积完成再开始控污，那肯定是来不及的。必须从现在开始，从'阳光下'开始，继续加强污染物减排，减缓污染积累速度，才能降低污染峰值和避免污染指数'爆表'，保障人民群众的身体健康，同时确保我市顺利完成年度大气污染防治工作的任务指标，并为明年工作打下坚实基础。"

李春元指出，广阳区、安次区、廊坊开发区对城中村散煤燃烧源的取缔和清洁煤置换工作效果显著，加上全市上下团结奋战，合力攻坚，第三轮污染过程中，我市未出现单日"爆表"的极端情况，其工作经验值得全市学习借鉴。

市环保局环境监测站副站长王旭光说："刚刚经历的 12 月 16 日至 21 日重污染过程与去年 12 月 20 日至 25 日污染过程非常类似，然而在老天不帮忙，气象扩散条件比去年更差的情况下，空气中的 PM_{10}、$PM_{2.5}$、二氧化硫平均浓度却出现了不同程度的下降，其中 PM_{10} 下降了 10.0%，$PM_{2.5}$ 下降了 9.2%，二氧化硫下降了 25.6%，说明我市的控煤、控尘措施取得了阶段性成效。"

在具体工作部署上，市大气办已经按市委、市政府领导要求做出了安排：一是严格落实企业停产和限产措施。坚持对重点工业企业驻厂监管和指导，确保停产、限产到位，污染防治设施正常运转，企业稳定达标排放。各督导组要加大对各县（市、区）出现反复违法排污的工业企业查处力度，严厉督查问责，同时严肃追究其属地责任，对相关部门和责任人进行追责。二是解决主城区、人口密集区餐饮油烟直排问题。未依法安装，或安装却未正常使用油烟净化装置的餐饮企业，依法予以停业整顿。特别是广阳区、安次区、廊坊开发区，再发现有餐饮油烟直排的，要严厉追究相关负责人法律责任。三是彻底清理街头煎炒烹炸移动餐饮车和燃煤载客三轮车。督导组发现，廊坊火车站、廊坊长途汽车站、万达广场东侧和南侧，出现了很多燃煤载客三轮车，不仅对空气形成污染，对交通也造成了不利影响，相关部门要严查严控，彻底清理。四是重点加强工地扬尘、渣土运输、重卡绕行等重点治理工作，白天和夜间都要保持同样的管控力度。严格按照《廊坊市大气污染防治十条严控措施》要求，采取有效措施，力求工作细致、精准、到位。五是各级各部门要充分尊重专家组权威，吸纳专家组建议，进一步提高防污治霾的针对性、科学性、有效性。

$PM_{2.5}$ 特别防治小组数据中心主管董章永对第三轮污染进行了过程总结并对第四轮污染过程提出工作建议。虽然在第三轮污染过程中，我市实现了 15 日至 16 日空气质量指数下降一级，17 日至 21 日城区未出现 AQI 日均值"爆表"的积极成果，最大限度地保护了公众的健康利益。但是从更严格的要求看，18 日管控工作有所放松，尤其是污染企业没有停产、限产到位，排放未控制住，导致污染持续累积，19 日 AQI 蹿升到 429，达到年度最高值。更为可惜的是，21 日我市 AQI 达到 303，距离污染等级下降一级（AQI 为 300）只有 1% 的距离，所以污染过程中，管控工作绝不能有一丝一毫的松懈。

从 16 日开始，我市 SO_2 日浓度为 64 微克／米³，之后连续下降，在 21 日降低至 15 微克／米³，较 16 日降低 78%，这表明市区在清理散烧煤、劣质煤、高硫分煤的工作取得了明显成效。SO_2 作为光化学烟雾的主要污染物质，达到一定浓度将对人体的呼吸系统产生极大的危害，1952 年的"伦敦化学烟雾事件"造成 8 000 多人死亡就与此有关。第三轮污染过程廊坊市 SO_2 的浓度得到了有效控制，有效地保

护了公众健康。但是燃烧源还有垃圾和生物质燃烧以及废旧木板和劈柴燃烧，这些燃烧虽然不排 SO_2 但是会排放大量的 CO 和细颗粒物。从数据来看，我市 CO 日浓度呈现先升后降趋势，16 日至 19 日逐日上升，从 3.2 毫克 / 米 ^{3} 上升至 9.0 毫克 / 米 ^{3}，之后才有所下降，到 21 日降低至 7.1 毫克 / 米 ^{3}。主城区及郊区的垃圾、生物质燃烧源由点源形成面源，在静稳的气象条件，污染扩散能力差的条件下，几乎全部堆积在近地面，造成污染加重，指数上升。在后续的污染过程中，严控生物质和垃圾焚烧工作对于控制 CO 至关重要，公众也应该改变随意点火的陋习，追求环保健康的生活方式，用自己的行动为廊坊市大气污染防治作出贡献。

第四轮污染过程预计出现在 24 日和 25 日，但是 23 日的污染累积阶段管控工作极为重要。"煤、烟、尘、车、烧"为五大重点。从颗粒物的污染特征变化来看，工业企业的停产限产、扬尘的管控、大型车辆的绕行管控、散煤燃烧的控制、餐饮油烟的控制均是前期减少细颗粒物数浓度的关键举措，只有控制住细粒子的累积，在污染的中期和后期才缩小颗粒物二次放大的危险。这就要求已经停产的工业企业一定不能复产，主城区没有油烟净化设施或者净化设施使用不正常的餐饮饭店必须关停，各区负属地管理责任。主城区各类在施工地要严格落实《大气十条严控措施》，禁止一切施工作业，建设局负管理责任，各区负属地督查责任。

38. 今明抓实正当时　求真务实退前十

——市大气办、PM$_{2.5}$专家组谈严控"霾狼"

刊 2016.12.24《廊坊日报》3 版

　　12 月以来,廊坊经历三轮重污染过程,大多时间在中度、重度及严重污染中度过,但可喜的是经过全市上下一致攻坚,广大公众积极参与,廊坊市空气质量并未出现极端恶化情况,不仅 15 日实现由中度到良、16 日实现由严重到重度的污染等级的下降,而且在严重污染的 19 日,AQI(空气质量指数)小时峰值为 474,全市并未出现整体"爆表"(AQI 为 500),较好地保护了公众健康,并再一次巩固了廊坊市大气污染防治工作成果。这一切表明,我市大气污染防治应急工作方向是正确的,"早启动、早落实、严管控"的要求是正确的,全市上下齐心协力、昼夜奋战的努力是正确的。

重污染发展初期阶段,减少本地污染排放极为关键

　　我市 12 月重污染过程中霾情发展一般分为三个阶段:污染累积阶段、污染高峰阶段、污染清除阶段。污染累积阶段出现在峰值出现前的 1 ~ 2 天,也是控制霾情发展,降低污染峰值,缩短重污染时长的关键时段。这一阶段以控制细颗粒物的浓度为主,重点减少颗粒物凝结核数量,抑颗粒物中期二次放大及吸湿增长,减慢污染浓度的累积速度。污染高峰阶段呈现出气象条件静稳,空气湿度大,逆温强烈,污染边界低等一系列特征,这一阶段以控制散烧煤、劣质煤的燃烧排放、高架源的烟气、SO$_2$ 和 NO$_2$ 排放为主,同时也是 CO 浓度易累积出高值的阶段,市建成区应严控秸秆、垃圾、落叶、杂草、木柴的燃烧,严禁燃放烟花爆竹,保证餐饮企业油

烟净化设施的达标使用。污染清除阶段是控制 AQI 日均值，取得污染等级降低的最佳阶段，这一阶段往往呈现全天部分时间重度污染，部分时间优良，日 AQI 波动范围大的特点。在污染清除之前继续保持管控，可避免污染物浓度短时剧烈上升，实现污染等级降低。总结 12 月以来三次重污染的特点，污染过程处于高湿、静稳气象条件下，本地污染排放难以扩散，逐渐累积，形成高污染过程。只有切实减少本地污染物排放，才能真正降低污染峰值、避免污染指数"爆表"，才能保障人民群众的身体健康，才能保我市顺利完成年度大气污染防治工作的任务指标。

第四轮污染过程我市再次面临"爆表"危险，提前管控，抗击"霾狼"十万火急

本月 24 日至 26 日，廊坊市将迎来今年最后一次重污染过程，也就是说，"霾狼"将用它最后的气力对我们发起年度最后一次进攻。我市空气质量指数（AQI）再次面临"爆表"危险，大气污染防治工作再次面临挑战。经市大气办、环保局和专家组紧急会商，不利气象条件导致污染物会从 23 日夜间开始积累，24 日和 25 日达到中到重度污染，如果空气质量指数居高不下，不仅会严重影响广大公众的身体健康，而且会导致我市空气质量年综合指数迅速上升。目前我市退十任务依旧严峻，为科学有效地应对第四轮污染过程，全市就要在 23 日晴朗的天气下，明媚的阳光下开始控霾，严格执行《廊坊市大气污染防治十条严控措施》，深入落实 I 级应急响应措施的各项要求，提早管控，降低排放，最大限度地实现这轮污染过程的管控工作目标。

面对"霾狼"莫轻视，麻痹大意必受害，六项工作必做实

近两日我市出现短时空气质量较好，个别地方出现工作麻痹、管控不力问题，廊坊市大气污染治理工作领导小组办公室于 12 月 22 日夜间发出《紧急督导令》，再次督促各县区（市）加强大气污染防治工作力度。结合 $PM_{2.5}$ 专家组对目前的污染形势及空气质量分析预判，为实现我市 AQI 在重污染期间的有效下降，控住 CO 这项关键的指标，应从以下 6 个方面加强工作：

（1）全市范围内已经停产企业一律不能恢复生产，各县（市、区）、廊坊开发区要立即组织力量对域内涉气工业企业逐个排查，并派驻驻厂监督员严盯死守，确保停产整治到位。尤其是全市 4 家钢铁企业全部停产检修。所有燃煤锅炉必须按特别排放限值稳定达标排放，对不能稳定达标排放的工业锅炉一律停止使用，对超标排放的集中供热锅炉一律实行顶格处罚。

（2）主城区的工地一律不能施工作业，渣土运输车辆一律不准上路行驶。喷涂、焊接、切割等作业全部停工，所有混凝土搅拌站全部停产、所有裸露地面、渣堆、土堆、料堆全部苫盖，所有道路全天候保洁。市三区负责属地的督查，由建设部门负责整治和处罚。市建设局、环卫局要切实把工地抑尘措施落实到位，全面加大主次干道、辅道和人行道的湿扫保洁力度，加密保洁频次、延长保洁时间，全天候落实城区"以克论净"标准。

（3）市、县建成区继续执行清洁煤替代工作，趁 23 日及 24 日上午抓紧最后的时机对城中村、城边村散煤用户，逐家逐户排查、逐家逐户配送、逐家逐户替换回收散煤和木柴，将散煤置换为清洁型煤。

（4）加强对劈柴、木材下脚料燃烧，垃圾、杂物、落叶焚烧的管控。市区四条环线，三区派专人 24 小时进行巡查，一经发现火源立即扑灭，对各种露天故意焚烧行为，坚决依法严厉打击。

（5）市区加强对步行街工商户的督查，禁止小煤炉燃烧，保证餐饮饭店油烟净化设施正常使用。市建成区未安装油烟净化装置或未正常使用油烟净化装置的各类饭店一律停业。

（6）市区范围内严禁各类柴油重卡、黄标车、农用车进入市建成区。市公安局要继续增强警力，尤其在夜间严格保持对各类柴油重卡车辆管控力度，坚决禁止大车和冒黑烟的各类车辆进城，安次区尽快恢复杨税务以西荣盛商砼东侧的限高杆的作用。

最大污染是两项，要退"前十"把它灭

大气污染防治攻坚战已经进入最后冲刺阶段，我们应认清目前的严峻形势，成败考验在即，拼争就在眼前！按照大气办下发的督导令要求，全市必须时刻做到落实"十条严控措施"，严格执行 I 级应急响应的各项措施，劲不松、力不减，抓住重点控污染。市三区紧紧盯住各自六项污染指标的变化情况，及时了解污染动态，对严重影响我市空气质量指数的散煤燃烧、重卡入城和餐饮油烟等重点问题，深入查找污染源头，迅捷启动措施，坚决降低污染指标。通过逐小时分析，逐小时调度，逐小时管控，使工作再细化，措施再精准，坚决把 AQI 和 CO 控制住、降下来，为人民群众的健康保驾护航，保障我市顺利完成 2016 年大气污染防治工作。

39. 北风袭来重霾去　轻度污染将持续

——市大气办、专家组提醒切莫松懈再攻坚

刊 2016.12.26《廊坊日报》1 版

12 月我市已经历了四轮污染过程，四轮污染过程中度污染 2 天，重度污染 6 天，严重污染 6 天，污染时长占全部时长的 56%，重度及以上污染小时数占全时段的 71%，日 AQI 峰值在 19 日 19 时达到 429，四轮污染过程呈现出污染时间长，重度及严重污染小时占比高的特点。为保障公众的身体健康，保证年度大气污染防治工作成果，四次重污染过程我市均启动了 I 级应急响应，同时严格落实《廊坊市大气十条严控措施》，空气质量并未出现极端恶化情况，不仅 15 日实现由中度污染到良、16 日实现由严重污染到重度污染等级的下降，而且在严重污染的 19 日，全市并未出现整体"爆表"。特别是在第四轮的污染过程，24 日由预测的重度污染降至轻度污染实现污染等级降两级，25 日由预测的严重污染降至重度污染，连续两天实现空气质量指数的大幅下降，这说明我市在大气污染防治工作上方法更加科学，措施更加到位，管控更加精准，成效更加稳固。

经历前四轮重污染过程的洗礼，我市的大气污染防治工作经受住了严峻的考验，并在治理过程中取得了积极而宝贵的经验，工作更加科学细致，力度不断加大。我市不仅提前而及时地启动 I 级应急响应，同时市大气办连续发出督导令，督导各县（市、区）严格落实《廊坊市大气污染十条严控措施》，从企业停限产、工地停工、不达标排放的餐饮饭店关停、散烧煤持续替换、大车绕行管控等 10 个方面降低本地污染物排放，效果立竿见影，成果值得肯定。

根据廊坊市 $PM_{2.5}$ 专家组预测，我市在月底将经历本月第五次，也是今年最后一次污染过程。虽然这轮污染过程以轻度到中度污染为主，对我市广大人民群众的身体健康不会造成太大危害，对我市大气污染防治成果不会造成太大威胁，但是我们仍然不能忽视这轮污染过程的影响，一旦管控不利，力度不足，很可能出现轻度变重度，中度变严重的恶劣后果，致使来之不易的成果遭受损失，使我市在退出倒排第十的城市（后称"退十"）中的差距大幅减小，使我市广大人民群众的身体健康受到侵害。为保障公众身体健康，守护廊坊"退十"成果，各县（市、区）、各部门要严格落实管控措施，保持管控力度，为我市今年大气污染防治工作顺利收官作最后的保障。

根据专家组分析的我市12月重污染过程中霾情特点的三个阶段，第一，污染累积阶段一般在峰值出现前的 $1 \sim 2$ 天，也就是28日、29日，要重点减少颗粒物凝结核数量，抑颗粒物中期二次放大及吸湿增长，减慢污染浓度的累积速度。第二，在污染高峰阶段，要以控制散烧煤、劣质煤的燃烧排放、高架源的烟气、SO_2 和 NO_2 排放为主，同时严控产生 CO 的秸秆、垃圾、落叶、杂草、木柴的燃烧，包括烟花爆竹燃放等污染源，同时保证餐饮企业油烟净化设施的达标使用。第三，这将是取得污染等级降低的最佳阶段，在污染清除之前继续保持管控，避免污染物浓度短时剧烈上升，尤其市三区加强城区局地污染源的控制，实现污染等级降低。

结合12月前四轮重污染过程的特点，预测第五轮重污染过程仍为高湿、静稳气象，本地污染排放难以扩散，逐渐累积，造成短时污染物浓度上升为主要特征。重点从七个方面落实管控：①控烟气，供热公司、燃煤企业高架源的烟尘、SO_2 和 NO_2，必须依据大气十条的要求，达到河北省排放限值；②抑扬尘，全市所有工地必须完全停工，渣土必须全部停止运输，搅拌站必须全部停转；③管大车，市区所有大车绕行卡扣必须24小时不间断值班，尤其是夜间加强大车的绕行管控力度；④换散煤，市三区继续加强城中村、城边村的劣质煤置换工作，确保重污染期间村民清洁型煤的供应；⑤禁焚烧，全市加强对四条环线，市区角落的垃圾、落叶、劈柴、木材下脚料焚烧的管控，对恶意纵火行为，依法严惩不贷；⑥限企业，全市已经停限产的企业继续严格执行停限产措施，严禁企业无组织、无秩序私自开工；⑦治餐饮，建成区范围内凡是无油烟净化设施的餐饮饭店立即停止经营，有油烟净化设施的必须正常使用，街边使用小煤炉的流动摊贩一律清理取缔。

12月的最后一周，对于大气污染防治工作来说是关键的一周，是拼搏的一周，是保住胜利果实的一周，必须将污染源控制到位，使我市今年大气污染防治成果巩固发展，使得我市空气质量退出全国"倒排前十"的目标不仅能够实现，而且结果更扎实，优势更稳固。总结廊坊市的管控工作，"减少排放是重点，落实管控是关键"，三区同加劲，市县共努力，为最终实现全市大气污染防治年度工作圆满成功保驾护航。

40. 今日晴天明日霾　收官三天重污染

　　——市大气办、专家组提醒新年将至，污染再来，严守今年最后胜利成果

刊 2016.12.28《廊坊日报》2 版

　　本报讯（通信员卢艳丽）2016 年 12 月以来，我市受厄尔尼诺现象影响，冷空气扰动较弱，静稳天气频发，连续经历重污染天气过程。从 12 月 2 日至 12 月 26 日，我市已连续经历了四轮污染过程，四轮污染过程轻度及中度污染 7 天，重度及严重污染 12 天。但是在经历严重污染天气的情况下，我市空气质量仍然好于去年同期，中度污染天数比去年同期减少 4 天，重度污染天数与去年同期持平，严重污染天气比去年同期减少 2 天。总结经验，大气污染防治"冲刺月"中，全市上下坚决落实《廊坊市大气十条严控措施》，使我市空气质量并未出现"爆表"情况，同时大气污染防治工作在科学指导下，方法不断改进，措施不断精准，管控不断加强，成效不断提高。经过全市上下共同努力，我市在全国污染城市的激烈排位竞争中保住了优势，为顺利退出"全国倒排前十"奠定了牢固的基础，巩固了我市 2016 年大气污染工作防治的可喜成果。

第五轮污染过程年底扑来，各项管控措施切实保持

　　根据廊坊市 $PM_{2.5}$ 专家组预测，廊坊在 29 日至 31 日将经历本月第五次，也是今年最后一次污染过程。结合 12 月前四轮重污染过程的特点，预测第五轮重污染过程仍为高湿、静稳气象，本地污染排放难以扩散，逐渐累积，造成短时污染物浓度上升为主要特征。第五轮污染过程极有可能达到重度污染，部分时段严重污染。为保障市民的出行安全和身体健康，保持我市现有的大气污染防治工作成绩，我市

继续执行Ⅰ级红色预警应急响应，以谨慎的态度、扎实的工作，积极应对即将到来的重污染天气。

八个方面重点管，狠抓落实见蓝天

重点从八个方面落实管控：一是控制高架源烟气排放，供热锅炉、工业锅炉排放的烟气必须对 SO_2 和 NO_2 处理达标后才能排放；二是全市在建工程全部停工，工地裸土全部苫盖，并加大路面的清扫力度；三是市区所有大车绕行，卡口必须24小时不间断值班，排放不达标的黄标车、农用三轮车严禁进入城区；四是市三区加强城中村、城边村的劣质煤置换工作，确保清洁型煤的供应；五是全市加强对四条环线，市区角落生物质焚烧的管控；六是全市已经停限产的企业继续严格执行停限产措施，严禁企业无组织、无秩序私自开工；七是建成区范围内凡是无油烟净化设施的餐饮饭店立即停止经营，有油烟净化设施的必须正常使用，街边使用小煤炉的流动摊贩一律清理取缔；八是元旦和春节将至，对燃放烟花爆竹的情况严格管控，禁燃区重点管控。我市应尽最大努力减少静稳气象前的污染物积累，做到少排放，多减污，力争在最后三天的污染过程中做好自身工作，加大本地源的排查。

全市上下同参与，各尽其责共减污

经历四轮污染过程的洗礼，我市大气污染防治工作出现一些松懈、疲惫的现象，但是治理雾霾没有特效药，在抗霾过程中应主动积极作为，克服一蹴而就的想法。政府、企业、公民全方位参与和行动，尽最大努力减轻重污染天气的影响。我市应在新一轮污染过程中加大督查力度，严格督促各区落实应对措施，严厉打击顶风作案的违法排污行为，尽最大努力减轻重污染天气污染物排放；企业要肩负起自己的社会责任，自觉主动地配合停限产工作，重污染期间减少污染物排放；普通市民要从日常衣食住行着手，重污染期间减少户外活动频次，选择绿色出行，并尽力做好自我防护。

严防污染为公众，年底斩污好收官

各地、各部门除实施各项措施外，更应严格检查各项措施是否管控到位，严抓各项违规行为。因为污染悄然吞噬掉的不仅仅是城市的蓝天，还有公众的健康。最后三天，落实十条严控措施是我们保障公众健康的有效手段。最后三天，是我市退出全国"倒排前十"最后的攻坚战，这一战不仅要打赢，还要打得漂亮，为我市大气污染防治取得更好的成果再拼搏、再努力，最终实现年度工作完美收官。

战霾迹

41. 收官三天重霾日　全民参战迎考验

——市大气办、PM$_{2.5}$专家组提醒各地严管严控

刊 2016.12.27《廊坊日报》2 版

102

　　本报讯　据上级通报和 PM$_{2.5}$ 专家组预测，我市在 29 日至 31 日，将经历本月第五轮污染过程。结合 12 月前四轮重污染过程的特点，预测第五轮重污染过程仍为高湿、静稳气象，本地污染排放难以扩散，逐渐累积，造成短时污染物浓度上升为主要特征。第五轮污染过程极有可能达到重度污染，部分时段严重污染。为保障市民的出行安全和身体健康，保持我市现有的大气污染防治工作成绩，我市继续执行 I 级红色预警应急响应，以谨慎的态度、扎实的工作积极应对即将到来的重污染天气。

前四轮严防严控战绩明显

　　从 12 月 2 日至 12 月 26 日，我市已连续经历了四轮污染过程，四轮污染过程轻度及中度污染 7 天，重度及严重污染 12 天。但是在经历严重污染天气的情况下，我市空气质量仍然好于去年同期，中度污染天数比去年同期减少 4 天，重度污染天数与去年同期持平，严重污染天气比去年同期减少 2 天。总结经验，大气污染防治"冲刺月"中，全市上下坚决落实《廊坊市大气十条严控措施》，使得我市空气质量并未出现"爆表"情况，同时大气污染防治工作在科学指导下，方法不断改进，措施不断精准，管控不断加强，成效不断提高。经过全市上下共同努力，我市在全国污染城市的激烈竞争中保住了优势，为顺利退出"全国倒排前十"奠定了牢固的基础，巩固了我市 2016 年大气污染工作防治的可喜成果。

再迎考验仍是严防严控

第五轮污染过程将是一次跨年度污染过程，预计 2017 年 1 月 1 日下午会见晴，但转瞬又会来雾霾。因此，必须全方位严防严控，才能收好官、起好步。一是控制高架源烟气排放，供热锅炉、工业锅炉排放的烟气必须对 SO_2 和 NO_2 处理达标后才能排放；二是全市在建工程全部停工，工地裸土全部苫盖，并加大路面的清扫力度；三是市区所有大车绕行，卡口必须 24 小时不间断值班，排放不达标的黄标车、农用三轮车严禁进入城区；四是市三区加强城中村、城边村的劣质煤置换工作，确保清洁型煤的供应；五是全市加强对四条环线，市区角落生物质焚烧的管控；六是全市已经停限产的企业继续严格执行停限产措施，严禁企业无组织、无秩序私自开工；七是建成区范围内凡是无油烟净化设施的餐饮饭店立即停止经营，有油烟净化设施的必须正常使用，街边使用小煤炉的流动摊贩一律清理取缔；八是元旦和春节将至，对燃放烟花爆竹的情况严格管控，禁燃区重点管控。我市应尽最大努力减少静稳气象前的污染物积累，做到少排放，多减污，力争在最后三天的污染过程中做好自身工作，加大本地源的排查。

全民参战共减污迎接考验好收官

治理雾霾没有特效药，在抗霾过程中应主动积极作为，克服一蹴而就的想法。政府、企业、公民全方位参与和行动，尽最大努力减轻重污染天气的影响。我市应在新一轮污染过程中加大督查力度，严格督促各区落实应对措施，严厉打击顶风作案的违法排污行为，尽最大努力减轻重污染天气污染物排放；企业要肩负起自己的社会责任，自觉主动地配合停限产工作，重污染期间减少污染物排放；普通市民要从日常衣食住行着手，重污染期间减少户外活动频次，选择绿色出行，尽力做好自我防护。

市大气办、$PM_{2.5}$ 专家紧急呼吁，各地、各部门除实施各项措施外，更应严格检查各项措施是否管控到位，严抓各项违规行为。最后三天，落实十条严控措施是我们保障公众健康的有效手段。最后三天，是我市退出全国"倒排前十"最后的攻坚战，这一战不仅要打赢，还要打得漂亮，为我市大气污染防治取得更好的成果再拼搏、再努力，最终实现 2016 完美收官，2017 开局胜算。

42. 向污染宣战，让我们赖以生存的环境更好

刊 2016.8.22《廊坊日报》4 版

$PM_{2.5}$ 专家组建议市民，在重污染期间应首先适当减少外出活动，尽量在室内活动，这样可以避免外出活动的过程中人体吸入大量有害气体，从而影响人们的身体健康，尤其是有心脑血管病的人员，要更加注意。

重污染期间应减少开车出行，尽量乘坐公共交通工具，开车应搭乘多人，减少一人一车次出行情况。尽量乘坐公交车或骑自行车和步行。

重污染期间，市民应主动拒绝露天烧烤和室内烧烤的餐饮方式。生活中的污染源在大气污染中所占比例很高。露天烧烤，就是一项"享口福、损幸福"的得不偿失的污染大项。虽然经过几年的治理，但是，由于露天烧烤前边治后边又经常反复，导致露天烧烤污染问题依然相当严重，防治形势依然十分艰巨。据专家介绍，烧烤产生的油烟不仅会产生一氧化碳、硫氧化物、苯并芘等物质，还会产生包括 $PM_{2.5}$ 在内的大量颗粒物，污染大气环境；其烟气中含有强致癌物苯并芘，严重影响着我们的身体健康。

重污染期间，婚丧嫁娶活动应减少烟花爆竹燃放。烟花爆竹在燃放过程中产生的污染物严重污染环境空气质量，对此，公众应不断提升环保意识，自觉在婚丧嫁娶时减少烟花爆竹的燃放。广大市民要积极举报，主动配合执法部门进行执法检查。

43. 移风易俗　文明祭祀

刊 2016.8.22《廊坊日报》 4 版

中元节作为我国的传统祭祀节日，烧纸钱、放鞭炮等习俗由来已久。据统计，在大力倡导绿色低碳祭扫多年的当今，仍有超 70% 市民表示会"烧纸"。怀念和祭奠先人的心态固然是好，但如此祭祖的方式，着实不可取。——"家家点火、处处冒烟、垃圾遍地、狼烟四起"，与和谐社会倡导的文明祭祀极不协调。面对多样的不文明祭祀行为，很多市民表现为盲从，不能认真地分析其利害得失，街头路边烧纸就是较具有代表性的一个。

其实街头路边烧纸的害处有很多。首先，烧纸时会直排大量颗粒物，产生二氧化硫、氮氧化物、多环芳烃等有毒物质，严重危害人体健康。同时，烧纸过程中产生大量烟雾不易扩散，易造成短时间内局部空气污染物浓度过高，致使主城区的空气质量受到影响。其次，由于祭扫期间市民使用明火，若残火未完全熄灭，随风飘至可燃物上易酿成火灾。此外，当街烧纸不但会留下大量灰烬和垃圾，增加环卫工人的工作量，同时还会缩短道路使用寿命。据了解，由于部分市民随意地在地面烧纸，致使每年都因高温炙烤而"毁容"的地面彩釉和沥青道路。

烧纸祭扫不但污染环境，同时也是对资源的一种浪费。记者在采访中了解到，有不少市民每年都会去已故亲人墓地祭扫两三次，平均每次花费都在百元以上。随着市民生活的多样化，各类祭品也变得种类繁多，市民在选择纸钱的同时，还会购买一些"冰箱""彩电""别墅"等热销的冥品，而这些祭祀的冥品都是用纸张剪贴而成，一座"别墅"就需用纸 1～2 千克，不仅十分浪费，而且"劳民伤财"，传播了封建迷信思想。

为加强城区文明祭祀活动管理，净化城区环境，破除陈规陋俗，面对未来的春

节、清明节、中元节、寒衣节，市环保局、市民政局、市公安交警支队、市综合执法局等相关部门表示，会联合行动，提前预备大气污染防治工作预案。大力开展文明祭扫的宣传活动，倡导市民绿色生活、绿色出行，在充分尊重民风民俗的基础上，积极引导市民摒弃路边烧纸等陋习，倡导文明祭祀。

对市区封建迷信生产经营场所进行深入调查，掌握底数。对制作、加工和销售封建迷信祭祀用品的商户依法下达整改通知，明确期限进行整改。对城区内制作、加工、运输、销售及焚烧各类封建迷信用品的行为进行集中清理，严厉整治不文明祭祀行为。在重点节日加大对市区主次干道的巡查力度，针对在街路、广场、绿地、居民小区等公共场所焚烧祭品等行为进行劝阻、劝离，对占道经营销售殡葬用品的流动商贩耐心教育、劝阻、取缔，确保整治效果，杜绝不文明祭祀现象。

除此之外，针对不利天气情况，各部门主管领导要亲临一线、亲自监督，确保各项工作落到实处。同时，积极同 PM$_{2.5}$ 防治专家组进行沟通，确保各项措施精准科学，合力唱响"京津乐道绿色廊坊"。

祭奠已故的亲人是人之常情，但随着社会的进步，市民文明意识的提高，祭祀的方式也越来越多，网络祭祀、鲜花祭祀等，都可以表达对亲人的思念，作为文明城市中的一员，市民有责任有义务改掉陋习，共同爱护我们的家园。

106

44. 天不帮忙人努力　持续攻坚战污霾

——我市全力以赴应对不利气象条件造成的雾霾天气

刊 2016.8.22《廊坊日报》4 版整版

6 至 8 月，北京南、天津、廊坊一带遭遇了潮湿、闷热静稳天气，导致市区空气质量、空气污染指数持续升高，廊坊市在全国 74 城市月度排名不佳，使我市今年前 5 个月连续退出倒排前十成果受到影响。

就以上情况，8 月 20 日，市大气办召开新闻发布会，市环保局副局长、新闻发言人李春元主持会议并代表市大气办发布了 1—7 月廊坊市各县（市、区）及廊坊开发区空气质量情况、我市应对 8 月不利天气举措，组织市直相关部门和 $PM_{2.5}$ 专家组，集体接受了记者采访。据了解，根据廊坊大气污染防治形势需要，市委、市政府反复研究采取多项强力举措，出台大气污染防治强化措施，8 月在主城区实施机动车限号、高排放企业限产、开展月清百污行动等整治规范小散乱污企业。近期，市委书记冯韶慧、代市长陈平连续数次组织召开挂图作战和重点工作调度会议，并及时解决工作中存在的问题。市政府分管副市长王曦、布泽文、王俊臣等，多次调度各部门相关工作，昼夜不间断深入一线抓督导，查问题。市直相关部门领导也带队到街头巡查，及时打击各种违法排污行动，落实市委、市政府各项要求，真正做到了"天不帮忙人努力，持续攻坚战污霾"。

"只有把市委、市政府主要领导关于做好大气污染防治工作的指示要求落到实处，始终保持治污定力，综合施策，强化落实，持续攻坚，才能把市委、市政府决心落实到位，才能精准打好大气污染持久战。"市环保局局长、市大气办常务副主任张贵金表示。

　　据 PM$_{2.5}$ 专家组评判，今年是"极强厄尔尼诺"次年，大尺度气象系统背景下，8 月极为不利的气象条件使得廊坊地区雾霾频率增加、程度加重。廊坊地区冷空气向南伸展的幅度缩小，冷空气势力弱，廊坊反复位于大气污染辐合带中心，高湿静稳天数明显增加，不利于扩散。而偏南暖湿气流又源源不断地向华北地区输送水汽，高湿静稳气象条件有助于细颗粒物吸湿增大，加速污染物的化学转化。气象数据显示，2016 年廊坊降水较 2015 年同期偏少 42%，风速减小降低 16%，静风频率增加 16%。污染扩散高度 900 米，致使廊坊大气环境容量较 4—5 月整体偏小 18%；污染过程中边界层平均高度不足 600 米，远远低于正常 1 000～1 500 米的高度，导致大气环境容量偏小 40%～60%。又因为频繁的逆温现象等不利因素，助推了污染的持续累计，形成了雾霾产生和持续的温床。

45. 猴年战霾绩可贺　新年迎考在初月

——市大气办、PM$_{2.5}$专家组提示一月大气污染防治重点工作

刊 2017.1.1《廊坊日报》1 版

新年钟声敲响，市大气办于今日凌晨召开新闻发布会，市大气办专职副主任、市环保局副局长李春元面对记者"2016 年我市大气污染防治是否如约退出全国 74个重点城市倒排前十名"的提问，李局长兴奋难耐，感情激动地说："现在已经到了 2017 年第一天钟声敲响的时刻，那么我可以自信的告诉各位，我市 2016 年的大气污染防治工作，不负众望、不负重托、不留余力、不留遗憾的圆满完成了上级赋予我市的治霾攻坚任务，超额完成了年度减排治污的预定目标，但是要耐心等待上级的通报和公众的认可。要面对的现实是我市正在经历新年第一轮至少 5 天的艰巨考验，成果已成过去，新的攻坚期待全市上下的不懈努力"。当记者转向 PM$_{2.5}$专家组秘书长胡海鸽，再度追问我市是否退出"倒排前十"时，胡海鸽莞尔一笑，神秘答道："李局长已经把话讲到位了，你懂得"。

收官月战霾留真经

2016 年 12 月我市经历了 5 次重污染过程，五轮污染过程均呈现出污染时间长，污染程度重，气象条件差的特点，共有中度污染 2 天，重度污染 6 天，严重污染 6 天，最严重的是第 3 轮污染时间最长、污染最重，AQI 在 19 日达到了最高值429。为全力保障市民的身体健康，保持我市现有的大气污染防治工作成绩，市委、市政府强力调度，市大气办连续发出督导令，各县（市、区）严格落实《廊坊市大气十条严控措施》，严格执行红色预警 I 级应急响应。最终我市大气污染防治工作经受住

了最终的考验，严重污染比去年同期减少 2 天，重度污染减少 1 天，中度污染减少 4 天，为我市能够退出全国空气质量"倒排前十"添了称，同时也有利维护了公众的健康权益，改善了市民的生活环境，为我市今后的大气污染防治工作积累了宝贵的经验。

开门月霾情很逼人

新年来了，但我市首月将在重度污染中度过，根据环保部发布的重污染预警信息，开始于 2016 年 12 月 29 日的去年第五轮污染过程将延续至 2017 年 1 月 5 日前后，受不利气象条件影响，包括我市在内的京津冀中南部目前正经历一次持续 7 天以上的重污染天气过程。由于我市将连续处在高压中心，气象异常静稳，极有可能出现严重污染，对公众的健康危害将进一步加剧，对我市空气质量的影响将进一步加大，对我市新年战霾开门红来说，将在 1 月出现的四次污染过程，每次都将是一次严峻的考验，首月成败将事关 2017 年我市持续退出"倒排前十"成败。

回顾 2016 年 1 月，虽然我市达标天数为 17 天，比 2015 年同期多 4 天，轻度、中度污染天数为 7 天，比 2015 年同期减少 4 天，但重度及严重污染 7 天，与 2015 年同期持平。1 月是 2017 年大气污染防治的起始月，空气质量治理的好能为 2017 年全年的工作开展打下牢固的基础。由于 1 月仍是燃煤期，我市仍处在频繁发生重污染的时段，1 月的管控效果，基本代表了全年的趋势和基调，各县（市、区）、各部门应详细安排 1 月的工作计划，为整年的工作明确方向，全市上下要做到工作有计划、行动有安排、措施能执行。

一氧化碳仍是全年污染首祸

2017 年 1 月一氧化碳的浓度控制应作为工作重点。去年我市相关部门在这方面认识不足，力度不够，造成 2016 年 1 月劣质散煤的清理工作力度下降，型煤配送大幅减少，导致城区煤烟排放量极大，造成廊坊市一氧化碳出现年度高值 6 天，占全年总高值数量的 1/3，造成进入 11 月、12 月后一氧化碳浓度控制工作极其被动。为严防一氧化碳高值出现，应重点治理散煤燃烧源，对工业企业锅炉、供热锅炉达标排放，生物质（劈柴、秸秆、落叶、垃圾、杂物）焚烧行为加强管控。加强治理机动车的管控，对排放不达标的黄标车、柴油重卡、农用三轮车，严禁进入市区。针对元旦、春节期间燃放鞭炮问题严格管控，禁止燃放区域要发现一起查处一起。

对臭氧污染治理必须零容忍

臭氧主要源自挥发性有机物（VOCs）与氮氧化物在光照条件下的反应，我市VOCs企业的治理应提前纳入各县（市、区）的工作内容。根据河北省对于挥发性有机物治理工作的整体要求，2017年1月1日起，我市不再予以发放VOCs排污许可证，凡是VOCs不达标排放企业全部停产，只有安装VOCs处理设备并请第三方验收合格的企业才能恢复生产，未在整治范围内的土小企业全部取缔。各县（市、区）负属地管理责任，需严格落实相关法规和措施要求，及时上报停产企业名单，积极督促企业加快VOCs治理工作，确保2017年的VOCs治理工作顺利开展。对应停未停，有令不行的企业责任人必须依法严惩。

严控烟气尘全年不松劲

对于2016年12月底及2017年1月初持续数日的重污染过程，我市须从"治烟、控气、抑尘"三大方面，七项措施严防死守，打好2017年大气污染防治的揭幕战。

一是已停产企业在应急期间一律不能恢复生产，市县两级应组织力量对域内涉气工业企业逐个排查，尤其是钢铁、水泥、玻璃和铸造四个重点行业，确保停产、限产到位。

二是所有燃煤锅炉必须按特别排放限值稳定达标排放，对超标排放的集中供热锅炉一律实行顶格处罚。在线监测数据显示，近期广炎热力和华源盛世热力均出现长期不能达标排放的情况，并以设备故障、换药剂、停起炉等理由不断推卸责任，相关部门应对其严肃处理，不能达标排放的依法惩处。

三是对城中村、城边村散煤用户，继续回收散煤和木柴，将散煤置换为清洁型煤。市发改委应及时掌握清洁型煤的生产供应信息，保证优质型煤在重污染期间足量供应。各县（市、区）组织稳定的队伍力量保证型煤的及时配送，形成健全的保障机制。

四是市区加强对步行街工商户的督查，禁止小煤炉燃烧，保证餐饮饭店油烟净化设施正常使用。市建成区未安装油烟净化装置或未正常使用油烟净化装置的各类饭店一律停业。

五是主城区恢复施工的工地，渣土运输车辆一律不准白天上路行驶，所有裸露地面、渣堆、土堆、料堆全部苫盖，所有道路全天候保洁。三区负责属地的督查，由建设部门负责整治和处罚。市建设局、环卫局要切实把工地抑尘措施落实到位，全面加大主次干道、辅道和人行道的湿扫保洁力度，加密保洁频次、延长保洁时间，全天候落实城区"以克论净"标准。

六是市区范围内严禁各类柴油重卡、黄标车、农用车进入市建成区。市公安局要继续增强警力，尤其在夜间严格保持对各类柴油重卡车辆管控力度，坚决禁止大车和冒黑烟的各类车辆进城，安次区尽快恢复杨税务以西荣盛商砼东侧的限高杆的作用。

七是市区范围内严控烟花爆竹的燃放，禁燃区一律不准燃放，市工商局加强对违法贩卖烟花爆竹的商贩的查处和打击力度，抓住一起，查处一起。进入1月，烟花爆竹及生活陋习易使全市频发垃圾、纸屑、祭祀纸张的焚烧现象，各县（市、区）应派出强力队伍全天24小时不间断巡查，控小火源、防大火灾，确保我市不出现因火灾发生污染程度加重的环境事故。

我市将在雾霾中迎接2017年，1月对廊坊市全年保"退十"至关重要，1月前5天又是关键时段，全市应以公众身体健康权益为最大利益，严格落实各项防治举措，求真务实应对污染，为廊坊市一年的大气污染防治工作打好第一战，做实每一项工作。

"首月得胜莫等闲，减污控霾战新年，猴年治污前十退，金鸡登高再凯旋"，李春元即兴表达。

46. 新年污染持续加剧　控污减霾刻不容缓

——我市继续严格落实《廊坊市大气污染防治十条严控措施》

刊 2017.1.6《廊坊日报》2 版

　　记者从市大气办获悉，1 月 5 日，市大气办发出紧急通知，要求在 2017 年第一季度继续严格落实《廊坊市大气污染防治十条严控措施》。

　　通知指出，新年伊始，我市正连续经历重污染天气过程，且在一定程度上有加重的趋势。为切实做好抓实新年度全市大气污染防治工作，巩固 2016 年治理成果，开好头、起好步，持续改善空气质量，市委、市政府决定，在今年第一季度继续严格执行《廊坊市大气污染防治十条严控措施》，并在此基础上，采取更加有力的管控措施，切实扭转开局不利的被动局面。

　　通知要求，要切实提高思想认识，正确处理保经济开门红与保大气污染防治工作开门绿的关系，站位全市大局，做好联防联控各项工作，逐条逐句抓好《十条严控措施》落实。

　　通知要求，要采取积极举措，在严肃落实《十条严控措施》基础上，务必做好五项控污工作。一是全市所有涉气工业企业，凡是环保治理设施不健全、排放不达标的一律依法停产整治；全市所有未完成达标治理的 VOCs 排放企业一律依规停产整治；二是各县（市、区）、廊坊开发区要迅速摸清停产企业底数，列出清单；同时，对"散小低污"企业要依法全部关停淘汰。三是各地各部门进一步加强各类烟气治理和禁烧工作力度，全市域严禁焚烧垃圾杂物、秸秆落叶。公安部门要严格落实主城区内禁止燃放烟花爆竹的规定，春节期间除规定时间、区域外，一律禁止燃放烟花爆竹，对违规燃放的要依法采取强制措施。四是要积极引导群众文明祭祀，

市民政局、市工商局、市综合执法局、市建设局、市环保局和广阳区、安次区、廊坊开发区要依据《廊坊市主城区禁止露天焚烧祭祀用品实施办法（试行）》要求，对销售祭祀用品的各类市场、门店进行执法检查，特别是春节期间严禁在主城区焚烧祭祀用品。五是各地各部门要对散煤的清理置换、餐饮油烟、施工扬尘治理和重点排污企业监管工作进一步深化、具体化。

47. 今日阳光明媚 明日污染难退

——市大气办、PM$_{2.5}$特别防治小组提醒 11—12 日的短时污染过程

刊 2017.1.10《廊坊日报》2 版

开局不利。2017 年 1 月前 8 天，我市是在重污染天气中度过的，前 8 天我市空气质量在全国 74 个重点城市中倒排第 8 名。昨天艳阳高照，我市却排到了倒排第 7 名，事实告诉我们，重污染天气应急工作做不好，2017 年退出"倒排前十"、保障公众健康就是可望而不及的奢望。

第一轮重污染管控喜忧参半，虽然市区 AQI 指数未"爆表"，但管控未取得预期效果

从 2017 年 1 月 1 日至 8 日，我市开始经历 2017 年的第 1 轮重污染过程，此轮污染过程延续了去年年末的重污染持续时间长、污染峰值高的特点。为应对此次污染过程，全市上下夜以继日，市主要领导持续调度，我市启动 I 级应急响应和《廊坊市大气污染防治十条严控措施》，通过管控将污染峰值降低了 15%，主城区未出现"爆表"现象。但是此轮污染过程管控工作出现一些不足，空气质量改善并未取得预期的效果。从与京津冀周边城市的污染特点对比上来看，本轮污染过程中我市无论严重污染出现的时长（AQI > 300），还是污染指数峰值的大小，均处于较差水平。从时长看，我市严重污染出现的时长为 73 个小时，而周边的沧州仅为 11 个小时，天津为 40 个小时，保定和北京则分别为 68 和 72 个小时；从峰值看，我市 AQI 峰值为 498，仅好于北京的 500，接近"爆表"，而沧州则为 399，保定为 410，天津为 408，均低于我市污染峰值水平。

思想松懈，措施执行不力，乐观情绪蔓延导致重污染管控收效不大

由于污染过程正逢假期，且历经 2016 年的高强度管控，部分地区或部门思想出现松懈，工作出现懈怠。从整体的气象扩散条件来看，本轮污染过程中京津冀地区均处于极度静稳的形势，廊坊本地扩散条件与周边城市基本相同，本地源排放显著，对污染指数贡献最大。从管控过程来看，本轮管控中存在问题反复、力度松懈、管控措施落实不到位等问题。2016 年我市顺利完成大气污染防治退出"倒排前十"的任务目标，各部门沉浸在退出"倒排前十"与假期喜悦当中，管控出现了一定的放松，导致部分停限产的企业出现复工复产现象，用电量出现了反弹，供热站大面积污染物超标排放。在潮湿静稳的条件下，污染物持续进入到大气中，污染指数不断上升，在 1 月 3 日单日 AQI 更高达 402，部分时段更是达到 490 以上，一度临近"爆表"，形势危急。

污染形成有根源，热力企业超排贡献大

2017 年 1 月，市区部分热力站反复出现不同程度的超标排放现象，尤其是廊坊市广炎供热有限公司北环站 17 小时超标，平均超标 4.1 倍，超标次数达到 6 次；廊坊市汇源热力有限公司 13 小时超标，平均超标 12.1 倍，超标次数 5 次。由于一个热力站的燃煤使用量每天一般在 80～200 吨，一个热力站超标排放量相当于廊坊一个中等城中村的排放量，在大气扩散能力极差的情况下，几大热力公司普遍超排对廊坊市空气质量造成极大影响，成为近 10 天重污染过程的重要污染源。

餐饮油烟排放不达标，敏感区域灯下黑

餐饮油烟的不达标排放一直以来都是困扰廊坊市空气质量的一大问题，到目前为止并没有彻底解决。餐饮企业每天排放的油烟中有大量的黑碳、有机气溶胶、烟尘等颗粒物，直接危害人体健康，造成空气质量指数上升。尤其是市区各敏感点周边的餐饮企业，很多都没有安装油烟净化设备或者安装油烟净化设备并没有有效使用，在重污染期间肆无忌惮地超排，对空气质量指数影响大。

城中村散煤管控力度下降，覆盖也不够全面

城中村散煤治理是我市 2016 年大气污染治理工作取得成效的关键工作，但是进入 2017 年之后，此项措施并未延续性地向更大区域贯彻执行。尤其是在开发区南部的几个城中村，包括大长亭村、小长亭村、韩营村、梨园村，银河南路两侧的

前进村、麦洼村等散煤替代工作 2017 年以来没有广泛开展，夜间劣质煤燃烧现象大量存在。

气象条件非借口，周边城市管控显效果

2016 年我市空气质量取得了明显的改善，$PM_{2.5}$ 浓度下降了 22.3%，优良天数同比增加了 23 天，我市大气污染防治工作成果显著。但是 2017 年以来我市连续遭遇了 8 天的重污染天气，部分管控工作均出现不同程度的松懈，我市空气质量也首次普遍差于周边地区。最新的气象预报显示，本月 11 日前后京津冀地区中南部有轻至中度霾，管控的重点时段应放在 10—11 日的污染累积前期。农历新年前霾情依然严峻，时不我待，应打起精神再战斗，积极应对年前的污染过程。

在京津冀区域处于同一自然背景的条件下，管控强度的大小以及落实到位的情况，充分体现在了 2017 年年度倒排名上。2016 年空气质量排名差于我市的沧州在 2017 年倒排变为第 18 名，而我市则从倒排第 12 名降至倒排第 7 名，排名持续变差，比北京、天津差很多。是什么导致我市空气质量管控效果下降呢？是各区不落实市里措施、管控执行不彻底、不重视专家指导意见。打铁还需自身硬，抗霾工作不能松，我们应当吸取 2017 年第一轮污染过程的教训，严格执行《廊坊市大气污染防治十条严控措施》，争取在 1 月取得抗霾工作的胜利。

48. 上半月情势危急　下半月力挽狂澜

——市大气办、PM$_{2.5}$专家组分析一月大气污染防治形势

刊 2017.1.17《廊坊日报》1 版头条

　　经历了 1 月 1 日至 8 日的重污染过程以后，廊坊市空气质量总体较差，全国排名进入倒排前十。根据环保部通报和专家组最新预测结果，19 日之前我市预计出现一次中度以上污染过程。按照河北省联防联控的要求，廊坊市于 13 日 22 时及时发布红色预警，及时启动了 I 级应急响应。全市上下继续发扬"攻坚月"的顽强作风，攻坚克难，严密排查污染源，大力减排使我市取得了第二轮污染过程的显著成效，污染等级明显下降，我市空气质量在 14 日和 15 日处于较好水平，中度污染小时数仅有 3 小时，未出现重度污染情况，极大地保护了公众身体健康。

一、全月"退十"形势依然严峻

　　这一轮污染过程，从河北省的通报和目前实际情况来看，廊坊 1 月空气质量非常不乐观，目前全国倒排第九，退出全国"倒排前十"困难很大，后期工作不容任何放松。天不帮忙，就要求全市上下齐努力，本月第二轮污染过程管控成效明显，应全力保障下半月，尤其是 19 日之前，工作加劲，争取污染等级降低，空气质量持续改善。

二、企业、散煤仍是重点，拆迁工作不能纵容

　　回顾上半个月，我们的大气污染防治工作出现了一些漏洞，工作出现了松懈，尤其是市三区，空气质量指数波动大，不稳定，甚至有些时段不如各县，这里面有

气象不利的原因，但是最主要的还是自身存在较大问题。一是大污染源的问题：企业应停未停，红色预警期间工业用电量居高不下，企业未能做到限产40%的要求。二是各区的小问题：广阳区东部六个城中村存在的散煤燃烧，开发区的大量大车行驶，安次区的工地扬尘和南部的城边村散煤燃烧等环境污染问题。其他问题还包括清洁型煤供应不及时，拆迁工地无洒水抑尘措施，未安装或未正常使用油烟净化设施的餐饮饭店重新营业等。尤其值得警惕的是城区冒黑烟车辆的频繁行驶，拆迁垃圾运输车辆多为高污染高排放冒黑烟的柴油车，其污染物排放量为普通运输车辆的3～4倍，是小汽车的15～20倍，这些严重的移动排放源高密度的行驶对于空气污染物的积累贡献显著。所有这些污染源不控制，就会造成短时间的污染指数上升，空气污染程度加重。

三、下半月月度决胜在前期

根据最新的气象会商结果，下半月我市还将出现2～3次污染过程，但是总体不会达到严重污染级别，我市与倒排前十的竞争城市空气质量并不会拉开明显的差距，谁管控到位，谁就能取得重度变中度、中度变轻度甚至良好的改善效果。根据前面分析的主要问题，市三区要坚决执行红色预警下的企业停限产40%要求，确保企业停限产到位。建筑工地的拆迁作业要严格在有抑尘措施的条件下执行，并禁止高污染冒黑烟车辆运输建筑垃圾；注意供热锅炉的达标排放，对连续数小时超标排放的供热企业要严管严罚；坚决取缔大面积集中的露天移动摊点，重点区域为金光道、万达广场；各区一把手要到一线亲自指挥，查找末端污染源，了解各自辖区内的污染排放特点，有针对性地下达管控指令，确保各项减排措施落实到位，把污染物排放降到最低程度。

49. 皮猴临去施霾术　金鸡喜报除夕"晴"

——市大气办、PM$_{2.5}$专家小组提醒春节期间防霾控污

刊 2017.1.23《廊坊日报》2 版

2017 年 1 月以来，由于京津冀整体气象扩散条件极度不利，我市经历两轮重污染过程，目前在全国 74 个重点监测城市中倒排第十一名。根据最新的气象会商结果，23 日至 26 日我市将迎来新一轮重污染过程，27 日（除夕）前后，受冷空气活动影响，污染有短时缓解，但污染形势仍然严峻，进入"倒排前十"（城市中污染程度从小到大倒数十名的城市）的风险较大。本地污染排放主要为烟花爆竹燃放、机动车尾气、散煤及生物质燃烧、祭祀用品焚烧、拆迁施工和道路扬尘，这些污染物在高湿、静稳气象条件下难以扩散，逐渐累积，造成污染物浓度逐渐上升，预计出现 2～3 天的重度污染，污染峰值时段将达到严重污染。为保障市民春节假期出行安全和身体健康，我市将及时发布重污染天气橙色预警，并启动 II 应急响应。同时，春节放假期间，我市仍将经历雾霾过程，在此提醒全市上下要以负责的态度、扎实的工作落实，积极地参与防范，形成应对即将到来的重污染天气的强力众志。

一、首月两轮重污染，排名持续拉锯战

今年以来廊坊市经历了两次重污染过程，2017 年 1 月 1 日至 8 日，经历第一轮重污染过程，廊坊市的年排名最差下滑至倒数第五名，此轮污染持续时间长，污染峰值高，严重污染时长高达 73 个小时，AQI 更是 1 月 3 日 19 时达到峰值为498，接近"爆表"，通过积极管控污染峰值降低了 15%，主城区未出现"爆表"现象，9 日冷空气来临，污染结束。

1月13日至18日为第二轮重污染过程，此轮污染过程特点为"人努力，天帮忙"，由于应急启动及时，措施落实到位，污染程度明显较轻，没有出现严重污染，重污染过程AQI峰值出现在17日21时，达到244，污染峰值削减了近21%，管控效果明显，廊坊市空气质量略好于周边和竞争城市，18日的年综合指数排名倒数第十一，1月首次退出"倒排前十"。

二、空气质量短时好，保持"退出前十"有风险

经历两轮污染过程后，我市空气质量在18日之后维持在优良水平，并于18日24时解除重污染天气红色预警并终止Ⅰ级应急响应。19日至目前经历了3天优良天气，但是新一轮区域性污染过程悄然来临，根据最新气象会商结果，我市将在春节前夕（23至26日）遭遇新一轮重污染，预计本次污染变化过程为：22日河北南部将首先遭遇"霾伏"，随着南部污染带北移，23日我市开始受静稳天气形势影响，空气质量逐渐转差，夜间部分时段AQI将达到200以上，24日污染范围进一步扩大，随着污染物的不断累积，将在25至26日白天达到本次污染的峰值阶段，全天均以重度污染为主，26日夜间受冷空气影响，污染逐渐缓解，除夕白天空气质量短时达到良，除夕傍晚开始将再次受西南气流控制，初一（28日）将达到中度至重度污染。同时，春节放假期间仍将经历轻度至中度的污染过程。

此轮污染过程覆盖范围较广，但是重污染带集中出现在京津冀中南部，尤其是北京南部和廊坊等地区。竞争城市中的第九名济南市、第十名郑州市污染等级较轻，普遍比我市轻一个等级，第八名衡水市污染等级与我市相近，我市目前排名第十一的位置将很有可能不保，"退出前十"形势极其不利。本次重污染恰逢春节期间，因此要提前部署，重点关注并加大对烟花爆竹燃放、机动车尾气、拆迁与道路扬尘等问题的管控。

三、严控烟尘为市民，鸡年新春献蓝天

为了让广大廊坊市民能在优良天气中度过春节，有一个良好的出行环境，在春节放假期间将尽量为公众出行提供方便。在不启动应急响应的情况下，建议有关部门严控烟气与烟尘等重点污染源；建议公众尽量绿色出行。各地要重点做好以下八项工作：

（1）严控烟花爆竹的燃放，禁燃区一律不准燃放，抓住一起，查处一起，根据公安局最新发布的《通告》：可以燃放烟花爆竹的具体时间为除夕、正月初一可以全天燃放；正月初五、正月十五每天7时至22时可以燃放。

禁放区为：北至北环道；西至西环路（廊涿线）、光明西道、西昌路、S273（廊霸线）；南至南环道；东至东环路（创业路）以内区域（含上述道路沿线外侧200米范围）及廊坊开发区辖区范围。

公安部门应加大督导力度，防止市民在禁止燃放烟花爆竹的时间、地点燃放烟花爆竹，此外鼓励市民积极举报非法生产、储存、销售、运输、燃放烟花爆竹行为。

（2）全市域严禁焚烧垃圾杂物、秸秆落叶；依据《廊坊市主城区禁止露天焚烧祭祀用品实施办法（试行）》要求，对市区销售祭祀用品的各类市场、门店进行执法检查，坚决禁止春节期间在主城区露天焚烧各类祭祀用品，同时注意对爆竹燃放产生的垃圾及时收集、统一处理，防止燃烧的二次污染。

（3）春节期间，出行车辆较多，易造成交通拥堵，交管部门应加强春节期间的交通疏导，同时市区范围内严禁各类柴油重卡、黄标车、农用车进入市建成区，市公安局要继续增强警力，尤其在夜间严格保持对各类柴油重卡车辆管控力度，坚决禁止大车和冒黑烟的各类车辆进城。

（4）对城中村、城边村散煤用户，逐家逐户排查、逐家逐户配送、逐家逐户替换回收散煤和木柴，将散煤置换为清洁型煤，并保证型煤的供应。

（5）市区加强对步行街工商户的督查，禁止小煤炉燃烧，保证餐饮饭店油烟净化设施正常使用。市建成区未安装油烟净化装置或未正常使用油烟净化装置的各类饭店一律停业。

（6）加强对全市所有涉气工业企业的监管力度，对钢铁、水泥、玻璃和大型供热企业等高架源要加强巡查监管，并派驻驻厂监督员，24小时监控环保设施运行情况，确保稳定达标排放。

（7）市建设局、环卫局要切实把工地抑尘措施落实到位，春节前组织洗城行动，对主次干道、辅道和人行道进行湿扫保洁，并加密保洁频次、延长保洁时间，全天候落实城区"以克论净"标准。

（8）强化市县建成区各类施工工地和道路扬尘防治措施的落实，尤其是市区城中村拆迁工地，务必严格落实围挡、苫盖、洒水等抑尘措施，合理规划施工机械、渣土运输车辆的行驶路线，所有裸露地面、渣堆、土堆、料堆全部苫盖，所有道路全天候保洁，最大限度地降低扬尘污染，对达不到控尘要求的各类工地，一律不得施工。

50. 一月成绩值得肯定　二月战霾持续发力

刊 2017.2.3《廊坊日报》1 版

　　2017 年 1 月，我市大气污染防治工作开局不利，8 天的重污染天气贡献了全月综合指数的 43%，排名一度进入全国 74 个重点城市倒数前五。通过全市上下在月中两次重污染过程的有效应对，我市空气质量逐渐好转，月排在 24 日退出倒排前十。月末虽经历春节假期，但我市严格落实十项严控措施不放松，最终保持住微弱竞争优势。1 月我市空气质量综合指数为 10.44，全国 74 个重点城市倒排第 12 名，在开局不利情况下最终与 2016 年一月成绩持平。

　　与历史同期相比，2017 年 1 月整体气象扩散条件较往年不利，污染物减排也存在不足，空气质量不如 2016 年。2017 年 1 月严重污染 5 天（较去年增加 3 天），重度污染 5 天（较去年持平），中度污染 4 天（较去年增加 2 天）。综合指数及六项污染物中除 SO_2 外均有所上升，综合指数为 10.44，较去年 8.29 上升 25.9%；关键指标 $PM_{2.5}$ 浓度为 126 微克 / 米^3（较去年 88 上升 43%）；CO 浓度为 6.9 毫克 / 米^3（较去年 5.3 上升 30%）。

　　与周边区域相比，近期廊坊不如周边的京津，市区差于周边县市。1 月廊坊综合指数高出北京 13%、高出天津 12%。市三区中，安次区综合指数最低，广阳次之，廊坊开发区最高。市区与周边县市相比，空气质量综合指数区仅低于霸州（11.42），与最好的三河差距达到 1.72，高出 16.5%。就关键污染指标 $PM_{2.5}$ 而言，市区浓度高出县市均值 3.1%；CO 比县市均值高 4.9%。市区四站点中，廊坊开发区 CO 浓度最高，为 7.3 毫克 / 米^3，高出市区均值 5.8%。

一、热力超排为污染祸首，烟花爆竹集中燃放为帮凶

1月1—31日国家重点污染源自动监控系统显示，我市6家供热公司的供热站均存在多时段不同程度超标，超标率达到100%，个别供热企业超标严重，例如，廊坊市广炎热力北环站，烟尘超标排放累计时长达66小时，平均超标倍数为4.5倍，最高超标倍数为36倍；二氧化硫超标排放累计时长达420小时，平均超标倍数为0.59倍，最高超标倍数为6.03倍；氮氧化物超标排放累计时长达124小时，平均超标倍数为0.22倍，最高超标倍数为1.44倍。廊坊市汇源热力烟尘超标排放累计时长达67小时，平均超标倍数9.05倍，最高超标倍数为40.41倍；二氧化硫超标排放累计时长达254小时，平均超标倍数0.17倍，最高超标倍数为0.82倍；氮氧化物超标排放累计时长达739小时，平均超标倍数0.31倍，最高超标倍数为2.17倍。其他热力站也均出现不同程度的超标情况。

1月27日至2月1日春节期间，我市经历了1天严重污染，2天轻度污染。虽然实施了严格禁限放措施，市区中心区域基本落实到位，但周边的城中村、城边村等城乡接合部仍然存在不足，烟花鞭炮的燃放仍没有完全按照规定执行。特别是除夕夜间，市区$PM_{2.5}$、PM_{10}、SO_2、NO_2等主要污染物浓度明显上升，自1月27日20时开始持续达到重度及以上污染级别。其中28日2时污染程度最为严重，AQI达到峰值442，$PM_{2.5}$小时浓度达到峰值412微克/米^3。鞭炮爆炸物中含有大量的SO_2、NO_2和颗粒物等有毒有害物质，会直接污染环境空气，在冬季扩散条件差的情况下，短时间就会造成重度至严重污染。

二、二月严控各类燃煤、工业企业和扬尘污染

根据近两年情况，我市2月空气质量要远好于1月，2月是积累竞争优势的关键时期。

2月我市仍处于供暖期，燃煤排放仍是$PM_{2.5}$等污染物的首要来源，主控方向为集中供热锅炉稳定达标排放，城中村、城边村"电代煤""气代煤"的正常使用，清洁型煤对散烧煤、生物质的替代等。春节假期结束，中小企业复工复产，大型企业特别是钢铁冶炼、石油化工由于近期钢铁、电解铝市场需求旺盛，有些企业可能加班加点满负荷超负荷生产。节后我市城中村拆迁工作大面积展开，干燥的气候导致拆迁过程中扬尘污染严重，在无洒水抑尘措施条件下，易造成局地的PM_{10}浓度上升。

三、污染防控管 7 方面，"煤、烧、尘"是关键

1. 减少散煤和生物质燃烧污染，保持对各类散烧煤、劣质煤的管控力度，保证型煤的供应与替换；

2. 农历初八商家开门、十五元宵节两个时间节点要做好禁放区的管控工作，及时劝导违规燃放烟花爆竹人员，环卫部门对燃放鞭炮残留的固体废弃物（纸屑等）及时清扫；

3. 保障供热锅炉达标排放，专人值守，每日通报超排情况，按小时处罚；

4. 各区派出专人对城乡接合部、城边村农田的杂草焚烧进行管控，春播做好秸秆禁烧工作；

5. 加大拥堵路段的疏导，严查黄标车，严控大车进城；

6. 严控工业企业排放，规模以上企业排放污染物要达到国家及地方标准，"散小乱污"企业坚决取缔；

7. 年后建筑工地、拆迁工地、道路工程陆续开工，做好扬尘的管控，裸土毡盖，禁止高排放、冒黑烟车辆作为运输车辆。

51. 莫让晴天麻痹思想　严防严控重度污染

刊 2017.2.11《廊坊日报》1 版

　　受 2017 年以来整体不利气象条件影响，京津冀地区主要城市空气质量均不同程度的变差，廊坊市空气质量改善也面临极大挑战。在连续经历一月初、春节和二月初的重污染之后，廊坊迎来一段较长时间的优良天气，自 2 月 4 日起收获 3 天优、3 天良。这轮优良天气与热力站达标排放关系紧密，高架源的污染得到有效遏制，烟尘减排对颗粒物的削减达到 40%，SO_2 和 NO_2 得到有效控制。虽然经历几天的优良天气，我市勉强退出全国"倒排前十"，但是今年大气污染防治形势依然较去年严峻。目前我市全国倒排名为第十二名，较去年同期变差了 24 名，空气质量综合指数同期上升 23.56%，$PM_{2.5}$ 同期上升了 41.73%，预计廊坊在 2 月 12 日起将迎来新一轮污染过程，我市不能因为长时间的优良天气而放松警惕。

三大不利因素导致污染过程加剧

　　经历 2 月初较长时间的优良天气之后，廊坊市从 12 日开始，将迎来新的一轮污染过程，此轮污染过程强度和时间仅次于年初第一轮污染过程，预计至 15 日共持续 4 天，13 日污染等级将由轻度达到中度，之后两天保持重度污染，16 日将减轻到轻度。本轮污染除受气象条件不利影响外，还有三大不利因素，一是恰逢元宵节，烟花爆竹燃放将加剧夜间及清晨的空气质量恶化；二是工地的集中施工导致 PM_{10} 浓度上升，颗粒物数浓度增加，为污染物二次放大提供有利条件；三是去年同期我市从 12 日开始出现连续优良天，本轮污染过程将导致我市空气质量综合指数上升率进一步增大，使我市空气质量改善脚步减缓，改善幅度下降。

鞭炮污染影响大，热力达标是关键

2 月 11 日元宵节预计将有大量烟花爆竹燃放，烟花爆竹在燃放的过程中会产生大量的大气污染物，如 SO_2、NO_x 以及颗粒物等，不仅对空气质量造成影响，也会对人体的呼吸系统、神经系统等造成一定程度的伤害，危害公众健康。从对污染物浓度影响来看，一个烟花会使 SO_2 日浓度上升 25～45 微克 / 米^3，$PM_{2.5}$ 日浓度上升 70～150 微克 / 米^3。从等效污染程度来看，烟花爆竹燃放将导致空气质量由优转差到重度污染，使得重度污染升至严重污染。此外热力站超标排放是本轮污染控制的关键，由于热力站为高架源，排放的污染物在高空预冷直接下降，往往在距离地面 20～30 米的高空积累，对低空空气质量产生直接影响，造成指数上升。模型数据显示，高架源与低矮烟囱排放相同的污染物，对空气质量影响高出 30%。

严防严控重污染，六个方面需加力

1. 热力站达标排放。加强重污染期间的市区各热力站的排放物浓度监测，保证达标排放，严禁出现连续数小时的超排现象。重点时段为早间 6:00—8:00 和夜间 17:00—19:00，建议派专人进行实时监督。

2. 加强城中村拆迁、工地复工、绿化带清理的扬尘管控。城中村拆迁全时段进行大功率雾炮车抑尘；建筑工地采用高空高压喷淋系统结合地面定点雾炮洒水等措施，搭建扬尘监测网，将城区工地联网管控，采用视频＋监测数据相结合的方式对工地扬尘进行远程管控；长期闲置土地，采用苫盖网或专用抑尘剂进行控制；大型物料堆场或建筑垃圾堆放地点，采用固定式喷淋、防风抑尘网等措施。

3. 学校开学引起的周边餐饮油烟管控。元宵节之后，各敏感点尤其是河北工业大学、廊坊华航航空学校几千人陆续开学，需对周边的餐饮企业进行全面排查，未安装油烟净化装置的餐馆禁止开业，加强对露天烧烤和移动摊点散煤燃烧的管控。

4. 解决务工人员返程，保证散煤替代和型煤供应。元宵节过后大量外地务工人员返程，散煤劈柴燃烧加重，各区县应提前部署，抓紧型煤缺口统计，增加配送，保证足量供应。

5. 元宵节期间的烟花爆竹燃放。元宵节是今年最后一次鞭炮集中燃放的时段，需加大巡查力度，对无销售许可证的烟花爆竹贩售摊点进行取缔；对在禁放、限放区域内不按规定燃放烟花爆竹的行为进行督查。

6. 春季烧荒严重，市区周边加强管控。从源头上管控，将目前农田残存的秸秆杂草进行清理，尤其是史各庄村口东、西环路芦庄村内、西环路与 371 省道交叉口北沿路田地、南环道与杨尹线交叉口东 350 米南等处。

52. 决不能让工地扬尘　毁了大气治理成果

刊 2017.2.14《廊坊日报》1 版

　　按照关于强化企业复产、工地复工安全监管和大气污染治理的相关要求，为有效应对今年一季度极端不利天气形势，持续改善空气质量，市政府下发了《关于加强春节后企业复产、工地复工监管工作的紧急通知》。按照市领导要求，为落实《通知》相关规定，2 月 13 日，市大气办开展了全市复产复工督查工作，就工地、热力站进行突击检查。

　　当天上午，市大气办常务副主任、环保局局长张贵金带队，直奔市区新开路薛家营拆迁工地现场。路上，张贵金介绍，由于前一天晚上河北工业大学廊坊分校的空气质量监测点数据一度接近爆表，PM_{10} 峰值甚至将近 600，怀疑周围有扬尘污染源。经市大气办和 $PM_{2.5}$ 专家组会商、观看录像、实地检查，发现监测点附近的薛家营拆迁工地未按拆迁工地规范标准施工，夜间施工抑尘不到位，渣土车严重带泥上路，造成周边扬尘污染严重。确认后，市大气办第一时间通知了广阳区相关负责人，责令该工地立即停工整治，不经安全生产和环保验收合格后，不得复工。"今天咱们就去检查检查，看看这个工地到底停工没有，扬尘是否得到了有效抑制。"张贵金说。

　　驱车前往工地途中，发现工地前新开路主路半侧有 500 米左右满是泥浆，过往车辆在泥泞中行驶，皆带起一串泥水。市大气办专职副主任、环保局副局长李春元有些不高兴，"怎么还是这么多泥？这太阳一晒干了，车一走不全是扬尘吗？"

　　下了车，踩着泥水走进工地，几辆大型渣土车停在工地里，确实未复工。有工地和新源道街道办负责人迎上来，张贵金问道："昨天责令你们停工，确实是停了，但是路上怎么还是那么多泥浆？不要找客观理由，就是你们没有按规定来，各项措施都不到位，必须尽快整改，把对空气的污染程度降到最低。"相关负责人表示，将立即开会解决这一问题。检查结束时，张贵金扭头对李春元说："这个工地还是得派专人盯着，晚上咱们再来查一次，到时还是这样就得追责了。"

从薛家营拆迁工地出来，检查组一行又看了几个工地，未发现违规施工问题。行驶在桐万路上，市环保局大气处李磊眼尖，首先发现了问题，"这条路上有土，还有泥，附近肯定有施工的违规操作。"一行人追着时断时续的泥土驱车沿桐万路来来回回走了两遍，没有找到工地，"这路上的土和泥不会凭空来的，到底污染源在哪儿呢？"李春元叫来了广阳区环保局局长张宁，"这应该是从东尖塔那边拆迁工地来的，拉了土从这过，再倒到前头。""走，去尖塔！"

果然，东尖塔拆迁工地仍在施工，土就是从那里来的。

张贵金对张宁说："现在启动Ⅱ级应急响应了，环保部近期还要对我市进行督查，按规定工地要停工，这里也必须立即停工，并将周围污染整改到位。"李春元说："汇报会上说车都抑尘处理了，可工地和周边不抑尘也不行啊，浇水，苫盖草席子，上面再盖一层塑料布，笨办法也是最管用的办法，没有捷径，你们回去赶快整改。"想了想，他又加了一句："要是哪个工地你们爱面子不好处理，你和我们说，由我们来督办！"

一路转下来，时间已经到了下午，顾不上吃饭，检查组一行又来到安次区南苑小区的汇源热力站，该热力站有一台20蒸吨的燃煤锅炉，前一天监测数据发现异常，市大气办联系了该热力站负责人，得到的反馈是锅炉坏了，已经停炉维修。

"不太放心，得来看看。"张贵金说。

几个人挤在狭小的监测间里，研究着锅炉各项数据，"从含氧量上看，确实是停了，咱们去坏了的炉盘（向锅炉内输送煤的装置）那儿看看。"

来到炉盘处，几个工人正在维修，张贵金询问热力站负责人："锅炉停了小区居民供暖怎么办？"

"我们正在抢修，今天下午一两点钟就能恢复供热。"

"尽快恢复供热是大事，得抓紧，可是更要注意达标排放。"

129

53. 市大气办六条措施严控四月首轮污染过程

刊 2007.4.1《廊坊日报》3 版

预计 4 月 2 日至 5 日，京津冀地区将经历一次较为严重的雾霾污染过程。为有效控制氮氧化物和 VOCs 排放造成的 $PM_{2.5}$ 和臭氧污染，科学做好我市大气污染防治相关重点工作，市大气办发布《关于应对重污染天气切实做好近期大气污染防治重点工作的紧急通知》，将采取六条措施严控四月首轮污染过程。

严控各类重型载货车辆通行数量，控制氮氧化物污染。钢铁、电力、玻璃、水泥等物料运输用车数量大的企业，要在 4 月 1 日 24 时前完成运料备仓，4 月 2 日零时至 5 日 24 时期间，最大限度减少车辆运进运出，最大限度减少污染物排放和积累。与此同时，公安交警部门要对其他各类重型载货车辆，特别是对进入主城区的重型载货车辆继续实施严管严控。

全市域挥发性有机物排放企业未完成达标治理验收的一律停产，控制 VOCs 排放。各地要立即组织对 VOCs 排放企业污染治理进行一次回头看，对在 3 月 31 日之前未完成 VOCs 达标治理验收的企业要全部立即停产。特别是安次区、广阳区、廊坊开发区域内的各类 VOCs 排放企业，无论企业规模大小，自 4 月 1 日起，全部无条件落实国家和省相关政策要求，VOCs 达标治理不合格的一律实施停产整治，直至治理达标并验收合格，凡被列入"小散乱污"清单的各类 VOCs 排放小企业、小作坊一律取缔。

全市域各类工地不得使用不合格机械车辆和不合格油品，控制非道路移动机械尾气污染。全市各类工地特别是市主城区禁止使用国 II 及以下排放标准发动机的各类机械车辆，禁止使用国 V 以下油品。4 月 1 日后，凡是存在使用上述不合格机械和油品行为的工地，一律停工整改。

加大油品市场监管抽查力度，严控机动车燃油污染。各县（市、区）政府、廊坊开发区管委会和市直相关责任部门，要统一部署，对全市机动车用油经营单位进行一次地毯式排查抽检，对曾经销售过不合格油品的经营单位，要实施重点抽查。凡是发现有油品不合格、油气回收装置不合格的单位，一律实施严格处罚。一批次油不合格、一种油料不合格、一个加油枪不合格的都要全站封存，停止营业，无限期停业整顿。

市县主城区各类餐饮企业都要安装油烟净化装置并确保正常运行，严控油烟污染。结合我市正在开展的严厉打击"小散乱污"企业污染专项行动，各地特别是市县主城区要逐一对各类餐饮企业油烟净化装置的安装和正常使用情况进行一次严格排查。凡是没有安装油烟净化装置的，4月1日起一律取缔；凡是油烟净化装置不正常使用的，一律自4月1日起停业整顿一个月，整顿后仍然存在不正常使用行为的，一律取缔。

禁止在市主城区焚烧祭祀用品，严控烟气污染。清明节期间，正经历一个重污染过程，禁止在市主城区焚烧祭祀用品，控制烟气污染。市主城三区和市直相关责任单位要加大宣传、禁运、禁售、禁烧工作力度，引导公众文明祭祀。

54. 市大气办发布改善空气质量攻坚月行动五大重点任务

刊 2017.5.11《廊坊日报》1 版

5月9日，市大气污染治理工作领导小组办公室发出紧急通知，明确全市扎实开展改善空气质量攻坚月行动五大重点攻坚任务。

据了解，今年以来，我市大气污染防治形势十分严峻。为确保我市5月空气质量持续改善，在月初召开的全市大气污染防治调度会上，市委、市政府已部署5月在全市开展改善空气质量攻坚月行动。但从检查情况看，一些单位仍存在认识不够高、行动不够快、工作不够实、落实不够好等问题。结合深入贯彻落实环保部京津冀及周边地区大气污染防治强化督查经验总结交流会议和省大气污染综合治理大会、大气污染综合治理联席会议精神，在全市继续扎实开展改善空气质量攻坚月行动，强力做好相关重点工作，市大气办就此发出紧急通知，要求加大加快工作落实力度。

一是要坚决把"散乱污"企业整治措施落到实处。要严格按照上级"关停取缔、整合搬迁、整治改造"原则，采取果断措施，于5月11日前将已列入"散乱污"（含VOCs排放企业）清单的企业，按照"两断"的要求立即责令停止生产，并及时按"三清"要求尽快彻底取缔到位，防止死灰复燃。特别是已列入环境保护部通报我市20个"散乱污"集群的企业（名单附后），更要加大、加快整治落实力度，逐个制定整治方案，明确完成整治任务的时间节点；根据环境保护部要求，各地对"散乱污"企业整治要实施网格化管理，5月12日前，要对辖区"散乱污"企业进行一次再清查，对已列入"散乱污"整治名单的企业进行一次"回头看"，进一步完善"散乱污"

企业台账、明确"网格长"和"网格管理员"责任。上述工作一并报市工信局备案并通过政府网站和媒体向社会公开，接受公众举报、监督。6月开始，如再发现"散乱污"企业排查不彻底、违法生产、新建或擅自恢复生产等问题，要严厉追究相关"网格长"和"网格管理员"责任。对问题集中的地方和工作不尽责的单位，要对主要负责人进行公开约谈。

二是要坚决打击各类环境违法行为。加强对各类涉气企业，特别是高架源和挥发性有机物排放企业，环保部门要组织开展专项打击行动，进一步加大监管力度，确保达标排放。从5月10日起，对超标排放、无组织排放严重、未安装污染防治设施或设施不完善、不正常运行污染防治设施的各类企业，特别是省公布名单的131家涉挥发性有机物（VOCs）排放企业，凡是未完成治理和验收的要立即责令停产整治，并给予高限处罚。涉嫌有违法排污、数据造假等环境违法犯罪行为的，要移交司法机关，依法追究刑事责任；对因片面强调财政收入、外资企业、暂时难以治理到位等有地方保护主义行为，导致违法排污企业不实施停产整治的，要追究当地政府和决策者的责任。各地政府制定的专项打击行动方案报市环保局备案。

三是要坚决落实车油路污染防控措施。5月，市商务局要组织市直相关部门和各地政府，加大对成品油市场监管力度，上半月和下半月要分别组织一次加油站油品和油气回收装置抽查，发现有不合格行为的要顶格处罚、立即关停；市公安局要全时加大对各类重型载货车辆管控力度。各地政府要在5月10日前通知有大宗货物运输的企业实施错峰运输，在5月12日前完成一周内生产所需的原料、燃料、辅助材料等储备，最大限度减少重型载货车出入厂区和城区，各类超标和冒黑烟车辆一律禁止上路。今后，凡遇有重污染天气过程，各地都要提前组织好错峰运输和物料储备工作；市公安交警部门要强化市主城区交通疏导，特别是"5·18"经贸洽谈会和"5·31"图书博览会期间，要确保不因交通拥堵加重污染。

四是要坚决控制各类扬尘污染。全市各类施工工地，凡是没有严格落实《河北省建筑施工扬尘防治措施18条》标准要求的，一律停工整治；市建设局、市交通运输局要在专家组的指导下，加强道路洒水抑尘和机械化清扫。确保城市出入口及城市周边重要干线公路路段、城区道路积尘负荷达到"以克论净"标准；按照谁的工地谁管理、谁的企业谁负责和属地管理原则，坚决执行《煤场、料场、渣场扬尘污染控制技术规范》（DB13/T 2352—2016），严格落实钢铁、水泥、电力等重点行业和废渣、临时堆存场物料运输装卸、存储控制扬尘措施，达到《大气污染物综合排放标准》颗粒物无组织排放限值要求。5月市建设局、市工信局、市环保局各负其责，每天对本部门负责监管的工地、道路、料场分别进行监督检查，做到日

通报、周讲评、月总结，严肃追究经常发生问题的工地、企业和责任单位的责任。

五是要坚决按期完成燃煤锅炉淘汰改造任务。5月，市工信局、市环保局要督导各地加快燃煤锅炉淘汰步伐，确保在 5 月 10 日前，全市域 10 蒸吨及以下燃煤锅炉全部停用并落实断水断电移位要求，对按上级要求可保留的锅炉要加强监管，确保达到《锅炉大气污染物排放标准》（GB 13271—2014）特别排放限值要求；市建设局要督导市三区在 5 月底前完成市主城区 35 蒸吨及以下燃煤锅炉淘汰工作实施方案，明确改造方式、完成时限；市发改委、市质监局要督导各地加快实施燃煤锅炉升级改造工程，推进锅炉能效普查和节能改造。

通知要求，各地、各部门，要在强力做好上述五项重点工作的同时，还要加大对环保部和省督查组在我市发现的问题的整改力度，能立行立改的要立即整改到位，短期内确实不能完成整改的也要限期整改到位并及时向上级反馈整改情况；要高度重视做好舆情监测和引导，坚决防止因环境问题引发媒体炒作；市发改委、市建设局、市公安局、市综合执法局、市农业局等要依据工作分工，加大对气代煤和电代煤、市主城区禁止露天烧烤、禁止燃放烟花爆竹、禁止垃圾和秸秆焚烧等工作的督导推进力度，确保我市大气污染防治工作科学治霾、协同治霾、铁腕治霾决心落到实处，确保 5 月空气质量得到有效改善。

55. 大气污染防治形势依然严峻

——PM~2.5~专家组对廊坊市污染形势预测分析

刊 2017.6.12《廊坊日报》2 版

1—5 月廊坊市区空气质量不如去年

2017 年 1—5 月，廊坊市区空气质量不如去年，综合指数同比上升 19.2%，优良天数比去年同期少 11 天，重污染天数 21 天，比去年同期多 9 天，六项污染物中有五项不降反升。分析原因，既有客观影响，更有主观因素。客观原因是累计发生在京津冀地区的大范围、大面积的高湿静稳天气等，主观因素为散煤清零不彻底；重污染天气工业企业停限产落实不到位，甚至违法超标排污；一些地方工作力度不大，"散乱污"企业取缔工作进展缓慢，成效不明显，部分企业仍未落实"两断三清"要求，反弹现象时有发生；建筑施工、城市道路、渣土车辆等各类扬尘建筑、拆迁工地防尘抑尘不到位，渣土车带泥上路、遗撒严重以及餐饮油烟、露天烧烤治理不到位。

夏季大气污染防治形势非常严峻，臭氧、扬尘问题突出

短期看，夏季臭氧和扬尘污染问题突出。今年夏季，京津冀及周边地区温度略高，降雨略少，偏南风多，不利于污染物扩散。6—7 月温度和太阳辐射强度都要高于 5 月，臭氧污染天气更多，扬尘污染问题更加突出。2016 年，我市臭氧日浓度超过 160 微克 / 米^3（国家二级标准）的天气共出现了 64 天，全年二分之一以上的高值出现在 6—7 月，对我市空气质量影响巨大。臭氧是一种二次生成的污染物，污染控制难度大，需要挥发性有机污染物和氮氧化物协同减排，而目前我市部分 VOCs

企业在臭氧高值预警天气未严格落实错峰生产要求，甚至个别企业存在违规生产，无组织排放严重。此外，夏季各类拆迁和建筑工地数量增加、作业周期变长，扬尘污染控制难度加大，不利于臭氧污染问题的治理。

全年目标任务压力大，需加力加码

长期看，今年是贯彻"大气十条"的终考之年，国家和省对今年各市的目标完成情况要依法进行严格考核。今年廊坊的目标是 $PM_{2.5}$ 平均浓度要控制在 62 微克 / 米^3，我们压力很大。去年 1—5 月，应该说各项指标都创了历史最好水平，今年如果我们后面的 6—10 月能达到去年同期水平的话， 1—10 月的 $PM_{2.5}$ 平均浓度就能控制在 63 微克 / 米^3，仅比目标差 1 微克 / 米^3；在这个假设的前提下，11—12 月我们的 $PM_{2.5}$ 平均浓度就要控制在 57 微克 / 米^3 以下，才能全年完成任务。而去年 11—12 月，我们的 $PM_{2.5}$ 平均浓度是 121 微克 / 米^3，可见要完成预定的目标难度非常之大，形势非常严峻。因此，6—10 月治理工作必须加力加码，力争 $PM_{2.5}$ 低于去年同期，同时"煤替代"工程要按时完工，确保 10 月底散煤清零，我市才能实现冬季重污染天气"削峰减频"，完成 $PM_{2.5}$ 年度改善目标。

当前，大气污染防治进入关键阶段，我市将对重点地区、重点企业进一步强化环境执法监管；加大各个拆迁、建筑工地和市政工程的扬尘污染治理，持续打击"小散乱污"企业；加快"煤替代"重点工程的推进，进一步采取措施，加大减排力度，努力改善空气质量。

56.战高温 控臭氧 合力攻坚保蓝天

刊 2017.6.16《廊坊日报》6 版整版

"进入 6 月，持续高温，我市正经历一场史上空前的防治臭氧污染攻坚战。市委、市政府高度关心群众健康利益，正动员全市开展以城乡'散乱污'企业治理、VOCs 排放企业污染治理、加油站污染治理、重型柴油车管控和散乱污企业群整治为重点的严控 VOCs 排放战役。全市上下，特别是市三区和市直各相关部门，目前正团结一心战高温、控臭氧，合力攻坚，彰显了担当、奉献和撸起袖子加油干的豪情壮志。"市大气办副主任李春元 6 月 15 日在市大气办例行新闻发布会上说。

断污染后路 清违法门户
广阳区向"散乱污"宣战拔霾根

"散乱污"企业清理整治工作开展以来，广阳区高度重视，采取大兵团作战方式，重拳打击，坚决做到"两断三清"，切实做到了"断污染后路、清违法门户"。

组织区直有关部门及乡镇、街道，在全区范围内开展联合执法、集中取缔行动，取得了较好的实际效果。截至目前，累计出动执法人员 15 700 人次，各类巡查、机械作业、清运车辆 5 000 余辆次，暂扣各类原料、产品 260 吨左右，各类机器设备、工具 7 500 余台件，变压器 70 余台。共完成清理整治"散乱污"企业 785 家（关停取缔 456 家、改造提升 329 家），其中包括南尖塔、万庄家具群（127 家）和南尖塔、爱民东道印刷群（57 家）两个企业集群的清理整治工作。

在清理整治期间，广阳区采取领导分包、配强队伍、积极造势、讲求方法、秉公执法、建立网格化管理机制、严格开展验收工作等多项措施，打出组合拳，随时发现，随时取缔，坚持露头就打，坚决取缔绝不手软。

同时，结合广阳区实际，将依法拆除违法建筑与重拳打击环境违法行动两项重点工作进行有机结合，做到互助并行，力求工作效率、成果最大化。在重点对南尖塔镇、万庄镇、北旺乡依法大力拆除违法建筑的同时，截至目前，共清理整顿环境违法商户98家，涉及燃用散煤的小早点摊、小食品作坊、小门窗加工点、小汽修、小电气焊修理等。

抓重点 攻难点 降指数
开发区十条治理措施硬碰硬

为尽快扭转开发区空气质量全市落后的被动局面，有效缓解当前严峻的大气污染防治形势，决定开展以"抓重点、攻难点、降指数"为核心的大气污染集中攻坚整治行动。

强化建筑工地扬尘治理，全面检查现有各建筑施工工地防尘抑尘、非道路移动机械达标排放措施落实情况；强化拆迁工地扬尘治理，实施拆除作业时，必须同时实施喷水、喷雾湿式作业，装卸渣土必须同时雾炮定点降尘；强化道路扬尘治理，实施"公交式"清扫保洁作业，加强道路洒水抑尘和机械化清扫，所有环卫作业车辆全面加装颗粒物捕集器，正常使用尾气尿素处理装置；强化村街扬尘污染，全面排查村街内道路、车辆出入道路扬尘污染源，因地制宜采取硬化、铺设草帘、洒水等控尘措施，防治扬尘污染；强化VOCs达标排放监管，持续开展工业污染源达标排放集中行动，加快VOCs减排项目升级改造；强化"散乱污"企业集中整治，对排查在册和新排查出来的散乱污企业，实行多部门联合执法，铁心铁面铁腕清理取缔，全面落实"两断三清"；强化重型货车、加油站管控，严格实行货运车辆零时通行证审批和手机APP软件申请审核制度，落实违规闯禁限行车辆的依法处罚；强化餐饮油烟治理管控，所有产生油烟的餐饮服务单位，必须安装高效油烟净化设施，并正常开始使用，稳定达标排放；实施楼顶洁净治理，各居民小区楼顶，实施每周人工冲洗或人工喷洒抑尘剂作业；强化大学城内环境整治，对大学城内全面检查清理积存的生活和建筑垃圾，规范生活和建筑垃圾归集储存，及时清运。

想得细 做得实 防得住
安次区不给"散乱污"反弹留后路

安次区引进了先河环保公司的大气网格化精准监测系统，在主城区5千米范围内布置了50余个各类传感器，可以检测大气污染6参数和VOCs浓度，根据点位的高值，对重点部位加强巡查管控，可以有效地排查出回流生产的"散乱污"企业，现系统已正常运转，已经可以进行分析研判。采购了 PGM7340 手持 VOCs 检测仪 2 台，通过人员巡查时随时发现 VOCs 浓度偏高的地区，加强排查，使超排企业和非法企业生产无所遁行，做到精准监控，现各乡镇也在积极采购此类设备，使用科技手段加强管控。

对"散乱污"企业开展"地毯式"检查，自 5 月开始，安次区对 746 家"散乱污"企业进行了一次地毯式"回头看"检查，逐家再次检查，确实发现外地搬入非法生产的、回流生产的、设备搬回的等各类问题。对这些问题发现后挂账督办，区验收组必须亲自到现场验收后才可销账。建立网格化监管，对"散乱污"企业建立专门的网格化监管，以村街社区为单位，网格员包括包村干部和村街负责人，确保责任落实到人。

下一步，安次区将采取每个月对"散乱污"企业进行抽查的方式，并且抽查比例不低于 10%，采取不打招呼，随机抽查，发现问题及时通报，确保此项工作长效保持。

市工信局
验收把关不留"活口"

为持续改善大气环境质量，按照市委、市政府统一部署，市工信局五项举措强力推进全市"散乱污"企业专项整治行动，效果明显。

健全推进机制。市"散乱污"企业整治工作推进办公室，负责全市"散乱污"企业整治工作的综合协调，掌握总体进度。推进过程中，建立了"日暗访、周通报、周调度"推进机制，采取了挂图作战的推进措施。每天派出督查暗访组，对县（市、区）重点是三区的"散乱污"治理情况进行明察暗访，发现问题及时通报，并责令地方政府限期整改。目前已明察 569 家企业，发现 185 个问题；暗访企业 101 家，发现问题 93 个。

明确工作步骤。制定调查摸底、组织实施、督导验收三步走实施步骤。要求各县（市、区）、廊坊开发区按照《廊坊市"散乱污"企业整治工作方案》，及时摸清本辖区范围内"散乱污"企业情况，确保不漏一企、不留死角。为进一步摸清底数，通过四轮摸排，全市共摸排出"散乱污"企业 10 853 家，目前广阳、安次、开发区、香河、固安、永清、霸州、文安、大城等 9 县（市、区）完成台账内"散乱污"企业的整治工作。在县级自行组织验收的基础上，市政府组成了三个市级验收督查组，启动了对各县（市、区）、廊坊开发区的验收督查。

创新整治方法。采取县级党委、政府首位责任制为基础的三级联动、综合性执

法、网格化整治的递进式、无缝隙的推进方法。实行依法综合整治工作机制。

实施多层级推进。各县（市、区）、廊坊开发区深刻认识到"散乱污"整治的紧迫性和重要性，纷纷自觉组织集中整治活动。据初步统计，全市县、乡两级组织"散乱污"集中整治活动 367 次，集中整治"散乱污"企业 6 511 家。

建立长效机制。明确要求环保、安监、国土、建设、规划、工商、发改、公安、质监、商务、水务及供电等有关部门按照各自职责，要积极参加并做好"散乱污"整治工作。

市交警支队
应急管控显战力

作为大气治理的先锋部队，廊坊公安交警部门积极采取禁行、劝返、处罚等措施，全力做好市区外围大货车通行管控工作，显现出"准、快、狠"的特点。

近端严管严控，建立长效管控机制。立足市区外围大货车整体管控需要，通盘考虑，在市区外环合理布局了 13 个卡点，招聘 300 名协勤，严格落实 24 小时勤务制度，形成了严密的管控网络。

远端提前预警，提示分流。在近端管控的基础上，与张家口高速支队联系，针对外埠过境大货车的主要途经路线，在张涿高速黄帝城收费站入口，设置了标志牌，发放宣传卡片，对驶往廊坊方向的大货车进行宣传、提示、远端分流，同时规定了绕行路线。

积极加强卡点设施装备建设。在 13 个入市卡点建设样式统一的移动警务室，配置防撞桶、反光锥桶、提示牌、太阳能警示灯等执勤装备，配备到各个卡点，增强执勤防护及劝导提示作用。

完善通行证管理措施。根据市区空气质量 24 小时数值历史分布情况，科学限定通行路段、通行时间，实行错时、分批通行，避免集中通行造成污染累加，并针对不同用途车辆，采取不同办理政策。

难点路段，重点突破。针对开发区京沪高速口流量大、难分流的管理难题，支队利用科技手段进行管控。在下高速路段和高速桥安装抓拍设备 6 路、在路口安装了禁行标志和 LED 大屏。

专项规范工程渣土车通行。针对市区重点建设项目渣土运输较为密集的特征，支队专门召集施工单位及运输企业负责人召开专题会议，强调安全、规范通行的有关要求。组织夜查小分队，于每日晚 7 时至次日早 6 时在市区巡逻，严查大货车野蛮驾驶行为。

自 2015 年初至今，大货车管控工作成效已经非常明显，原有的每日近万辆过境大货车已减少到不足 1 000 辆，查处了大货车违反限行规定行为 15 000 余起，有效净化了市区的道路通行环境和空气环境。

市环保局
执法加力再加力

为加强环境执法力度，强化大气污染防治工作，更好地解决群众关心的突出环境问题，提高执法水平，加大执法力度，严查环境违法行为，严格落实 2017 年全省环境执法工作要点。2017 年以来，廊坊市环境执法支队按照环境保护部、省环保厅、市委、市政府各项要求及环境执法工作计划开展各项工作。截至目前，共出动执法人员 29 500 余人次，执法车辆 5 086 台次，检查各类企业 13 603 家次，处罚 630 余件，处罚金额 1 860 余万元，行政拘留 22 人，刑事拘留 2 人。

2017 年上半年，市环保局环境执法支队积极开展各项强化执法行动。截至 6 月 1 日，市工信局排查整治台账数据显示，前期排查的全市台账内的 10 853 家"散乱污"企业，有 10 683 家完成整治，完成进度为 98.4%。其中关停取缔 9 195 家，占比 86.1%，整改提升 1 481 家，占比 13.8%，整合搬迁的 7 家，占比 0.1%。后期将逐步落实验收工作，并保证已关停取缔企业的彻底性，彻底实现"两断三清"，同时积极做好防止新"散乱污"企业的出现和二次排查"散乱污"企业的工作，对新排查出的企业按要求进行迅速清理和整改。

市环保局环境执法支队积极落实大气污染防治工作，组织各县（市、区）开展了大气质量改善攻坚月行动。2017 年 5 月 8—31 日，全市环境执法机构取消一切休假，全员上岗待命，累计出动执法人员 5 810 人次，检查企业 2 920 家次，发现问题 81 个，主要问题为无环评手续、厂区卫生差、原料露天堆放、治理设施运行不规范、危废存储不规范等，相关县（市、区）环保局均及时采取处理措施，要求立即整改。

严格落实"双随机、一公开"抽查制度，加强科技执法。配合省环保厅开展 2017 年共 5 次污染源（废水）远程执法抽查集中行动，共抽查污水处理厂 20 家次；按照环保部、省环保厅及市委、市政府要求，督导市本级及各县（市、区）环境执法人员安装河北移动执法 APP 并在实际执法工作中进行使用；针对环境保护部卫星遥感监测及华航遥感监测发现的疑似渗坑等环境污染问题进行重点关注，并积极响应和查处；对热点网格内企业进行重点检查，对发现的问题进行严格查处。

市环卫局
科学洒水降温控尘

自廊坊开展大气污染防治工作以来，市环卫局高度重视，根据城区道路实际，科学调整作业车辆、全力治理道路扬尘污染。每天出动 70 辆洒水车和 50 辆洗地车进行低空洒水喷雾作业；出动 15 辆雾炮车实施高空降尘作业；出动 50 辆小型路面养护车，对自行车道、便道、水箅子等进行循环冲刷。同时，出动 50 辆洗地车对市区主次干道进行全天不间断循环洗地作业。通过道路洒水、喷雾、冲洗和机械化湿扫联合作业方式，有效地抑制了道路扬尘污染，降低了空气和路面温度，达到了精准治霾、降温控尘的目标。

为有效沉降道路垂直面上空的扬尘，一定程度上降低 PM_{10} 及其他颗粒物对廊坊市空气质量的影响。市环卫局除了负责辖区范围内的湿扫、路面洒水及雾炮作业，还安排专人与专家小组就复杂气象、强化作业启动等问题对接会商。然后根据会商结果负责调度当天的路面洒水作业方案的实施，并随时根据专家小组的意见进行路面洒水方案的临时性调整。专家小组指派专人，负责每天与环卫局的指定人员进行对接，会商确定当天的洒水实施方案，并对洒水方案的实施情况进行督查，建立洒水方案实施台账，记录每天方案的实施情况。

在人口密集区，为达到"以克论净"考核标准，采取凌晨 0 点到 5 点，进行 2 次洗地作业；早 5 点到晚 11 点，洗地车循环洗地喷雾作业；早 5 点到晚 8 点，多功能道路养护车，对区域内人行便道和自行车道进行循环冲洗作业；早 5 点到晚 11 点，主干道洒水车和次干道洒水车进行循环洒水作业；雾炮车 24 小时全天候雾炮作业的作业方式。

如遇到臭氧高值、浮尘、大风、沙尘暴、高湿静稳天气、秋季雾天、降雨等特殊天气，经专家组与市环卫局会商后对作业情况进行调整。浮尘、大风、沙尘暴等特殊恶劣天气，或者连续的高温、低湿气象条件导致臭氧浓度攀升，则启动路面洒水、湿扫及雾炮作业强化措施。

市综合执法局
持续攻坚创佳绩

自 6 月 8 日起，市综合执法局每天坚持开展夜间市容环境综合整治行动，对市区露天烧烤、店外摆桌、占道经营及违规渣土运输等违法行为进行大规模、强力度地集中清理整治。

整治行动由局领导班子亲自带队，广阳分局和安次分局共 18 个网格联合公安局公交治安支队统一行动。平均每晚出动执法人员 160 余名，警力 10 余名，执法车辆 40 台，警车两台，对市区主次干道、主要节点、背街里巷进行巡查清理。同时，联合交警支队加大对渣土运输车辆的管控。

执法过程中，执法人员坚持以教育为主、处罚为辅的原则，做到执法必严的同时塑造文明执法的形象。截至 6 月 14 日，集中行动共清理流动烧烤摊点 25 个、清理店外摆桌 139 余处，清理占道经营摊点 70 余处，并责令北昌市场内 30 余个铁板烧摊点停业，暂扣桌子 359 张、椅子 853 把、个人烧烤小烤箱 2 个、家庭野外烧烤炉具 5 个、占道经营车辆 13 辆，电子秤 1 台，箱包若干。暂扣苫盖不严的渣土运输车 2 辆、不规范渣土运输小金刚 4 辆。

自 3 月成立渣土围挡网格以来，广阳、安次渣土围挡网格组织所有执法人员对市区项目工地进行 24 小时巡查监管，多次组织夜间集中巡查行动。累计共检查土方工地 520 个，出动执法车辆 360 台次，立案处罚 16 个违规项目，处罚金额合计 16.5 万元整，暂扣违规车辆 54 辆。

通过治理，市区夜间露天烧烤、店外摆桌现象得到明显遏制，违法经营的露天烧烤摊点、店外经营现象基本杜绝；不符合规定上路的渣土运输车辆得到严格管控，市容环境秩序明显改观。

57. 蓝天需要大家呵护　治霾期待共同行动

——市大气办大气污染防治工作新闻发布会采风

刊 2017.8.2《廊坊日报》1 版

　　"谁都不愿得病，治霾必先减排，减排就可能触及一些个人利益和带来不便。这种情况下，共同的利益会把大家连到一起，形成共同控污治霾的力量。" 7 月 31 日上午，在市大气办就我市今年上半年大气污染防治工作召开的新闻发布会上，市大气办副主任李春元讲的开场白，首先赢得媒体记者同感。市国资委、市建设局、市工信局、市大气办、市发改委、市公安局、市环保局、PM$_{2.5}$ 专家组等单位参加会议，与会人员围绕市民关心的治霾细节问题分别解答。

去产能、治理"散乱污"——减污控霾成效明显深得民心

　　今年以来，在省委、省政府的正确领导下，市委、市政府坚持把钢铁去产能工作作为重大政治任务，强化担当，积极作为，以霸州市的钢铁企业为试点，积极探索"市场化去产能"新路径。在此过程中，注重认真研究落实好再就业、社会保障等各项政策，处置好企业资产债务，保持社会稳定，全力打好钢铁去产能攻坚战。霸州市新利钢铁有限公司已于 4 月 26 日提前 8 个月实现停炉停产，妥善安置职工6 872 名。前进钢厂已经完成清产核资，相关退出工作正在有序推进。霸州加快去产能、增动能的生动实践，正是廊坊市加速推进产业转型升级，走绿色发展之路的缩影。

　　一方面转型置换域内高耗能、高污染产业，全力扶持和推进战略性新兴产业；另一方面狠抓环境污染治理和生态修复，一个经济结构渐趋合理、生态环境日益优

化的绿美文明新城正在实现蜕变。

新闻发布会上，市工信局负责人通报了我市治理"散乱污"的成果。该负责人表示，"散乱污"企业整治是市委、市政府强力推进大气污染治理的一项重大行动。为强力推进大气污染治理，市委、市政府从今年2月启动了"散乱污"企业的集中整治，目前包括调查摸底、组织实施、整体推动、总结提高等四个阶段的整治基本结束，全市共排查出12 003家"散乱污"企业，占全省总量的15.6%，其中关停取缔10 347家，占比86.2%；整改提升1 649家，占比13.7%；整合搬迁7家，占比0.1%。

"散乱污"企业的集中整治工作，主要从六个方面积极推进。第一，坚持讲政治顾大局、高起点高站位推进。将"散乱污"企业整治与服从和服务于雄安新区、首都新机场、北京副中心建设等国家重大工程的绿色协调发展相结合，与服从和服务于全市转型升级相结合，并与脏坑治理、污水治理、空气治理、垃圾整治、燃煤锅炉改造等统筹推进。第二，在"散乱污"企业整治工作过程中，坚持依法依规。市政府专门成立了廊坊市推进办公室（以下简称"市推进办"），负责全市整治工作的综合协调；其他环保、工信、安监、国土、工商、公安、水务及供电等部门协同合力推进。第三，坚持精细化治理，市政府专门召开了工作调度会和四次动员部署，下发了《廊坊市违法违规"散乱污"企业整治工作方案》，明确了县级党委、政府为整治工作的第一责任主体、各级党政班子成员层层分包的责任制，建立了"日暗访、周通报、周调度"的推进机制。第四，确定了"关停取缔、整合搬迁、整改提升"等三种方式分类施策加以整治，疏堵结合进行推进。第五，坚持高标准治理，对市主城三区"散乱污"企业整治实行动态化监督管理，渐进深度推进各县（市、区）和廊坊开发区的整治验收工作。第六，坚持标本兼治，着眼长控远防，加强了"散乱污"企业整理的规范化和制度化建设，建立健全了长效化管控的十项机制。

城区洒水目的是控尘、降温——减轻臭氧污染 市民人人受益

新闻发布会上，市环卫局相关负责人针对市民关心的环卫洒水、降尘防霾工作做出相应解答。$PM_{2.5}$小组专家解释了雾炮车和普通洒水车的区别，表示城区洒水目的是控尘、降温，从而减轻臭氧污染，维护人民身体健康。

该负责人表示，为节约水资源，降低洒水频次，为城市可持续发展，为子孙后代造福，市环卫局做了相应的举措。例如，错时作业、重点核心区域作业等方式方法开展工作，有效地提升了工作效率，圆满完成防尘降霾工作任务。为有效降低道路垂直面上空的扬尘，一定程度上降低PM_{10}及其他颗粒物对我市空气质量的影响。

根据近两年温度、湿度、PM$_{10}$浓度、风级和降雨量等变化趋势，结合廊坊的气候特征、上下班高峰时段交通情况，针对各不同季节廊坊气象特征及主次路段实时状况，制定了路面湿扫、洒水及雾炮作业方案，以控制扬尘污染情况。

关于洒水和雾炮作业，PM$_{2.5}$专家表示通过对地面蒸发量和各项污染物的数据检测，对洒水作业提出了更加科学性的作业方式。我市目前的雾炮车和普通洒水车喷出的水流相比，这种水雾颗粒极为细小，达到微米级别，它的吸附力也增加了3倍以上，但耗水量却降低了70%以上，可以有效地抑制颗粒物和其他污染物，达到清洁空气的效果。洒水车主要作业方式为对高排放车辆聚集区和易造成交通拥堵的区域进行优先洒水作业，可以有效地抑制臭氧前体物NO$_2$和挥发性有机物的排放，从而抑制O$_3$的快速生成，另外洒水车和湿扫车会优先对拆迁及建筑工地的出入口进行作业，可以对道路扬尘主要为PM$_{10}$起到很好的抑制作用。

城乡统一实施"气（电）代煤"——家里干干净净 空气质量会更好

对于有市民对"气（电）代煤"的不理解，市建设局负责人表示，我市按照国家的统一部署，把"气代煤"工程作为惠及百姓的民生工程和深入推进"科学治霾、协同治霾、铁腕治霾"的重要抓手，健全推进机制，强化保障措施，有效督导落实。涉及全市2 110个村街654 750户的"气代煤"工程稳步推进。截至目前，已铺设高、中压管网2 603千米，低压管网15 835千米，安装燃气表531 584块、壁挂炉364 294台，"气代煤"工作取得阶段性进展。

2017年年初，廊坊就定下了严格且艰巨的目标任务：完成市区建成区35蒸吨及以下燃煤锅炉和全市10蒸吨及以下燃煤锅炉"清零"，完成农村地区70余万户"气代煤""电代煤"工程，实现全市域散煤"清零"，稳定退出全国"倒排前十"。目前，各项工作目标任务均已完成过半。

"市委市政府主要领导雷打不动地每周现场调度、日常工作随时调度，实打实、硬碰硬的环保措施，一直部署到乡镇、村街。"市环保局党组副书记、市大气办副主任李春元说。据了解，2016年廊坊市空气质量退出全国后10名，PM$_{2.5}$平均浓度同比下降22.4%，降幅居京津冀首位。今年上半年，全市空气质量依然保持着退出全国74个重点城市倒排前10的佳绩。"以前冬天取暖家里烧大同的块煤，烟气多，呛得人喘不过气来，还不怎么暖和。今年咱终于能用上天然气了！"大厂回族自治县陈府镇王唐庄村村民王德本说，他家110平方米的住房最近刚刚进行了"气代煤"改造，安装了1台燃气采暖炉，一分钱没花，全来自政府补贴。"家里干干净净，真舒服。"

146

京津冀车辆限号同步走——用一时的不便换取一生的健康

在采访中，占绝大多数的被采访者认为目前车辆太多是造成大气污染的一个重要原因。对于如何改善交通状况和大气污染的状况，多数受访者认为，车辆限号出行是解决目前污染比较有效的措施。

"在某种程度来说，采用单双号牌的方式来防治污染，的确能够影响有害物的排放。"市民张女士说，车辆尾气的排放成为影响大气环境质量、威胁群众健康的"元凶"之一，因此，进一步加大机动车污染防治力度意义重大。

"单双号限行是一个很复杂的问题，廊坊目前主要在重大活动和极端天气情况中启动单双号限行，相关部门也正在积极研究极端天气的规律，看效果如何，还会再做进一步的研究。"李春元说。

虽然限号会一定程度上造成市民的出行不便，但是我们采取了更为有效、更为便民的公交车免费政策，提倡广大市民优先选择公交出行。这不仅是解决城市道路拥堵、保障城市交通系统健康发展的有效途径，更是减少私家车辆的使用，降低汽车尾气排放量，改善城市大气环境的一项重要举措。因此，在2015年市委、市政府研究决定，在全市重大活动和重污染天气预警期间，在市区开始实行公交免费乘坐，并在2016年市区供热管网施工至今全面实行公交免费乘坐，成为全省第一个实行公交车免费乘坐的城市。

据测算，从2015年实行公交免费乘坐以来，选择公交出行的市民明显增多，客流明显增长，日输送乘客从22万人增加到31万人次，城市公交出行分担率从15.7%增加到21.6%，对实现市委、市政府倡导的绿色低碳出行，降低大气污染物排放，全面改善城市大气环境质量发挥了积极作用。公交免费乘坐受到广大市民的一致拥护，也成为展示我市良好形象的一张名片。

治霾专家天天在一线指导——廊坊科学治霾备受社会好评

针对当前严峻的污染形势，我市制定了一系列的管控措施，包括VOCs企业的错峰、散乱污的取缔、臭氧综合治理、加大高排放车辆管控、制定科学洒水雾炮作业方式等。

$PM_{2.5}$专家组坚持科学的思维方式，采取科学的工作方法，坚定不移地走科学治霾之路。

6月以来，我市处于高湿、高温静稳的不利气象条件下，扩散能力较差，遭受夏季雾霾影响。夏季雾霾的成因主要为$PM_{2.5}$和O_3，由于光化学反应较强，造成大

量的二次粒子生成。夏季雾霾中包括光化学烟雾的影响，主要来自氮氧化物和挥发性有机污染物在紫外光照射下发生的化学反应，光化学烟雾最终生成大量的臭氧，增加了大气的氧化性，这导致大气中的 SO_2、NO_2、VOCs 被氧化并逐渐凝结成颗粒物，从而增加了 $PM_{2.5}$ 的浓度。也就是光化学烟雾既是雾霾的来源之一，这也加剧了雾霾的危害，相比秋冬季节，夏季雾霾对肺部的伤害会更严重，主要是因为夏季少风且气温高，空气污染不易消散，造成持续污染，容易滋生细菌，与空气中的小颗粒物黏附并传播。

面对复杂的环境以及严峻的形势，$PM_{2.5}$ 专家组通过每日的气象扩散条件和每小时的六项污染物的分析，结合科学的监测手段，包括无人机监测、传感器监测、移动式监测车等方式，并结合现场污染源调研人员的巡查情况，对污染源进行追踪与排查，再通过大数据分析平台分析后提出具体管控决策建议。

58. 禁止在主城区露天焚烧祭祀用品

刊 2017.9.1《廊坊日报》2 版

为建设文明城市，净化城市大气环境，倡导文明祭祀新风，市民政局、市工商局、市综合执法局、市公安局、市建设局、市环保局，根据《中华人民共和国环境保护法》《中华人民共和国大气污染防治法》《中华人民共和国治安管理处罚法》《殡葬管理条例》等法律法规的规定，联合制定了《廊坊市主城区禁止露天焚烧祭祀用品实施办法》并决定在清明节、中元节、寒衣节、春节期间在市主城区开展禁止生产、销售、焚烧祭祀用品专项行动，现就主城区禁止露天焚烧祭祀用品有关事项公告如下：

一、禁止生产制造、运输、经营、销售锡箔、冥钞、纸钱、纸扎实物及其他封建迷信殡葬祭祀用品。禁止在主城区内露天焚烧锡箔、冥钞、纸钱、纸扎实物及其他封建迷信殡葬祭祀用品。

二、禁烧具体范围为：北至北凤道外 1 千米，西至西昌路，南至南龙道，东至东安路以内区域及廊坊开发区辖区范围。

三、对市主城区道路两侧、广场、公园、绿地等公共场所露天焚烧祭祀用品的行为，由综合执法部门负责进行劝导和管理，对拒不改正的，责令改正，并可以处 500 元以上 2 000 元以下的罚款。对阻碍国家机关工作人员依法执行公务和拒不服从工作人员劝导，构成违反治安管理处罚法行为的，由公安部门依法予以治安管理处罚；构成犯罪的，依法追究刑事责任。

四、对于违法生产、经营、销售祭祀用品的由民政、工商、公安等部门依法进行查处。

59. 首轮重污染天气应对有效 整改问题持续攻坚

刊 2017.11.10 《廊坊日报》4 版

11 月 3 日中午 12 时至 8 日零时，我市启动 2017 年秋冬季首次重污染天气应急响应。应急响应结束后，市大气办、市双联办、PM$_{2.5}$专家组对此次应急响应工作共同分析研究，总结经验查找问题，为迎战下一次重污染应急响应提供借鉴。

一、减排效果分析

2017 年 11 月 4—7 日，廊坊市出现了秋冬季首次重污染天气过程。我市在 11 月 3 日 12 时提前发布重污染天气橙色预警，及时启动二级应急减排措施。从区域空气质量对比看，我市 PM$_{2.5}$增长速度较低、污染累积强度较弱，仅有 2 小时出现重度污染，少于北京、天津、保定、唐山、沧州等周边城市，AQI 峰值浓度达 202，为区域城市中最低。这一结果再次印证提前采取应急管控措施是重污染应急取得成效的关键，提前 1 ～ 2 天采取应急减排措施，在污染累积之前把排放强度降下去，能够更好地降低 PM$_{2.5}$峰值浓度，实现污染削峰降级的效果。

从 PM$_{2.5}$来源解析看，11 月 4—7 日扬尘源占比由 12% 下降至 5%，生物质燃烧源占比由 10% 下降至 4%，工业工艺由 15% 下降至 12%，以上三项说明扬尘污染、生物质燃烧污染、工业排放污染控制效果明显；燃煤源稳定在 15% 左右，随着入冬采暖增加但此项占比贡献没有上升，说明燃煤污染控制效果明显；机动车尾气占比由 16% 上升至 30%，主要是由于其他污染源减排作用明显而机动车尾气减排措施少，"此消彼长"导致占比大幅上升。

从应急减排效果评估看，11 月 3 日 12 时提前启动空气重污染橙色预警，11 月 8 日 0 时待污染彻底清除之后才解除预警，使得应急减排对污染削峰降级取得了较好的效果。与模型预测值相比，$PM_{2.5}$ 平均浓度下降 15% ～ 25%，$PM_{2.5}$ 峰值浓度下降 35% ～ 40%；4 日由轻度污染降为良，5 日由中度污染降低为轻度，6 日、7 日由重度污染降低为轻度。本次应急减排工作极大地减缓今年秋冬季首轮重污染对我市空气质量的不利影响。

二、进一步持续攻坚

2017 年秋冬季首轮重污染天气应急响应，各地各部门付出了很大努力，取得了良好效果，但还存在着可以进一步提升的空间。下阶段一方面在本轮提前预警并启动应急响应获得良好"削峰降级"效果的基础上，进一步完善重污染天气监测、预报、会商、预警机制，使预警信息的发布和应急响应的启动更提早、更准确，更加精准有效地实现缩短重污染时间、降低重污染程度的目标。另一方面应急响应期间，仍有个别工业企业和工地未按规定采取停限产和停工措施，未严格落实重污染天气应急减排要求。各地、各部门要更进一步落实责任，细化工作，严格执行驻厂（场）员制度，加强对工业企业和工地的培训，督促企业完善"一厂一策"方案，保障减排措施实施到位。

60. 坚决打赢秋冬季大气污染治理攻坚战

——市大气办解读《廊坊市 2017—2018 年秋冬季大气污染综合治理攻坚行动方案》

刊 2017.9.29《廊坊日报》3 版整版

　　为贯彻落实环保部京津冀及周边地区"2＋26"城市和河北省 2017—2018 年秋冬季大气污染综合治理攻坚行动方案，切实做好我市秋冬季大气污染防治工作，加快改善环境空气质量，日前我市出台了《廊坊市 2017—2018 年秋冬季大气污染综合治理攻坚行动方案》。自我加压，进一步强化科学治霾、协同治霾、铁腕治霾，采取强有力措施控制污染物排放总量、有效降低排放强度、减少重污染天气发生的频次和程度，坚决打好秋冬季蓝天保卫战是全市落实方案的目的和目标。就此项攻坚工作，本报记者日前专访市大气办有关领导，对方案进行了解读。

中央和省决策部署打好蓝天保卫战

　　记者：秋冬季攻坚方案是怎么出台的？

　　市大气办：做好京津冀及周边地区大气污染防治工作是党中央、国务院部署的一项重大政治任务，习近平总书记多次作出重要指示批示，李克强总理在今年《政府工作报告》中强调打好蓝天保卫战，张高丽副总理出席京津冀及周边地区大气污染防治协作小组第十次会议，对秋冬季大气污染综合治理攻坚行动进行部署。各地区各部门认真贯彻落实协作小组第十次会议精神，相关工作取得了新进展。为切实解决大气污染强化督查中发现的问题，全面实现京津冀及周边地区环境空气质量改善目标，8 月 31 日，环境保护部在北京召开座谈会，贯彻落实《京津冀及周边地区 2017—2018 年秋冬季大气污染综合治理攻坚行动方案》及 6 个配套方案，环境保护部部长李干杰出席会议并讲话。他强调，各地区各部门要提高政治站位，狠抓贯彻落实，坚决打好秋冬季大气污染综合治理攻坚战。环境保护部网站也挂出了《京津冀及周边地区 2017—2018 年秋冬季大气污染综合治理攻坚行动方案》的 6 个配套方案中的 4 个，涉及强化督查、巡查、量化问责和信息公开。

督查内容主要包括"散乱污"企业及集群综合整治情况，小锅炉淘汰、改造情况，清洁取暖及燃煤替代，工业类治理项目，重污染天气应急措施落实情况，其他督查内容等 13 项。根据《巡查方案》，环境保护部自 2017 年 9 月 15 日至 2018 年 1 月 4 日，派出 102 个巡查工作组进驻京津冀大气污染传输通道的"2 + 26"所有城市及所属县（市、区），开展为期 4 个月的日常化巡查工作。

9 月 11 日，为响应中央号召，切实做好我省 2017—2018 年秋冬季（2017 年 10 月—2018 年 3 月）大气污染防治工作，加快改善环境空气质量，坚决打好"蓝天保卫战"，河北省人民政府印发《河北省 2017—2018 年秋冬季大气污染综合治理攻坚行动方案》。

坚决打赢蓝天保卫战

记者：廊坊市委、市政府的决心是什么？

市大气办：廊坊市是京津冀大气污染防治"1 + 2"核心城市，责任重大，市委、市政府始终把大气污染防治作为重中之重，不断自我加压，强力落实省"1 + 18"方案。尤其是面对秋冬季扩散条件较差的不利局面，我市大气污染防治工作面临前所未有的严峻考验，进一步强化科学治霾、协同治霾、铁腕治霾，采取强有力措施控制污染物排放总量、有效降低排放强度、减少重污染天气发生的频次和程度，坚决打好秋冬季"蓝天保卫战"，为我市持续退出倒排"前十"持续加力。

今年以来，我市强力推进全市域散煤"清零"。将气代煤、电代煤作为核心任务，禁煤区内和禁煤区外合计 73.2 万户同步推进。强力推进"散乱污"企业治理。目前全市排查出的 12 003 家"散乱污"企业已全部完成整治，对保留的企业全部安装在线监测或监控设备。强力推进钢铁去产能。我市提前实现了"保 1 争 2"的目标，年减少二氧化硫、氮氧化物排放 6 500 多吨，日减少重卡运输车辆 3 000 多辆次。强力推进扬尘烟气管控，严控重型柴油车进城，国Ⅰ、国Ⅱ车从 9 月 1 日起禁止进入主城区；继续实施公交车免费乘坐。加快我市省重点 VOCs 企业治理进度，确保 2017 年 10 月底前完成省定任务。强力推进露天矿山整治。按要求，我市 10 月底前完成三河市东部矿区 52 处责任主体灭失露天矿山生态修复。目前，已有 22 个责任主体灭失矿山完成治理。30 个责任主体灭失矿山，现正在加紧施工，确保

2017 年 10 月底完成治理任务。强力推进机动车强制报废和新能源车推广。2017 年我市机动车报废年任务数为 4 231 辆，截至目前已完成 3 971 辆，完成率 93.85%。

《京津冀及周边地区 2017—2018 年秋冬季大气污染综合治理攻坚行动方案》发布后，市委常委会、市政府常务会第一时间进行专题研究部署，对涉及我市的 32 项工作任务逐项确定分管市领导和责任部门。结合省印发的《河北省 2017—2018 年秋冬季大气污染综合治理攻坚行动方案》和我市秋冬季污染特征，从实际出发，制定了我市更细化、更强力的秋冬季攻坚方案，成立联防联控指挥部，统一指挥、统一调度、协调联动市域内大气污染防治工作；进一步发挥专家引路、精准治霾作用，利用大数据、网格微站等手段，第一时间查找治理污染源；建立约谈机制，对工作不落实、工作不力的市直部门、县（市、区）、乡镇街道，一竿子插到底，分层次约谈问责；市委书记、市长继续坚持每周调度、随时过问，全力抓好秋冬季大气污染综合治理攻坚行动各项措施的落实。

攻坚克难　任务艰巨

记者：我市的攻坚任务是什么？

市大气办：重点攻坚任务共有八项：

一、全力推进"禁煤区"和冬季清洁取暖试点城市建设

全面完成电代煤、气代煤任务。2017 年 10 月底前，各县（市、区）完成禁煤区内外电代煤、气代煤 73.2 万户，加快推进冬季调峰储气设施建设，全力保障气源供应。严禁各类散煤销售。全市域取消煤炭销售网点，严禁散煤通过各种渠道流入。加强集中用煤单位煤质监督管理。对火电企业和符合规定的集中供热企业、大型燃煤工业锅炉使用企业，严格落实煤质报检制度，建立用煤台账，确保使用煤炭质量符合我省《工业和民用燃料煤》（DB13/2081—2014）地方标准。实施煤炭运输通行证管理，重污染天气期间实施错峰运输，无证运煤车辆一律不得进入廊坊市域，严格控制煤炭消费量。完成 2017 年省下达的煤炭压减任务。压减的煤炭消费量要实施清单式管理，做到可核查、可统计。自《大气十条》实施以来，未按要求实现煤炭消费等量或减量替代的新建扩建涉煤项目，采暖季实施停产。

二、全力推进燃煤锅炉治理

完善燃煤锅炉台账管理制度。确保完成燃煤小锅炉"清零"任务。严格燃煤锅炉淘汰标准。实施燃气燃煤锅炉（设施）提标改造。2017 年 10 月 1 日起，保留的燃煤锅炉（含生物质锅炉）全面执行大气污染物特别排放限值，未达到超低排放的燃煤发电机组（含自备电厂）、达不到特别排放限值的燃煤锅炉，依法停产改造。

达到特别排放限值环保设施的基本配置，包括布袋除尘器或静电除尘器、高效脱硫装置、选择性催化还原（SCR）或选择性非催化还原（SNCR）等脱硝装置。全面安装大气污染源自动监控设施，并与环保部门联网，同时安装分布式控制系统（DCS系统），实时监控污染物排放情况。

三、全力推进"散乱污"企业及集群综合整治

加快分类处置"散乱污"企业。对"散乱污"企业，按照"先停后治"原则，分类区别处置，2017年9月底前，全面完成集中整治任务。统筹开展"散乱污"企业集群综合整治。列入淘汰取缔的"散乱污"企业，2017年9月底前依法依规取缔；列入升级改造的，按照可持续发展和清洁生产要求，对污染治理设施全面提升改造，达到环保要求；对列入环境整治或尚未完成提升改造的，本着"先停后治"的原则，必须立即停产整治，未通过当地政府组织验收的，一律不得生产。

四、全力加强工业企业无组织排放管理

全面排查无组织排放情况。组织开展工业企业无组织排放状况摸底排查，要求企业及时准确上报存在无组织排放的节点、位置、排放污染物种类、拟采取的治污措施等，对企业上报情况进行核查，2017年9月底前建立无组织排放改造全口径清单。加强无组织排放治理改造。未落实无组织排放控制要求的企业，按照无治污设施非法排污，依法予以处罚，实施停产整治，纳入各地冬季错峰生产方案。

五、全力开展重点行业综合治理

推进国控、省控重点污染源全面达标排放。钢铁行业2017年9月1日，石化、铝工业（不含氧化铝）、水泥等行业2017年11月1日起执行国家大气污染物特别排放限值，地方排放标准严于国家特别排放限值的，按从严标准执行。充分利用超标（异常）数据处理平台，实现对环境违法"精准"打击，促进守法常态。对超标排放企业实施即超即罚，立行立改或停产整治；停产整治仍不能达标排放的，依法由政府责令停业、关闭。

完成重点领域VOCs治理任务。加快重点行业排污许可证核发。坚决落实企业持证排污制度。2017年12月底前，完成铜铅锌冶炼、石化、农药、原料药制造等行业排污许可证核发工作。把企业持证排污纳入执法检查的重要内容，对未依法取得排污许可证排放污染物的，依法依规予以处罚；对不按证排污的，依法实施停产整治，拒不改正的按日计罚。

六、全力管控移动源污染排放

严格货运车辆管理。按照国家、省要求建立对柴油车等高排放货运车辆的全天候、全方位管控网，确保公路货运车辆达标排放，倒逼企业加快提高铁路货运比例，

形成绿色物流。强化工程机械污染防治。加快划定并公布禁止使用高排放非道路移动机械的区域。全市域禁止使用冒黑烟高排放工程机械（如挖掘机、装载机、平地机、铺路机、压路机、叉车等）。加快淘汰高排放的工程机械、农业机械等车辆设备，禁止使用冒黑烟作业机械。以施工工地为重点，每周进行巡查和不定期检查，对违法行为依法实施定格处罚，并对业主单位依法实施按日计罚。

七、全力防控面源污染

严格控制秸秆露天焚烧。全面提高秸秆综合利用率，强化地方政府，特别是县、乡两级政府禁烧主体责任，落实网格化监管制度。全面加强扬尘控制管理。强化工程现场管理，2017年9月底前，各类工地全部做到"七个百分之百"。强力推进露天矿山综合整治。2017年9月底前，完成三河市52处责任主体灭失露天矿山迹地的修复绿化，减尘抑尘。

八、全力建设完善空气质量监测网络体系

加快县（市、区）监测网络建设。2017年10月底前，完成8个县（市）环境空气质量监测事权上收移交，以及三河市、大厂县、香河县、安次区、永清县、固安县、霸州市、文安县、大城县等9个县（市、区）增设13个省控监测点位的相关工作；2017年12月底前，完成全市90个乡镇小型空气站布设。

加强监测数据质量管理。按照环境保护部和省环保厅要求，严厉打击监测数据弄虚作假，保证环境监测数据的公正性和权威性。一经发现数据弄虚作假的，依法严肃追究相关人员的刑事责任。

形势严峻　自我加压

记者：我市面临的考验是什么？

市大气办：秋冬季是重污染天气易发频发季节，也是重点攻坚的关键时期。2017年1—8月，全市PM$_{2.5}$平均浓度为64微克/米^3，同比不降反升14.29%，要达到国家和省下达的年均浓度62微克/米^{3}的目标，今年9—12月，我市PM$_{2.5}$浓度同比需要下降31.8%，完成年度任务十分艰巨。同时，按照国家和省确定的秋冬季（2017年10月—2018年3月）大气污染防治考核目标，我市PM$_{2.5}$浓度须同比下降18%以上，重污染天数下降15%以上，面对秋冬季扩散条件较差的不利局面，我市大气污染防治工作面临前所未有的严峻考验。作为京津冀区域大气污染防治"1+2"核心城市，我们必须站在维护人民群众身心健康和讲政治讲大局的高度，咬定目标不放松，主动自我加压，进一步强化科学治霾、协同治霾、铁腕治霾，采取强有力措施控制污染物排放总量、有效降低排放强度、减少重污染天气发生的频次和程度，坚决打好秋冬季"蓝天保卫战"。

针对秋冬季的污染特征，我市坚持问题导向，瞄准短板弱项，突出重点领域和重点时段，层层压实责任，确保工作落实。一是强化秋季治本，加快推进综合治理工程进度，坚决按照时间节点和治理标准，完成"电代煤、气代煤"改造、燃煤锅炉整治、散乱污企业及集群综合整治、重点领域 VOCs 治理、机动车尾气治理、扬尘综合整治等目标任务。二是强化冬季管控，对钢铁、建材等大气污染重点行业实施差异化错峰生产，大宗原材料及产品实施错峰运输；全面加强扬尘控制管理等措施，有效降低污染物排放强度，切实做好城乡区域协同治理、联防联控。三是强化责任落实，严肃追责问责。争取全面完成国家、省下达的大气污染治理目标和任务。2017 年 10 月至 2018 年 3 月期间，市主城区 $PM_{2.5}$ 浓度同比下降 18% 以上，达到 78.7 微克／米^3，重污染天数下降 15% 以上，减少 5 天以上。各县（市）都要在完成市下达年度目标任务的基础上，2017 年 10 月至 2018 年 3 月期间，$PM_{2.5}$ 浓度同比下降 18% 以上，重污染天数下降 15% 以上。

强化监督　确保实效

记者：我市的保障措施是什么？

市大气办：为全面完成国家、省下达的大气污染治理目标和任务，我市严格落实冬季应急管控措施。坚决巩固综合治理成果。严格防止散煤复烧。杜绝工业源污染反弹。聚焦环境质量改善，加大巡查力度，重点排查排污许可制度执行情况、自动监控数据失真情况、环保设施完善及运行情况、工业企业排放超标情况。集中精干力量，组织工作专班，在采暖期对重点排放企业实行驻厂员制度，加强监管。特别针对已经取缔关停的"散乱污"企业和企业集群、燃煤锅炉，开展"回头看"，坚决杜绝死灰复燃，非法生产；对重点行业深度治理、重点领域挥发性有机物治理工程，强化监督，确保实效。

坚决做好车辆油品管控。严厉查处货车超标排放行为。加强车用油品监督管理。2017 年 9 月 1 日起，我市禁止销售普通柴油和低于国Ⅵ标准的车用汽柴油。坚决强化扬尘污染防控。严格控制建筑扬尘污染。禁限烟花爆竹燃放。

坚决落实工业企业错峰生产与运输。钢铁铸造行业实施部分错峰生产。建材行业全面实施错峰生产。大宗物料实施错峰运输。妥善应对重污染天气。修编重污染天气应急预案。统一预警分级标准。统一各预警级别减排措施和区域应急联动。将区域应急联动措施纳入应急预案，积极完善应急联动机制，建立快速有效的运行模式，保障启动区域应急联动时各县（市、区）及时响应、有效应对。

61. 露天焚烧祭品危害环境危害健康

——千人计划 $PM_{2.5}$ 特别防治小组常务秘书长胡海鸽就露天焚烧祭品的危害答记者问

刊 2017.11.16《廊坊日报》5 版

又到了一年一度的寒衣节，在这追忆故人、寄托哀思的时节，市民往往选择在晚上到街头路边烧纸钱冥币，祭奠过世亲人。其实，露天焚烧祭品对环境和人体健康都非常有害。那么，露天焚烧祭品对环境和人体健康到底有哪些危害？记者就此问题采访了千人计划 $PM_{2.5}$ 特别防治小组常务秘书长胡海鸽。

记者：露天焚烧祭品会产生哪些污染物？对大气造成哪些污染？

胡海鸽：从大气环境危害看，纸钱焚烧属于无组织低空面源污染。祭拜用纸钱含有纸浆、油墨、金箔及铅等金属成分，焚烧时会直排大量颗粒物，一氧化碳、氮氧化物、苯、甲苯、多环芳烃等挥发性有机物，这些无组织排放出的固态和气态污染物会直接污染大气环境。

其次，由于祭扫期间市民使用明火，若残火未完全熄灭，随风飘至可燃物上易酿成火灾。此外，当街烧纸不但会留下大量灰烬和垃圾，增加环卫工人的工作量，同时还会缩短道路使用寿命。据了解，由于部分市民随意在地面烧纸，致使每年都有因高温炙烤而"毁容"的地面彩釉和沥青道路。

记者：露天焚烧祭品所产生的污染物如果达到一定浓度，会对人体健康产生哪些危害？

胡海鸽：其实，街头路边烧纸的害处有很多。首先，烧纸时会直排大量颗粒物，产生二氧化硫、氮氧化物、多环芳烃等有毒物质，严重危害人体健康。同时，烧纸过程中产生大量烟雾不易扩散，易造成短时间内局部空气污染物浓度过高，致使主城区空气质量受到影响。并且附着有许多有毒物质的$PM_{2.5}$可进入人的肺部，增加人们患呼吸道感染、哮喘及其他呼吸道疾病的概率。

针对不利天气情况，各部门主管领导要亲临一线、亲自监督，确保各项工作落到实处。同时，积极同$PM_{2.5}$防治专家组进行沟通，确保各项措施精准科学。

记者：联防联控为何势在必行？

胡海鸽：研究表明，$PM_{2.5}$既有一次排放，也有很大一部分是二次污染，其中的有机物、硫酸盐、硝酸盐和铵盐主要来源于气态污染物的化学转化，其特性之一就是通过大气环流从一个地方传输到另一个地方，导致区域性污染。在区域和局地风场的作用下，各地排放污染物相互输送、回流混合，这时候各地的重污染往往是本地排放与外地传输叠加的结果。在秋冬季经常出现多个城市同时发生重污染天气的情况，整个区域都被污染团覆盖，所以，区域联防联控势在必行。

同时，我们也应该意识到，污染产生不是一时一日，污染治理也难一蹴而就。大气污染防治任务还很艰巨，要彻底改善环境空气质量，必须坚持不懈扎实推进污染物减排工作。我们既要对区域联防联控应对重污染天气有信心，也要对大气污染治理的长期过程有耐心。只要大家齐心协力、全社会共同减排，重污染天气就会越来越少，环境空气质量就会越来越好。

62. 今冬第三轮污染马上来临

——市大气办、市双联办紧急通报污染形势和亟待解决的问题

刊 2017.11.25《廊坊日报》1 版

省环保厅 11 月 24 日发布重污染天气预警，通报我市未来几天将出现重污染天气过程。市环保局、市气象局和环境保护部驻市专家、$PM_{2.5}$ 小组专家进行紧急会商，预测 11 月 25 日开始，我市受系统性西南风和区域性逆温影响，扩散条件不利，将出现秋冬季第三轮重污染过程，可能连续 3 天出现重污染天气过程。经市政府批准，我市将于 11 月 25 日 12 时发布重污染天气橙色预警，并启动 II 级应急响应，预警解除时间另行通知。市大气办对本次重污染天气应急响应工作进行了安排部署，市双联办将对各地各部门落实应急响应措施情况进行督导巡查。

一、本轮污染过程防控形势严峻

本次污染过程持续时间长、污染峰值高，预计将持续到 11 月底，24 日至 25 日为污染累积期，26 日至 28 日将出现严重污染，特别是 27 日污染形势将最重。只有提前启动预警和应急响应，才能起到重污染天气削峰降级的效果。经预测本次过程中济南、沧州地区风力相对较大，扩散条件优于我市，污染程度轻。未来几天我市要重点对 $PM_{2.5}$、PM_{10} 和 CO 等污染物进行严控，做好高排放车辆、集中供热锅炉、VOCs 排放企业管控和城中村城边村燃煤生物质清零，并确保各项错峰生产和应急减排措施落实到位，才能保持年排优势，保证我市持续退出全国重点城市倒排"前十"，最大限度保护人民群众健康。

二、近期巡查发现的重点问题

市大气办、市双联办在近期的督查巡查中发现以下问题仍然突出：一是城中村燃煤问题突出。如安次区古县村、广阳区炊庄村、廊坊开发区桐柏村等地多次发现燃煤燃烧。二是交警部门对"黑烟车"管控不到位。部分交警对过往"黑烟车"视而不见，没有现场处理。三是交界区域权属不清。例如，广阳区与廊坊开发区交界耀华道路段积尘清洁问题责任不明，整改缓慢。四是部分路段清扫不到位。例如，北凤道南甸村进村道路、光明东道李庄村口道路、华夏第九园西侧春光路长期积尘，扬尘污染严重。

三、一批问题久拖解决不到位

市大气办、市双联办在督查巡查中发现部分地区和部门工作有疏漏，一批问题久拖解决不到位。一是"黑烟车"屡禁不止。仅11月就发现200多辆次"黑烟车"在市区范围内肆意穿行。二是部分断头路、拆迁工地应停工未停工、抑尘措施不到位等问题反复出现。如安次区御龙河改造工程，市建设局金光道东延工程、广阳道东延工程，廊坊开发区韩胜营村拆迁工地，反复出现土方施工应停未停、抑尘措施不到位。三是餐饮油烟问题屡教不改。如安次区鸿顺楼永兴路店、广阳区华航南部小餐饮集中区等处的餐饮油烟问题反复整改不能彻底解决。四是"八清零"不清零。安次区祖各庄村、古县村、芦庄村，廊坊开发区小马房村、桐柏村、后王各庄村，广阳区大屯村、前王各庄村、南甸村，屡次发现燃煤和生物质燃烧问题。市大气办、市双联办号召市主城区学习广阳区北旺乡"八清零"工作经验，实现源头控污。五是锅炉超标排放问题。安次区南城热力永兴站，霸州市博雅热力、华旭热力，烟尘和氮氧化物超标排放，最大瞬时排放浓度达到排放限值的6倍以上。广阳区常青热力站、安次区南城热力常甫站、廊坊开发区恒盛热力站等大部分燃气锅炉均未安装在线监测设施，排放情况不能及时掌握。

四、各地各部门要尽快做好以下工作

目前已进入秋冬防攻坚阶段，为打好蓝天保卫战，市大气办、市双联办对各地各部门提出以下要求：一是各地要立即按照《廊坊市2017年重污染天气应急减排项目清单》，全面检查本地工业企业和工地的应急措施落实情况，对未严格落实的，顶格严处。二是各地对国、省两级督查巡查发现的问题要立即整改，举一反三，严防反弹。三是交警部门要切实履行监管职责，采取有力措施，严查严管"黑烟车"。四是市建设局要牵头对市区所有工地使用的非道路移动机械进行清查，不合格的严肃处理，坚决清出廊坊建筑市场。五是市主城区要立即启动对市区所有饭店的餐饮油烟治理，年底前按照《餐饮业油烟排放标准》完成清理整顿。2018年1月1日后全面清查，凡是未安装、未正常使用油烟净化设施或超标排放油烟的，顶格严处。六是市主城区所有采暖季期间准许施工的重点工程项目，必须立即在工地显著位置安装"重点工程项目公示牌"，否则视为违法施工，清出准许施工的重点工程项目清单。市大气办、市双联办同时对其他县（市、区）和部门也提出，要对照上述要求，结合自身情况查漏补缺，立即将相关工作严格落实到位。

63. 大晴天启动应急对市民有什么好？

——专家谈提前采取应急预警的必要性

刊 2017.11.27《廊坊日报》1 版

根据省要求，11 月 25 日中午 12 时我市启动了重污染天气的橙色应急响应。这两天中，市民眼中的空气质量并没有想象的那么差。这其中有何奥秘？

一、我市与区域整体联防联控

11 月 25 日，河北、山西、山东、河南等部分城市陆续发布重污染天气预警，并启动了相应的应急管控措施。我市经过廊坊市监测站、气象局和 $PM_{2.5}$ 专家小组等多方面会商结果显示，从 25 日夜间起将经历一轮 2～3 天的重污染天气过程，25 日起已经出现部分时段轻度污染，污染开始累积，26 日受弱北风扰动，污染累积速率有所减缓，但夜间会再次转差，其中 27 日为本轮污染峰值，预测污染等级将达到中到重度污染。如果管控不好，本轮污染将对广大市民的身体健康产生极度不利的后果。

二、污染过程降临提前启动应急的必要性

这次京津冀及周边地区的污染过程，主要是由于在持续偏南风和大气扩散条件转差的情况下，重污染过程主要由污染物前期累积、过程传输和二次转化造成。根据以往针对重污染天气的管控经验看，大气扩散条件逐渐开始转差，污染物前期累积阶段为管控的重中之重，往往决定了污染过程的峰值浓度和持续时间，而污染物的峰值阶段对百姓身体健康影响最大。提前采取应急管控措施，在污染累积前降低污染物排放浓度，是取得重污染天气应急管控成功的关键。大数据的科学分析和研究表明，提前 1～2 天采取应急减排措施，能够更有效地降低 $PM_{2.5}$ 峰值浓度 20%

以上，推迟重污染发生的时间 5 ～ 6 个小时以上。因此，针对本轮污染过程，各地均提前发布预警信息，尤其是我市，提前 1 天以上启动应急减排措施，更有针对性地提前管控，就是为了维护公众的健康。

中国科学院大气物理研究所研究员王自发针对污染过程提前启动应急方案这一举措表示，大气扩散条件转差时的空气质量状况，往往决定了污染过程的峰值浓度和持续时间。提前采取应急管控措施，在污染累积前就把排放强度降下去，是重污染天气应急能否取得成效的关键。多家科研机构的研究都表明，提前 1 ～ 2 天采取应急减排措施，能够更有效地降低 PM$_{2.5}$ 峰值浓度，推迟重污染发生的时间。因此，针对这次污染过程，各地提前发布预警信息，及时准备和启动应急减排措施，就是为了及早防控，保护广大人民群众的身体健康。

针对这次污染过程，我市周边的沧州、唐山、保定、太原等城市也于近日发布橙色预警，并采取了不同程度的区域应急联动。应急减排措施内容包括钢铁、水泥、铸造、家具、矿山开采等行业的停限产，国Ⅲ及以下的机动车限行，重点企业错峰运输，施工和交通扬尘管控等。专家分析，重污染城市在采取应急预警后，主要污染物减排比例能达到 20% 左右，可有效抑制污染过程中京津冀区域 PM$_{2.5}$ 浓度的快速上升。

三、我市重污染天气预测方式与效果

我市污染等级的预测结果是基于日常的污染物排放量，通过多种空气质量预测模型，结合气象资料，同时再经过多方会商得出的。而人民群众实际感受到的空气质量现状，则是地方政府已经采取应急减排措施后的结果。因此，实际空气质量比预测的好，包括重污染发生时间比预测的晚了，也说明已经采取的减排措施收到了良好效果。

本轮应急管控中多地都同时采取了机动车单双号限行、高排放车辆绕行、工业企业减排、扬尘源治理和错峰运输等严格管控措施。我市为了方便市民出行，并未对小型机动车实施单双号限行，而是继续沿用同日常一样的小型机动车每天两个尾号限号的措施，但对排放更高的大型车辆采取了严格的管控手段；针对高排放车辆，我市全力加强了全市范围内对黄标车禁行和中重型高排放车辆绕行管控力度，涉及大宗原材料及产品运输的重点用车企业全部实行错峰运输。同时针对工业企业，按照"一厂一策"企业名单内的钢铁、金属加工厂、玻璃、化学品制造和家具制造等重点排放大户采取了停限产措施；针对扬尘源，在常规作业的基础上，全市范围内增加了保洁次数，建筑工地渣土运输车等重型车辆全部禁止上路；针对其他重点污染源，各县（市、区）积极开展"八清零"工作，做到各类燃煤清零、各类大小燃

煤炉具清零、"散乱污"企业清零、露天焚烧清零、生物质清零，城中村养殖清零，另外，严查严管无喷漆许可证汽修厂违规喷漆行为，实现违法行为清零，城中村涉VOCs工商户的违法排污行为实现清零。对污染源精准靶向的治理，真正起到了重污染应急管控削峰减频的作用，从源头管控上降低了污染物排放和累积对百姓造成的危害。

25日应急启动前，我市部分时段已经达到了轻度污染等级，但由于提前采取了相应管控措施，污染未能加重累积，随后，26日的污染物等级也由预测的轻度至中度污染成功下降至良，在气象条件相同的情况下，我市污染降级，重污染峰值时间推迟，既体现了管控的必要性，又实现了尽最大努力保护广大人民群众身体健康的目标。

64. 应急响应为什么要延续？

刊 2017.11.30《廊坊日报》1 版

针对今年秋冬季第三轮重污染天气持续、延续问题，11 月 29 日，市大气办组织专家组进行分析会商，并就公众关注关心的问题做如下释解：

一、本轮污染过程还未结束，应急响应必须延续

我市于 11 月 25 日 12 时起发布重污染天气橙色预警，并启动 II 级应急响应。受弱冷空气影响和重污染应急减排措施落实等有利因素，空气质量逐渐转为优良。但好天气不会长时间在我市停留，这一轮严重污染过程还没有结束，仅喘息一天，重污染过程马上就会再次来袭，为此，上级要求我市延续这轮 II 级应急响应。根据廊坊市监测站、气象局和 $PM_{2.5}$ 专家小组等多方会商结果，12 月 1 日至 3 日，京津冀区域扩散条件不利，受持续南风影响且存在逆温，污染物容易堆积，我市将出现中至重度的污染过程。新一轮重污染天气的主要特征是高浓度的细颗粒物（$PM_{2.5}$）污染，如果中断重污染天气应急响应或采取的措施不够有力，$PM_{2.5}$ 浓度小时峰值可能会达到 200 微克 / 米 ^{3} 以上，几乎是优良天气的 3 倍。根据世界卫生组织等权威机构的研究结果，这种浓度水平的 $PM_{2.5}$ 污染，会大大增加居民患呼吸系统疾病（如支气管炎、哮喘）和心血管系统疾病（如高血压、冠心病）的风险，尤其对儿童、老人和孕妇等敏感人群危害更大。为了最大限度地保护广大市民的身体健康，我市决定延续本次重污染天气橙色应急响应，力争削减污染物浓度峰值，降低污染级别。

二、25 日至 28 日的应急响应效果明显

本次应急减排效果明显，在完全落实错峰生产及应急响应措施的情况下，廊坊市全社会排放的二氧化硫、氮氧化物、颗粒物和挥发性有机物等主要污染物减排 16% ～ 31%。25 日应急启动前，我市部分时段已经达到了轻度污染等级，但由于

提前采取了相应管控措施，污染未能加重累积，随后，26 日至 28 日的污染物峰值等级也由预测的中度至重度污染，成功下降至良至轻度污染，在气象条件相同的情况下，我市污染降级，重污染持续时间减少，实现了尽最大努力保护广大人民群众健康利益的目标。

三、25 日至 28 日的应急响应中的问题与不足

本轮污染过程应急虽然取得一定成效，但问题和不足仍然存在。一是督查巡查发现部分工业企业未能完全按照《廊坊市 2017 年重污染天气应急减排项目清单》要求落实错峰减排，重污染期间仍在违法违规生产；部分市政工程、拆迁工地应停工未停工、抑尘措施不到位；一些重型车辆未按规定绕行，违规进城依然存在。二是广大市民作为雾霾严重的受害者，虽然头脑中已经初步形成节能减排和保护环境的意识，但践行程度还不够。例如，重污染天气下私家车上路越来越多，尾气排放量越来越大；能使用公交车和自行车等绿色出行工具的还在使用出租车和私家车；野外焚烧垃圾、杂物、祭祀品和秸秆等，这些行为都会加重空气污染。

四、延续应急响应后的污染管控重点

根据河北省重污染天气预警报告提示，我市将维持重污染天气Ⅱ级应急响应，重点做好以下工作：一是工业企业和工地要按照《廊坊市 2017 年重污染天气应急减排项目清单》严格落实应急减排措施，尤其是钢铁行业、金属加工业、化学品制造业（除生产水性涂料、油墨、胶黏剂的企业）、建材行业等工业企业要加强污染物排放管控，扬尘源要增加道路清扫频次，停止施工，建筑垃圾、渣土运输车禁行等，针对移动源要在错峰运输的基础上，全市范围内执行两个号码限行措施。二是广大市民要多做减缓空气污染的事，不做加重污染空气的事。雾霾当前，市民都应树立保护环境人人有责的责任感，要有"同呼吸，共责任"全民共治雾霾的决心。要从我做起，有车族少开汽车，多坐公交车，做到绿色出行，能使用天然气和电的不烧散煤和劈柴，全体市民共同监督露天焚烧垃圾、杂草、落叶、秸秆和祭祀品等不文明行为，做到绿色生活。

五、本轮污染过程何时结束

我市历年 12 月为雾霾高发期，重污染天数占全月的 50% 以上，最多有 5 天是连续的重污染，高湿静稳的雾霾天气严重影响了市民的健康生活。因此，做好重污染应急响应，最终是为了维护人民群众的身体健康，企业与市民要做好打"持久战"的思想准备，做到全民共治，积极参与打击违法排污。根据最新会商结果，预计本轮污染过程将持续至 12 月 4 日以后，但中长期大气条件预报不确定性较大，12 月 5 日后具体污染形势有待临近判断，若重污染天气只有短时性好转，应急响应措施还会持续，具体结束时间如有变动，将通过媒体及时告知广大市民。

65. 近日危害群众健康的污染物主要是什么

刊 2017.12.2《廊坊日报》3 版

　　"今年冬天，廊坊的雾霾天少了，清晨起来，第一眼就能看清窗外的蓝天白云，让人心情愉悦。"近日来，众多市民反映，我市空气质量较去年好了许多。事实确实如此。从 $PM_{2.5}$ 浓度看，今年 11 月我市 $PM_{2.5}$ 平均浓度为 52 微克／米^3，同比下降 42%，是近几年改善最大的一个月。天变蓝了，心情变好了，身体变健康了，但空气质量改善并非一朝一夕就能完成的事情，好天气的背后仍然潜伏着雾霾天，尤其进入 12 月后，真正的重污染天气才刚刚开始，大家还不能掉以轻心。

　　一、改善空气质量　百姓应该怎么做

　　经专家预测，12 月我市雾霾袭扰频次仍较多，仍是公众的"心肺之患"。根据空气质量监测传感网监测数据分析，近几日空气中的污染物二氧化硫与一氧化碳占比日渐增加，特别是近日来持续性的降温，使城中村散煤和劈柴燃烧现象增加，污染物的排放总量远超出城市自身的净化能力，"供暖季"变成"雾霾季"。当前我市"呼吸之痛"迫在眉睫，空气质量若得不到有效改善，那么"燃煤之痛"何解？

　　散煤燃烧源基本都属于低矮面源，排出的污染物很容易被人呼吸进体内，对人体健康影响更加直接。抓好散煤燃烧管控工作，就是抓住了治理大气污染的关键和要害，就是抓住了影响人民群众健康的"罪魁祸首"。因此，鼓励广大群众自觉停止使用散煤，使用电、气等清洁能源，共同维护好我们生存的环境为目前的重中之重。

　　二、改善空气质量　企业应该怎么做

　　除居民散煤燃烧外，企业锅炉的排放也是重要的排放源。根据最新气象会商，12 月我市仍有 4 轮左右的重污染过程，在此期间，企业需严格按照相应的应急响应级别采取停产或限产等减排措施。每轮重污染过后虽然会有冷空气影响我市，但

间歇性的冷空气活动停留时间短，造成累积在本地的污染物难以完全扩散和清除，污染物得以滞留，直接影响我市的空气质量，并对人民群众的身体健康造成危害。因此，在 12 月的大气污染防治工作中，企业的应急减排显得至关重要，可以最大限度地保护广大人民群众的健康。

三、散煤燃烧源对人体健康和环境危害巨大

专家组通过对全市 800 多个监测传感器的大数据分析，结合现场污染源的调研，发现我市燃煤污染排放的高发区主要集中在城中村和城边村内，如廊坊开发区的桐柏村、梨园村、大官地村，广阳区的肖家务村、大屯村、芒店村，安次区的古县村、祖各庄村、亭子头村等。这些村庄散煤燃烧量大、烧劈柴和秸秆垃圾的现象多，产生大量的颗粒物、一氧化碳、二氧化硫、氮氧化物和重金属等污染物，不仅直接对人体的呼吸系统、中枢神经系统等造成危害，影响燃烧者和周边村民的身体健康，而且对整个区域乃至我市大气污染造成积累，加快霾的形成，对 $PM_{2.5}$ 浓度的峰值贡献高达 20% 以上。因此，广大人民群众应自觉提高禁烧意识，了解燃烧散煤和劈柴的危害，为我市大气污染的治理作出自己的贡献。

由于散烧煤、劈柴、秸秆和垃圾等生物质焚烧源对人体健康和环境空气质量造成的影响都是长期的、巨大的，对儿童、慢性病患者和老年人等敏感人群的影响也更为显著，所以，政府、企业和公众都应该进一步认清燃烧的危害，立刻行动起来，防微杜渐，努力消除公众健康的巨大隐患，为我们大气污染改善作出贡献，打赢蓝天保卫战。

66. 延续应急就是为了预防污染累积伤害人体

刊 2017.12.6《廊坊日报》1 版

　　针对今年秋冬季第三轮重污染天气，也是峰值最高、持续时间最长的一轮污染过程，12 月 5 日，市大气办组织专家组再次进行分析会商，并就公众关注关心的问题，做如下释解：

　　一、PM$_{2.5}$ 对人体健康有哪些危害？

　　据世界卫生组织权威机构研究报告表明，高浓度 PM$_{2.5}$ 会大大增加居民患呼吸系统疾病和心血管系统疾病的风险，尤其对儿童、老人等敏感人群危害更大。从全球来看，PM$_{2.5}$ 在所有健康危险因素中排名第 8，而在我国，PM$_{2.5}$ 是排名第 4 位的健康危险因素（前 3 位分别是高血压、不良膳食习惯和吸烟）。具体来说，PM$_{2.5}$ 在环境中滞留时间长，吸附的有害物质多，更易进入人体支气管和肺泡区，参与人体血液循环，因而对健康的危害更大。高浓度的 PM$_{2.5}$ 会引发肺功能下降、咳嗽、哮喘、呼吸困难等症状，导致上呼吸道感染、支气管炎、肺炎等呼吸道疾病，增加慢性病和重病的死亡概率，也增加了患癌率。

　　特别是燃煤和劈柴燃烧过程中产生大量颗粒物、一氧化碳、二氧化硫等有害气体，对环境和人体健康危害很大。燃煤和劈柴燃烧都属于低矮面源，排出的污染物很容易通过人的呼吸进入人体，高浓度的一氧化碳对人体健康影响更加直接，会造成急性中毒。目前我市只有一小部分人在使用散煤和劈柴取暖做饭，但在重污染天气下，排放的污染物持续在本地累积，影响的是我们整个城市的空气质量，威胁的是全体市民的身体健康，必须引起广大市民重视。

　　二、秋冬季是重污染频发季节，应急响应能有效削峰减频

　　据气象专家介绍，秋冬季由于近地面空气流动性差，冷空气过程减少，天气容

易出现静稳和逆温现象，不利于污染物的扩散。逆温层就像一个大盖子罩在城市上空，更容易形成重污染天。另外，由于秋冬季天气比较干燥，降水量少，扬尘等污染增加，加上区域性的燃煤和秸秆焚烧等，在这些综合因素影响下，造成了我市及周边地区在秋冬季更易发生雾霾天气。

今年秋冬季以来，我市 $PM_{2.5}$ 浓度改善明显，浓度仅为 54 微克／米 ^{3}，较去年同期下降 31.6%，改善率在重污染的"2＋26"个城市当中正排第 5 名。提前采取应急管控措施，并强有力地落实，是改善效果显著的重要原因，$PM_{2.5}$ 浓度的成功削减降低了对人民群众身体健康的危害。

在 11 月 25 日至 12 月 4 日的这轮污染过程期间，虽受两次弱冷空气影响和重污染应急减排措施落实等有利因素影响，空气质量逐渐转为优良，但最新会商看，12 月 5 日起，短暂的好天气转瞬即逝，本轮严重的污染过程将再度来袭，为此我市将再次延续这轮 II 级应急响应。根据廊坊市监测站、气象局和 $PM_{2.5}$ 专家小组等多方会商结果，12 月 5 日起，京津冀区域扩散条件将再次转差，污染物将持续在本地堆积，我市将出现中至重度的污染过程。在本轮污染过程中，若中断本次应急响应或管控措施力度不强，小时 AQI 峰值可达到 200 以上（重度污染水平），高浓度的 $PM_{2.5}$ 对人体危害极大，是优良天气的 3 倍以上。因此为了最大限度地保护广大市民的身体健康，我市决定延续本次重污染天气橙色应急响应，降低 $PM_{2.5}$ 浓度峰值。

三、11 月 25 日至 12 月 4 日的应急响应效果明显

我市于 11 月 25 日 12 时起发布重污染天气橙色预警，并启动 II 级应急响应且一直延续至今。本轮污染过程为进入秋冬季以来，在我市停留时间最长、污染峰值最重的一轮，对广大人民群众的身体健康影响极大。本次应急减排效果明显，与模型预测值相比，$PM_{2.5}$ 平均浓度下降 25% 左右，$PM_{2.5}$ 峰值浓度下降 35%～40%，在完全落实错峰生产及应急响应措施的情况下，廊坊市全社会排放的二氧化硫、氮氧化物、颗粒物和挥发性有机物等主要污染物减排 16%～31%。在 12 月 1 日污染峰值到来前，由于提前采取了应急相应管控措施，污染已经实现由轻度污染降为良，随后，1～2 日的污染物峰值阶段，污染等级也由预测的严重污染降至重度污染，在气象条件相同的情况下，我市污染多次降级，重污染持续时间减少，实现了尽最大努力保护广大人民群众健康利益的目标。

四、延续应急响应加强污染管控

针对近期不利气象因素，我市将维持重污染天气 II 级应急响应，应重点做好以下工作：一是针对工业企业和工地要按照《廊坊市 2017 年重污染天气应急减排项

目清单》严格落实应急减排措施，尤其是钢铁行业、金属加工业、化学品制造业等工业企业，要加强污染物排放和落实停限产措施的管控；针对扬尘源要加强道路清扫频次，停止施工和渣土运输车禁行，并加强裸土苫盖密度等；针对移动源要在错峰运输的基础上，全市范围内执行两个号码限行措施，并继续保持渣土运输车等高排放车辆的管控。二是广大市民要从自身做起，尽自己所能多做减缓空气污染的事，例如，多选择公交车等绿色出行方式，在天然气和电等清洁能源可以使用的情况下，禁止燃烧散煤和劈柴，全体市民共同监督露天焚烧垃圾、杂草、落叶、秸秆等不文明不健康的行为，保护大气环境。同时，从空气质量监测数据看，本次过程中，桑园辛庄、许各庄、李庄等地污染较轻，而芒店村、李孙洼村、古县村、大北尹村、桐柏村、麻营村等地污染较重，尤其是燃煤和劈柴燃烧污染特征明显。

五、本轮污染过程何时结束

根据历年重污染数据分析看，12月为我市的雾霾高发期，重污染天数占全月的50%以上，污染峰值为全年最高，小时AQI可达到500以上的"爆表"水平，重污染雾霾天气严重影响市民的健康生活。从最新会商结果看，预计本轮污染过程在5日有所缓解后，6日将有污染回流现象出现，导致空气质量变差。7日后两天污染过程虽然有所缓解，但由于中长期气象扩散条件预测的不确定性较大，污染累积状况很难确定。因此，12月8日后具体污染形势仍有待多方研判会商，若本轮重污染天气仅为短时性好转，应急响应措施将再次延续，具体结束时间若有变动，将通过媒体及时告知广大市民。

67. 如果不持续应急　空气质量会更差

刊 2017.12.8《廊坊日报》1 版

　　每年的 12 月为污染频发阶段，2016 年 12 月我市共出现 14 天重污染。大气环境治理刻不容缓，重污染天气应急响应是改善秋冬季空气质量的最有效的治标手段。今年 11 月 25 日，我市启动了橙色应急响应，截至 12 月 6 日，应急持续的 12 天中，较去年同期我市中度污染以上天数减少了 6 天，优良天增加了 7 天，持续应急对于改善空气质量效果明显。如果不持续应急，空气质量会变差。

　　一、影响空气质量的三个因素

　　影响空气质量有三个因素：一是天气条件。冬季气温低，边界层高度也相应降低，且日照时间短、强度弱，逆温现象较严重且多高湿静稳天气，垂直和水平扩散条件都较为不利，对污染物排放更加敏感。二是地理环境。我市处于京津冀中南部的平原地带，扩散条件不利。南风时，空气中的污染物易被西北山区、高原所阻挡，在中南部地区形成堆积；北风时，冷空气被山脉阻碍，风力减弱，对污染清除作用受限；静稳无风时，边界层高度较低，污染物堆积更加显著，很容易形成大范围污染。三是人为排放，冬季为集中采暖季，燃煤大量增多。其中，民用煤的利用方式主要为分散式燃烧，相应的散煤炉种类多、数量大、单体规模小，燃烧后污染物基本上直接排放，绝大多数没有采取除尘、脱硫、脱硝等环保措施，呈现"量大面广低空排放"的特点，近期巡查发现，桑园辛庄村、芒店村、桐柏村、麻营村、韩营村等城中村周边，散煤燃烧问题时有发生。大量研究结果表明，民用散煤燃烧对居民区空气的污染危害程度远比工业燃煤污染更甚，而且散煤燃烧会排放大量的二氧化硫、氮氧化物和颗粒物等大气污染物，是造成大气污染特别严重的主要原因，对人体健康构成严重威胁。

二、本次污染过程空气质量如何

11 月 25 日启动空气重度污染应急响应以来，我市污染过程分为两个阶段，分别为 11 月 26 日至 12 月 3 日和 12 月 5 日至 6 日。其中第一阶段预测 12 月 1 日累积期为中度污染，2 日、3 日峰值期为连续 2 天重度污染。实际情况看，1 日为轻度污染，较预计下降了一个等级，2 日重度污染，3 日轻度污染，也较预计的 2 天重度污染缩短为 1 天。第二阶段预测最重的 6 日也由轻度污染降级为良。因此提前启动应急和应急的持续对于减少重污染天起到了至关重要的作用。

三、若应急不持续，空气质量会更差

11 月 25 日应急启动前，我市部分时段已经达到了轻度污染等级，若未启动应急，26 日将快速累积到轻度污染，27 日、28 日将由预测的中度污染升至重度污染；12 月 6 日至 7 日也将由预测的轻度污染升至中度污染。研究表明，中度污染可能对健康人群心脏、呼吸系统有影响；重度污染会导致心脏病和肺病患者症状显著加剧，健康人群普遍出现症状；而空气质量良时，仅对极少数异常敏感人群健康有较弱影响。最新会商显示，9 日我市将遭遇新一轮污染过程，预计应急未持续的情况下可达中到重度污染，应急减排落实到位，污染等级可降低到轻度污染。所以持续应急将会大幅降低大气污染对人们身体带来的伤害。

68. 持续防控让市民有了更多"获得感"

刊 2017.12.11《廊坊日报》1 版

　　12 月是廊坊每年冬季最难过的日子，雾多、风少、空气静稳的气象特征，成了各类污染物在城市空间持续累积的温床，不断加剧的污染状况成为市民的"心肺之患"。这样的恶劣雾霾天气，2013 年 12 月出现 11 天，2014 年 12 月出现 8 天，2015 年 12 月出现 14 天，2016 年 12 月出现 14 天，而今年 12 月前 10 天，仅出现 1 天。是老天爷大发善心吗？不是！是全市上下持续防霾控污，取得了阶段性的良好战果。良好的空气质量，让市民有了幸福加健康的"获得感"。"廊坊治霾办法越来越科学了，公交车免费，对私家车不搞单双号限行，把防霾的目标盯在让涉气企业错峰生产上，盯在不让高污染车辆进城上，盯在城中村不烧散煤、劈柴上，盯在打通断头路优化交通环境上，盯在饭店油烟和工地控尘上，太好啦！"市民曹联豪一口气讲了"五个盯"，脸上写满幸福。

　　一、有健康是最大的实惠

　　人人都向往干净美丽的生活环境，人人都期待有碧水蓝天为伴。环境空气质量得到改善，居民群众得到真实惠。一是健康上得实惠。2013 年以来，我市 $PM_{2.5}$ 浓度持续下降，截至 11 月底，我市年累计 $PM_{2.5}$ 浓度为 61 微克 / 米^3，较 2013 年下降 43% 左右，空气质量达标天数比例较 2013 年上升 22%。研究表明，$PM_{2.5}$ 浓度每降低 1 微克 / 米^3，对于心血管疾病和呼吸系统疾病发病率可降低 3% 左右。我市空气质量持续改善，减轻了市民因中风、心脏病、肺癌以及哮喘导致的疾病负担，尤其对易感人群（老人、儿童、孕妇等）的心血管和呼吸系统健康有益。二是交通出行得实惠。雾霾天气能见度降低，影响市民外出活动。滴滴出行的《2015 年中国智能出行大数据报告》显示，严重雾霾天气下人们出行意愿大幅降低，周末的整体出行量下降了 9.9%，工作日也下降了 2.4%。今年 12 月我市好天气多了，市民出行也更加方便、更加安全、更加健康了。三是经济收入上得实惠。好空气已成为很多城市主打的"绿色名片"，逐渐成为重要旅游品牌和旅游资源，不仅吸引了国内各地游客，还让国外游客纷至沓来。空气质量变好了，更多人愿意来廊坊旅游、投资，我市市民也会获得更多、更好的工作机会和发展机遇。

二、源头防控才会让污染降级

改善空气质量最根本的办法就是从源头预防和控制各类污染源的排放。以 11 月 25 日至 12 月 4 日的这轮污染过程为例，在落实错峰生产及应急响应措施的情况下，廊坊市全市排放的二氧化硫、氮氧化物、颗粒物和挥发性有机物等主要污染物减排 16% ～ 31%。且在 12 月 1 日至 3 日的污染峰值时期，由于提前采取了应急响应管控措施，污染等级由预测的重度污染降至轻度至中度污染，在气象条件相同的情况下，我市实现污染降级。重污染天的减少，尽最大努力保护了市民群众的健康。

三、以往防控不利的教训应该汲取

铁腕治霾一直在路上。我市 $PM_{2.5}$ 浓度是逐年下降的，近三年平均下降的比例在 15% 左右，说明治霾效果明显。但是在整体下降过程中，局部时段的反弹仍会出现，而且有时候这种反弹的幅度会很大。回首今年经历的那些雾霾天，不难想起年初的那一次特强雾霾，持续时间非常长，1 月 1 日至 8 日连续 8 天重度污染；直观感受上污染程度也非常重，早晨开车看不见道边的路沿石，走路看不见路口，平常熟悉的街道成了白茫茫一片。整个 1 月我市 $PM_{2.5}$ 的平均浓度同比不降反升了，重度及以上污染天数增加了，给我市全年空气质量改善背上了一个重重的大包袱。为什么这次污染过程这么重？原因其实有两个：一是不利的气象条件，1 月我市气温明显较往年水平偏高，地面风速偏小，空气湿度高，不利于污染物扩散；二是本地污染物排放量大，而且这一点更加关键。2017 年年初，一些管理部门出现了一瞬间的松动，一些工业企业报复性生产，无序排污甚至超标排污，少数市民在节日期间大量燃放鞭炮、焚烧祭祀用品，甚至引燃垃圾、树叶和杂草等，污染物排放整体强度迅速上升，以至于加剧了重污染的程度，延长了重污染的时间。以往防控不利的教训应该汲取，2018 年不能走 2017 年的老路。控污治霾是一场持久战，只有将持之以恒的韧劲坚持到底，才能打赢这场蓝天保卫战。

四、全民共治才能留蓝天、保健康

根据最新会商，到 12 月底，我市还会出现 2 ～ 3 轮污染过程，雾霾天还会再次来临，必须对各类污染源继续保持强化管控。工业企业和工地要承担其应尽的社会责任，要按照《廊坊市 2017 年重污染天气应急减排项目清单》严格落实应急减

排措施，尤其是钢铁行业、金属加工业、化学品制造业等工业企业要加强污染物排放管理和落实停限产措施；针对扬尘源要加强道路清扫频次，停止施工和渣土运输车禁行，并加强裸土苫盖密度等；针对移动源要在错峰运输的基础上，全市范围内执行两个号码限行措施。热力站作为市区的排放大户，在保证全市居民冬季正常取暖的要求下，也要担当起保护广大人民群众身体健康的责任，不把目标停留在满足特别排放限值不超标上，而是要将污染物的减排发挥到极致，通过适当增加药剂、合理调整工艺等方法进一步减排二氧化硫、氮氧化物、扬尘，将污染物排放水平压减到最低。

虽然我市空气质量已逐年改善，但百姓要想真正实现每日见到蓝天白云的梦想，仍要从自身做起，从每一件小事做起。在雾霾天气下，多问自己一句，可以减少饭店油烟吗？路边接人，可以将车熄火吗？居民区里，装修垃圾能苫盖吗？可以烧天然气的，能不烧劈柴和散煤吗？污染积少成多，广大市民要选择更加环保绿色的生活方式，从小事做起，出行尽量多选择公交车、自行车，共同监督露天焚烧垃圾、杂草、落叶、秸秆和祭祀品等不文明行为，城中村住户不烧散煤和劈柴。全民共治，最大程度改善空气质量，让我市居民能够天天可以看见蓝天白云。同呼吸共命运，共保市民健康安全，让健康和幸福的"获得感"久久留在每个市民的心中。

69. 区域持续联控重污染是为民造福

刊 2017.12.14《廊坊日报》1 版

今年入冬以来，京津冀及周边地区按照环保部等统一安排，区域重污染的联防联控行动正在持续开展，京津冀大气污染传输通道"2＋26"城市空气质量状况整体好转，我市 $PM_{2.5}$ 浓度和改善幅度均位于前列。

"2＋26"城市 11 月空气质量好转

12 月 11 日，环境保护部公布 11 月京津冀大气污染传输通道"2＋26"城市空气质量状况："2＋26"城市 $PM_{2.5}$ 月均浓度范围为 46～91 微克 / 米^3，平均为 68 微克 / 米^3，同比下降 37.0%。月均浓度较低的前 3 位城市依次是北京市、廊坊市和天津市；月均浓度较高的城市是邯郸市、安阳市和开封市，分别为 91 微克 / 米^3、89 微克 / 米^3 和 81 微克 / 米^3。从改善幅度来看，"2＋26"城市 $PM_{2.5}$ 月均浓度比去年同期均有不同程度的下降，降幅范围为 11.8%～54.1%，降幅排名前 3 位的城市为石家庄市、北京市和天津市，分别下降 54.1%、54.0% 和 49.0%。

区域联防联控显威力

从 12 月前 13 天区域优良天数看，各城市较去年均有不同程度增加，最多的城市增加了 9 天，空气质量较去年同期有了大幅度改善，京津冀及周边地区广大市民在蓝天白云下充分享受了良好空气的"获得感"。就廊坊市而言，12 月前 13 天共出现优良天数 9 天，较去年同期增加了 5 天，重污染天数 1 天，同比减少了 4 天。这说明，联防联控是成功的，廊坊市的防控工作也是到位的，人民群众是拥护的，联防联控是为人民造福的。廊坊市在联防联控过程中，积极按照上级要求做好各项

联防联控工作，各类企业、工地和广大人民群众也为联防联控主动作出贡献，从小的污染控制做起，全民响应大气共治，可以说，现在的蓝天白云是大家共同创造的成果。

为什么要区域联防联控？

现阶段我国大气污染呈现出明显的区域性、复合性和流动性的特点。由于大气的不固定性，这儿排放的污染物，有可能通过风吹输送到别的地方，对别的地方空气质量也会造成影响。气象条件的不断变化，使得京津冀及周边地区的影响是相互的。所以，联防联控的意义就是将污染放到同一个平台上来控制，通过区域共治，实现共赢。面对大气污染，任何一个城市都无法独善其身，必须区域联防联控才能事半功倍，必须通过区域性空气改善来实现本地区空气质量的真正改善和持续改善，防治效果才会真正显现。否则，气象不利加剧重污染频发，京津冀及周边城市将"一损俱损"。重污染应急响应期间，有的地区采取了持续性管控，有的地区在简短解除应急响应后仅仅间隔一天的时间就再次重新启动了应急响应，使区域联防联控取得了明显的成果。

未来3个月气象条件对污染防控不利

在应对重污染天气的过程中，虽然通过联防联控取得了良好效果，空气质量得到明显改善，但是现状与人民群众对良好空气质量的期望和要求还存在不小差距，污染防控工作中的问题和不足仍然存在。一是督查巡查发现部分工业企业未能完全按照《廊坊市2017年重污染天气应急减排项目清单》要求落实错峰减排，重污染期间仍在违法违规生产，重型车辆未按规定绕行，违规进城依然存在。二是广大市民作为雾霾严重的受害者，虽然头脑中已经初步形成节能减排和保护环境的意识，但践行程度还需加强。例如，重污染天气下私家车上路越来越多，尾气排放量越来越大；能使用公交车和自行车等绿色出行工具的还在使用出租车和私家车；野外焚烧垃圾、杂物和秸秆等，这些行为都会加重空气污染。三是"八清零"仍有局部地区未落实。安次区西孟各庄村、古县村、倪官屯村，廊坊开发区小长亭村、桐柏村、后王各庄村，广阳区大屯村、连庄子村、彭庄村，屡次发现燃煤和生物质燃烧问题。四是部分市政工程、拆迁工地应停工未停工、抑尘措施不到位、裸土苫盖仍存在不完全问题，如廊坊开发区北京精雕三期、花语城一期，广阳区东户屯建材市场、南甸工业园、枫景园工地，安次区壹佰文创大厦东北、御龙河改造工程。

据预测，今冬明春气候偏暖，不利气象条件主要集中在未来3个月。环境保护部要求，各地加大督查督办力度，采取针对性更强的措施，提高治理效果，积极应对重污染天气，确保完成环境空气质量改善目标。我市各级各部门应保持高度自觉的政治意识、大局意识和责任意识，全市人民应以坚定的决心、坚决的行动，保证区域联防联控不走样，不变形，起效果，全力推动大气环境质量改善，保证今年年底收好官，为明年开好头、起好步奠定基础。

70. 持续抓好燃煤污染管控才能有好空气

刊 2017.12.16《廊坊日报》1 版

12 月 12 日至 14 日，我市经历了一轮重污染过程。此前，专家分析研判，13 日的空气质量达中度污染，14 日达到污染峰值，空气质量为中度污染，部分时段可达重度污染。然而，实际结果表明，我市的空气质量比预期的要好得多，实现了污染降级，这是因为什么呢？

原来，为了能保证我市圆满完成今年大气污染防治攻坚任务，切实做到空气质量改善，保护市民身体健康，全市上下，特别是市三区及各市直部门，近几天采取了多项控霾措施，如城中村"八清零"、工地扬尘强化管理、企业错峰减排、交警对中重型车辆管控、热力站积极减排等，从而很好地改善了城市空气质量，实现了重污染削峰降级。

热力排污降一半

为降低目前热力站燃煤污染对我市空气质量的影响，12 月 13 日我市制定下发了《2017 年第 9 号紧急督导令》，要求燃煤供热锅炉要保持烟尘浓度低于 30 毫克 / 米^3、二氧化硫低于 50 毫克 / 米^3、氮氧化物低于 100 毫克 / 米^3 的排放限值标准，以期最大限度地挖掘热力站的减排潜力。

在市建设局积极组织和市三区的积极协调之下，市主城区 4 家供热公司的 8 个热力站，积极组织调试排污治理设施、加大药剂投放。信息中心监测数据表明，12 月 13 日以后，各热力站的烟尘、二氧化硫、氮氧化物这三项主要污染物的排放浓度较之前均普遍出现下降，其中氮氧化物的排放浓度下降一半以上，二氧化硫的排放浓度下降一半以上，烟尘减排比例也有 10% 左右。

按照《中华人民共和国环境保护法》的要求，企业在治理污染中很多时候要承担主体责任，本轮污染过程中空气质量降级改善的实践说明，热力站的积极减排是大有成效的，成绩是明显可见的。其中，广炎供热有限公司的尖塔站和学院站、常青供热有限公司的雅园站已率先达到或超过市定准排放限值要求。

市区污染降级明显

以12月13日、14日两天为例，我市共经历了两天的污染过程，空气质量均为良。其中13日空气质量由预测的中度污染降级为良，连降2个级别，较去年12月同期的轻度污染降低1个级别。从区域的污染情况看，周边的石家庄为轻度污染，且持续了2小时的中度污染，污染时长和污染级别均高于我市。从12月14日的污染情况看，石家庄、保定均为中度污染，保定更是出现了5小时的重度污染，而我市再次实现了污染降级。根据网格化传感器监测数据显示，我市的一氧化碳较之前下降了50%以上，且未出现高值，氮氧化物较之前下降了55%以上，颗粒物较去年下降了40%以上，重污染天数减少了50%以上。事实说明，全民共治、源头防治，是我们大气污染防治取得成效，特别是应急响应期间抓重点区域、重点项目、重点目标实现削峰降级、削峰减频的最佳抓手，也证明了市政府及时抓好热力污染减排的决策是正确的。

年末收官15天，污染防治再加力

11月以来，我市经历了6轮污染过程，但由于我市坚决执行加密会商、提前发布并持续延续预警、狠抓落实、从严要求热力站超低排放，并从区域角度采取联防联控的多维度的管控模式，截至目前我市仅出现1天重度污染，2天中度污染，而去年同期我市已出现8天重度污染，6天中度污染，同比削减了80%以上。

虽然上半月我市的空气质量改善效果不错，但是，在应对重污染天气的过程中，污染防控工作中的问题和不足仍然存在。例如，有个别企业在重污染期间仍违法违规生产，部分重型车辆未按规定绕行、违规进城；同时，"八清零"还需要更彻底。如安次区东风村、倪官屯村，廊坊开发区梨园村、桐柏村，广阳区大屯村、大官庄村等屡次发现燃煤和生物质、垃圾燃烧问题；部分市政工程、拆迁工地存在应停工未停工、抑尘措施不到位、裸土苫盖不完全。如廊坊开发区北京精雕三期、花语城一期，广阳区东环路建筑垃圾堆放场、东户屯建材市场、南甸工业园、枫景园工地，安次区芦庄村、御龙河改造工程等。

根据专家组预测，12月下半月，我市虽冷空气活动频繁，但是强度偏弱，预

计还将有好一天坏两天的重污染过程，大气污染形势依然不乐观，仍需要全市上下持续保持严格管控，才能使今年收好官。目前我市 CO 年高值突跳快，若出现几个 3.5 以上高值，年综指将上升 0.1，将无"退十"优势。最后半个月，仍应加强城中村拆迁和高排放车辆绕行管控，加大城中村燃煤及生物质焚烧排查，特别是热力站持续减排应是重中之重。

联防联控争蓝天，市民健康有保证

京津冀及周边城市区域性的联防联控应对重污染工作取得了较好的效果，蓝天白云不再是 12 月里"朋友圈"的"黑色幽默"，而是真实的、可见的好天气。新年将至，大家都盼好空气。全市上下要合力做好联防联控，面对大气污染，任何一个单位或者个人都无法独善其身，必须团结协作，重污染应对工作才能真正有成效，通过全民努力来实现本地区空气质量的改善，最终真正使市民健康利益得到保障，让市民在蓝天白云下喜迎新年。

71. 咬紧牙关拼十天　力争全年好成绩

——未来一周天气不利　持续严控迫在眉睫

刊 2017.12.20《廊坊日报》1 版

今年冬天，廊坊人有个普遍的感受，就是蓝天白云多了，雾霾少了，以往每年12 月在朋友圈隔一阵就刷屏的超强雾霾更是一天没有。这样好的天气出现是全市上下齐心控霾的结果。其间，不仅各级政府付出了巨大努力，全市企业也担当了更多社会责任，从落实错峰生产应急响应到一次次落实整改，不断提高环保治理水平，减少污染物排放；群众告别传统、落后、污染的生产生活方式，不烧劈柴秸秆，"全民共治"深入人心，一起捍卫廊坊的蓝天白云。但是由于产业结构和能源结构等因素，京津冀及周边区域污染物排放量依然巨大，一旦遭遇不利气象条件，重污染还可能会立即形成。未来一周天气就很不利，持续严控烟气尘污染迫在眉睫。

昨日蓝天白云，今天污染来袭

今年 12 月的前 19 天，廊坊市民享受了 2013 年有数据记录以来历史同期最好的蓝天白云，优良天数较去年增加了 8 天，重污染天数较去年减少 8 天，甚至有234 个小时 PM$_{2.5}$ 浓度低于 35 微克 / 米^3（空气质量一级标准）。然而，下一次污染过程正在悄悄酝酿。未来一周，我市空气质量将达到轻度污染水平，南部县市可能达到中度污染水平。

从今天开始到 31 日还有 12 天。12 月 20 日下午至夜间，区域扩散条件转为不利，我市南部逐渐出现小时中度至重度污染。21 日，污染带形成于太行山东侧并持续发展，22 日至 23 日，区域大部扩散条件较差，可能出现区域性逆温，其中 23

日污染最重，PM$_{2.5}$小时浓度峰值可能达到 200～260 微克/米^3。24 日前后开始，受冷空气影响，区域污染形势有望自北向南逐步缓解。过程数天都不利于污染物的扩散，如果控制不到位，将出现两天以上的重度污染。目前预测，到 30 日，天气状况都不是很好。

持续严控排放，才能实现污染降级

根据以往的经验，京津冀及周边地区在秋冬季的污染过程，主要是在持续偏南风和大气扩散条件转差的情况下，污染物排放累积、传输和二次转化所致。大气扩散条件转差时的污染物排放量和强度，往往决定了污染过程的峰值浓度和持续时间。只有提前采取各项管控措施，持续严格控污将污染物排放量压下去，将污染排放强度降下去，才有可能实现重污染天气的削峰降级。

今年进入采暖期之后，我市各县（市、区）积极开展"八清零"工作，落实各类燃煤清零、各类大小燃煤炉具清零、"散乱污"企业清零、露天焚烧清零、生物质清零、城中村养殖清零、无喷漆许可证汽修厂违规喷漆行为清零、城中村涉 VOCs 工商户的违法排污行为实现清零等严格措施。市建设局和市三区积极组织协调市主城区 4 家供热公司的 8 家热力站配合组织调试排污治理设施。市环保局信息中心监测数据表明，12 月 13 日以后，各热力站的烟尘、二氧化硫、氮氧化物这三项主要污染物的排放浓度较之前均普遍出现大幅度下降。"八清零"、热力站减排、重污染应急等各项工作取得积极效果是空气质量明显改善的根本原因。

早防早控早准备，打赢年度收官战

针对 12 月 20 日开始的这次污染过程，各地各部门要及早准备，持续严控，严格落实应急减排措施，力争污染再次降低级别，尽最大努力保护广大人民群众的身体健康。各县（市、区）及各市直部门应积极采取控霾措施，保持城中村"八清零"，保证劣质散煤不带到新年；工地需强化扬尘管理，做好裸土、物料以及建筑垃圾的苫盖；企业按照Ⅱ级响应要求实施错峰减排，尤其是热力站需持续做好减排措施；交警对中重型车辆做好绕行管控，严查油品使用不合格车辆上路行驶。

近几日污染防控工作中的突出问题主要为廊坊开发区桐柏村、堤上营村、小长亭村，安次区刘各庄村，广阳区北甸村、大屯村、南甸村、西官地村燃煤及生物质问题；廊坊开发区东环路与畅祥道交叉口、娄庄路与白居易道交叉口沙石料厂内，广阳区南甸村拆迁工地、大枣林村西口、大屯村东侧土场等土方违规施工、大面积裸土无苫盖、物料堆放无苫盖问题。

空气质量预报预测结果是基于日常的污染物排放量，通过多种空气质量预测模型，结合气象资料得出的。从最新会商结果看，未来一周将出现两轮污染过程，一轮在 20 日开始，23 日凌晨有所缓解；25 日回流现象出现，导致空气质量再次变差，进入另一轮，27 日后污染过程有所缓解；由于中长期气象扩散条件预测的不确定性较大，最终污染累积水平很难确定，12 月 27 日后具体污染形势仍有待多方临近研判会商。但整体不会太好，只有持续管控，减排措施真正起到效果，实际空气质量才会比预测的好，群众的身体健康才能得到保障。

咬紧牙关拼十天，力争全年好成绩。

72. 煤改气对改善空气质量带来什么效果？

刊 2017.12.22《中国环境报》3 版

河北省廊坊市文安县是廊坊率先"煤改气"试点县。有 3 个乡镇连片生产人造木板，千余台燃煤锅炉四季不息。今年 4 月全部实施停产升级，改用燃气锅炉后，空气污染监测指数排名，由 2016 年同期全省排名第 120 名一举夺得 2017 年 6 月全省第一。事实鼓舞了全市，也增强了周边"煤改气""煤改电"的决心。

今年是落实国家"大气十条"第一个五年行动的收官之年。回忆 2016 年 11 月—2017 年 3 月连续数轮的重污染过程，可谓触目惊心。尽管经过数年的持续攻坚、源头防治，空气质量已实现明显好转，但燃煤排放一氧化碳、二氧化硫和煤灰粉尘依然严重。

2017 年秋冬季，京津冀地区的人们突然发现，今年的天气不同以往，几乎每日都有蓝天白云相伴。人们发现，空气中的异味也变得轻微。专家、学者特别是奋战在治霾一线的工作人员可以用更有力的事实证明，京津冀及周边地区携手联防联治、控煤减霾，是改善空气质量的主要原因。

压减燃煤到底对改善空气质量能带来什么效果？笔者身在治霾一线，略知一二。仅以廊坊市为例，2013 年以前，万余台大小燃煤锅炉遍布城乡，逾 90 万户人家，村村烧煤，户户冒烟。2016 年廊坊市在市县主城区，通过取缔 10 蒸吨及以下燃煤锅炉数千台，通过煤改气等工程，强力取缔各类民用小炉具近 25 万台，一举减少燃煤逾 100 万吨。在留下的燃煤"尾巴"体量仍很大的情况下，由于压减燃煤对空气质量改善发挥了极大作用，困扰市县主城区数十年之久的燃煤污染比 2015 年仍减轻 20% 左右，助力廊坊成功退出全国 74 个重点监测城市倒数前十之列。

2017 年，廊坊市按照河北省委、省政府统一部署，把严控、削减燃煤污染作为控霾"退十"保民生的重要任务，把强力推动两家使用燃煤锅炉的钢铁企业全部停产去产能、强力推动农村地区煤改气、煤改电取缔散烧煤和强力取缔 2 000 多家涉气涉煤"散乱污"企业作为主攻方向，通过先行试点、鉴定气源（电源）、量力推动、分步实施、全面推进的工作方式，又减少各类燃煤近 300 万吨。

进入秋冬季燃煤高峰期后的前 50 天时间里（11 月 1 日至 12 月 20 日），监测数据表明，廊坊市累计大气污染综合指数为 5.0，较去年同期（9.75）下降 48.7%；优良天数为 36 天，较去年同期（18 天）增加 18 天，同比增加 100%；重污染天数仅为 1 天，较去年同期（12 天）减少 11 天，同比减少 92%，空气质量达到同期历史以来最好水平。各项污染物中尤以与燃煤有关的 $PM_{2.5}$、二氧化硫、一氧化碳下降最多，其中廊坊市 $PM_{2.5}$ 累计浓度为 50 微克／米^3，较去年同期下降 56.9%，下降率在"2 + 26"城市中排名第三；二氧化硫累计浓度为 12 微克／米^3，较去年同期下降 53.8%，下降率在"2 + 26"城市中排名第七；一氧化碳累计浓度为 1.6 毫克／米^3，日均浓度最高值仅为 1.9 毫克／米^3，而去年同期最高值高达 6.2 毫克／米^3，且 3.0 毫克／米^3 及以上的天数多达 17 天，此项污染物下降最为明显。

燃煤污染十分严重，其中的主要污染物二氧化硫、一氧化碳对人体伤害极大。改善区域环境质量，不控减燃煤，就无法实现目标。通过科技支撑能力、能源保障能力的综合分析，对工业企业实际需要来讲，煤改气是首选，毋庸置疑。此前，清华大学环境科学院和常驻廊坊的海创智库 $PM_{2.5}$ 防治专家小组对廊坊的污染源解析表明，廊坊的空气污染物，燃煤占比近 40% 左右。京津冀及周边地区，从城镇到乡村，从工业企业到民用能源，燃煤均是占据老大地位，能源使用结构基本一致。因此，从廊坊科学治霾、大力压减燃煤成功的实践表明，现阶段治霾，必须抓准源头，抓住重点，致力攻坚，矢志不渝。

党的十九大报告指出："坚持全民共治、源头防治、持续实施大气污染防治行动，打赢蓝天保卫战。"共治，不仅需要区域联防联控，更需要全民参与。源头防治，不仅需要在"治"上下大气力，更要做好"防"的规划。打赢蓝天保卫战，不仅需要打好、打赢，更需要持续。压减燃煤，不仅涉及多地区、多部门、多行业，更涉及千家万户。不仅牵扯企业生产、社会集中供暖，更牵扯广大农村地区想少花钱就实现吃喝暖"三点都办成"的群众利益。

因此，压减燃煤理所当然就成了一项系统工程、民生工程。在防霾治污的战场上，"控"与"治""供"与"保"的矛盾必须处理好。对此，笔者有 4 点建议。一是要坚定控煤减霾的信心。绝不能因在工作中遇到供需矛盾就因噎废食，更不能动摇科学治霾的决心和信心。

二是要科学安排，统筹规划。企业控煤改气和民间煤改气，虽然都是煤换气，但工作路数有所区别。因此，各地在开展煤改气、煤改电的过程中，一定要实事求是，分别试点，分步实施。

三是要注重实际，尊重群众。国家和省级层面要对煤改气工程先行统筹安排。益气则气，益电则电，有特殊情况益煤则煤，但一定要用优质煤炭。工作作风要深入扎实、一线指导。要总结经验，合力攻坚，合力克难，主动在尽责中担责。

四是要体谅群众和企业的难处、难点和情绪，不搞"一刀切"。要最大限度实现区域间能源供给、奖补政策、工程规划、实施标准、安全防范、运行管理等统一部署，或者保持基本一致，平和公众心理心态，在群众的广泛了解、理解、支持、支援下，实现全民共治、源头防治、联防联治，求得控煤减霾保蓝天的共同获得感、幸福感。

73. 年末一周天欠好　蓝天呼唤新年福

刊 2017.12.25《廊坊日报》1 版

今年我市的好天气较往年多了，白天碧空如洗、冬日灿烂，夜晚点点星光。越来越多的市民走出家门，去到室外尽情锻炼身体。这样的好天气，是我市团结一致，协力治霾的结果。尤其是秋冬防持续性管控以来，空气质量明显改善，"优"和"良"的天气一天天多了起来。

收官之战剩一周，污染再来管控不能松懈

距年底仅一周的时间，这一周工作做好就可保证我市退出 74 城市"倒排前十"，让市民在蓝天下共享新年福。但最后一轮的污染关并"不好过"。经多方专家会商，预计 26 日起污染再来，27 日开始污染在本地累积，28 日至 30 日扩散条件极其不利，以轻度至中度污染为主，其中 30 日可能出现严重污染。31 日起，受冷空气影响，扩散条件自北向南逐步好转，空气质量转好。

在上一轮（20 日至 23 日）污染过程中，城中村"八清零"与热力站积极减排等工作很有成效，在空气质量的降级改善中起到了重要的作用。面对即将到来的新一轮的污染过程，如果管控工作稍有松懈，雾霾将再次攻城掠地，这样不仅可能给全年的总成绩带来不可挽回的后果，污染的加重也将在不经意间危害群众的身体健康，引发心血管和呼吸道疾病，尤其是易感人群（老人、儿童、孕妇和体弱者）。因此，我市必须做到上下齐心，既要痛快过年节，更要顺利过污染关，要把蓝天洗得更干净，在蓝天白云下迎接新年的到来。

全市上下联防联控，各尽其责共减污

虽然只剩一周，但这 7 天天公不作美，为尽最大努力保护广大人民群众的身体健康，踢好"临门一脚"，各县（市、区）及各市直部门要持续严控，做好联防联控，力争污染削峰降级。重点需从以下几个方面落实：一是企业继续保持错峰减排措施，环保和公安联手严打违法排污犯罪行为；二是工地需强化扬尘管理，工地裸土、物料以及建筑垃圾全部苫盖，经市政府批准的重点工程，要认真落实市大气办《廊坊市重点工程项目秋冬季施工控霾管理措施》（廊气办字〔2017〕140 号）精神做好施工抑尘；三是市区所有高排放车辆绕行，交通卡口必须 24 小时不间断值班，严查渣土拉运、建筑材料拉运车辆及油品使用不合格车辆上路行驶；四是保持城中村"八清零"，保证劣质散煤不带到新年；五是全市加强对四条环线，市区角落生物质焚烧的管控；六是元旦将至，对燃放烟花爆竹的情况严格管控，禁燃区重点管控；七是倡导广大群众尽量选择绿色出行，减少车辆交通拥堵和尾气排放。

收好官起好步，重点问题还需回头看

近几日污染防控工作中的问题主要为廊坊开发区娄庄村、韩营村、西柏村，安次区调河头乡北邵庄村、落垡镇丈方河村、麻子屯村，广阳区北甸村、大屯村燃煤、生物质与垃圾焚烧问题；廊坊开发区大学里四期工地、荣盛花语城工地、大剧院工地、润泽大数据中心院内，广阳区桑园辛庄拆迁工地、南甸村拆迁工地、麦注综合农贸市场拆迁工地仍存在土方违规施工、大面积裸土无苫盖、物料堆放无苫盖问题；娄庄路与滨河道交叉口橙色预警期间存在渣土车上路行驶，车身带泥未冲洗问题。三区以及各市直部门对以上突出问题还要做到回头看，重点查，不能松懈，要再加压增责、鼓劲发力。

铆足劲咬紧牙，愿蓝天不说再见

2017 年最后的 7 天，我们既要有充足的信心，也应做好面临更大困难、应对更加不利气象条件的准备，铆足劲发力，咬紧牙冲刺，坚持全民共治、源头防治，坚决打赢今年蓝天保卫战，实现年底"圆满收官"。同时为明年开好局、起好步奠定坚实根基，最终完成改善空气质量、保护广大群众身体健康的目标，真正让人民在蓝天下呼吸到清新的空气，享有更多的获得感、幸福感和安全感。

"蓝天保卫战"，我们一直在路上……

74. 好空气能持续多久？

刊 2018.1.1《廊坊日报》1 版

2018 年 1 月 1 日至 5 日，我市将遭遇新一轮的污染过程，开局的不利恰似 2017 年之初。在我们享受了 2017 年年底意外的好空气之后，没想到 2018 年年初和 2017 年年初一样，将出现至少连续 5 天的污染过程，尤其是 1—2 日污染最重。之后的污染形势还有待会商研判。

2017 年，我市 $PM_{2.5}$ 年浓度由 2016 年的 66 微克 / 米 ^{3} 降至 2017 年的 61 微克 / 米 ^{3} 左右，同比下降了 7.6%，改善幅度居 "2 + 26" 城市正排第 18 位；优良天数为 215 天，同比增加了 10 天，重污染天数减少了 4 天，同时也创造了从去年 3 月 20 日至 12 月 1 日持续 257 天无 $PM_{2.5}$ 重污染日（扣除沙尘影响）的历史最好记录，在 74 城市中的倒排名连续两年退出 "前十"。尤其是在 2017 年第一季度整个京津冀及周边地区污染指数普遍不降反升，廊坊大气污染防治形势异常危机的情势下，全市上下奋力攻坚，以时保日，以日保周，以周保旬，以旬保月，以月保年，终于打赢 "翻身仗"。第四季度，蓝天白云远远比往年多，$PM_{2.5}$ 平均浓度为 54 微克 / 米 ^{3}，浓度水平在 "2 + 26" 城市中正排第二，同比下降了 43.8%，改善幅度位居 "2 + 26" 城市中正排第四。为什么会有这样的好成果、好空气？而这样的好空气又能持续多久？

持续治理源头控污显成效，蓝天保卫战取得阶段性成果

环境质量的持续改善，离不开市委、市政府坚决打赢蓝天保卫战的决心。2013 年以来，廊坊市委、市政府把大气污染防治工作作为推进全市生态文明建设的突破口，作为重大民生工作和政治任务，以习总书记 "绿水青山就是金山银山" 重要论

述为指导，把生态优先、绿色发展放在首位，举全市之力，坚定践行绿色发展理念，动真格出实招，坚定落实中央的各项决策、部署，坚定信心，持续向污染宣战。2013—2017 年，全市累计淘汰燃煤锅炉 8 976 台（14 829.45 蒸吨）；2016—2017 年，强力推进城乡"气代煤""电代煤"工程；市建成区完成 30 多个城中村改造，并对 17 条、29 个区段"断头路"实施道路通畅工程，道路新建与改造总里程达 54.7 千米。全市机械化清扫率达到 85% 以上，并按北京标准对 300 辆渣土车完成改造。

环境质量的持续改善，离不开全市上下工业企业的担当尽责。霸州新利钢铁公司和前进钢铁有限公司两家钢铁企业已经整体退出，减少炼铁产能 471 万吨，炼钢产能 595 万吨，为实现"无钢市"打下良好基础。全市 12 003 家"散乱污"企业完成整治，其中关停取缔 10 347 家，整改提升 1 649 家。158 家省重点 VOCs 治理企业完成整治工作并通过市环保局达标验收的企业为 142 家，其余 16 家已采取拆除涉 VOCs 排放工序、关停、搬迁等方式完成了整治。大城岩棉玻璃棉行业投资 3 亿元更新全国最先进的环保设备，仅剩的 38 家岩棉玻璃棉保温企业、17 家有色金属熔铸企业，环保和技术水平均达到国内一流、国际领先，取得 50 多项研发成果并取得国家专利。文安县以打造北方板材示范区为突破口，实现人造板产业破旧立新。在 3 个多月里关停整顿人造板生产企业 2 000 余家，取缔所有扒皮厂、粉料厂、劈板厂等原料加工厂 5 000 余家。政府搭台、企业唱戏，积极谋划建设国家级研发中心、质检中心，全力申报"国家级人造板产业示范园区"，品牌企业市场拓展，品牌提升，附加值和竞争力显著增强。

环境质量的持续改善，离不开每一位市民觉悟的不断提高。从 2016 年起，廊坊人普遍反映过节期间大街小巷燃放烟花爆竹的现象少了，焚烧祭祀用品的现象几乎难以见到。很多市民表示："即使没有烟花爆竹助兴，节日一样过得红红火火；靠献花、植树，同样能在特定节日里寄托对亲人的怀念与哀思。空气质量的改善离不开大家共同努力。"近年来，廊坊市政府大力开展环保知识宣传教育，宣传倡导植树造林、绿色出行，多次组织市民、社会团体、环保志愿者学习环保知识，不少企业负责人对环保工作也更加支持了。"京津乐道 绿色廊坊"已经成为人们在茶余饭后议论最多的话题之一。如今，"廊坊是我家，环保靠大家"的观念已融入廊坊人的血液。"大力推动生态文明建设，打好大气污染治理攻坚战"成为廊坊人共同的期盼，全民共治氛围基本形成。人民群众正在用自己的实际行动，共同维护来之不易的蓝天白云。

坚持人与自然和谐共生，才能最终打赢蓝天保卫战

只要坚持习近平新时代中国特色社会主义思想，持续实施大气污染防治行动，在生态文明建设工作上做到"知行合一"，好空气的出现次数就会越来越多，持续时间也会愈来愈久。党的十九大把坚持人与自然和谐共生作为新时代坚持和发展中国特色社会主义基本方略的重要内容，强调要牢固树立社会主义生态文明观，推动形成人与自然和谐发展现代化建设新格局。习近平总书记时时刻刻都在关切生态文明建设和生态环境保护工作，对此作出一系列重要讲话、重要论述和批示指示。习近平总书记强调："人与自然是生命共同体，人类必须尊重自然、顺应自然、保护自然。必须树立和践行绿水青山就是金山银山的理念。环境就是民生，青山就是美丽，蓝天也是幸福。坚持山水林田湖草是一个生命共同体。只有实行最严格的制度、最严明的法治，才能为生态文明建设提供可靠保障。生态文明建设同每个人息息相关，每个人都应该作践行者、推动者。人类是命运共同体，建设绿色家园是人类的共同梦想。"这一系列新理念、新思想、新战略已经成为具体实践人与自然和谐共生的重要指导思想。决胜全面建成小康社会，要打好三大攻坚战，污染防治是其中之一。刚刚闭幕的中央经济工作会议确定，打好污染防治攻坚战，重点是打赢蓝天保卫战。我们要深入学习贯彻党的十九大精神，以习近平新时代中国特色社会主义思想作为思想"武器"，牢固树立社会主义生态文明观，坚决扛起生态文明建设的政治责任，全方位、全地域、全过程开展生态环境保护建设，持续实施大气污染防治行动计划，确保各项污染物浓度持续下降、重污染天数不断减少，坚决打赢蓝天保卫战。

治理有了成果，但与人民群众期待还有差距

2017 年我市空气质量得到了大幅改善，大气污染治理工作圆满收官，群众的健康得到了极大保护。这都离不开国家与河北省政府的大力支持，离不开廊坊市各市直部门的全力配合，更离不开全市人民群众的积极努力。

良好的生态环境是公共资源，是最普惠的民生福祉，而我们要做的是提供更好更清新的空气以满足群众日益增长的对空气质量的要求，我们要做的是更多地创造出人民群众看得见、摸得着、能受益的成果，我们要做的是更努力地实现保障群众身体健康的愿景。虽然我们在治理雾霾方面的决心是坚定的，也下了很大气力，但是我们取得的成效和人民群众的期待之间还是有一定差距的。我市 $PM_{2.5}$、PM_{10}、二氧化氮 NO_2、臭氧 O_3 等主要污染物年浓度还未达到国家一级标准，仍然会对人民群众的身体健康造成不利影响，环境质量改善工作"任重而道远"。只要我们坚

定信心，将大气污染防治的工作做实，一定能打赢这场持久战，那些小时候的青山绿水和小桥人家，那些蓝天白云和灿烂星空将会再次呈现，清新洁净的空气会伴随着我们每一次呼吸。

好天气能持续多久，还要看全民的行动

然而，虽然短时间内大气环境质量改善成效卓著，但乐观的背后，形势依然严峻。岁末年初的气象条件一向是助长 $PM_{2.5}$ 浓度的推手，与本地排放源互相叠加，极易造成 $PM_{2.5}$ 浓度不降反升。经多方专家会商，如果管控不利，2018 年 1 月 12 日后将出现连续的中至重度污染，前期污染累积过高也会导致 3—5 日达到中度及以上污染。因此，2018 新年开局的天气状况仍然不利，污染防控形势仍是危机四伏。

守卫蓝天、留住白云，还要靠全民共治，需要全市上下共同努力和持续性联防联控。在应对重污染天气的过程中，各市直部门要强化管控，做好各项应对措施和长效治理，为今年的工作起好步、开好局。群众也需要进一步理解政府的工作，用实际行动积极配合大气污染防治工作，为环保添砖加瓦。面对年初重污染过程，三区需咬紧烟、气、尘、煤，严防反弹。特别注意污染清除前期，南部区域因冷空气影响较晚，污染状态持续时间长，应提前强化本地减排，谨防污染反弹。污染清除期，要做好区域内裸土苫盖等抑尘措施和道路的清扫。三区要做好城中村"八清零"工作，做到各项工作切实落实；工地要强化扬尘管理，做好裸土、物料以及建筑垃圾的苫盖；三区辖区内企业要按照 II 级响应要求实施错峰减排，尤其是热力站要持续做好减排措施；交警对中重型车辆做好绕行管控，严查油品使用不合格车辆上路行驶。各县（市、区）尤其是南部县（市）需强化联防联控。各县（市、区）尤其是南部永固霸需特别关注在上一轮污染过程中源解析数据较高的工业工艺源和机动车尾气源，一方面加强督查企业应急响应措施落实情况，特别是高架源企业管控，减少污染物的排放，同时严查"小散乱污"企业复工生产现象；另一方面要对柴油车、渣土车、非道路移动机械等高排放车辆加强管控，做好联防联控。

蓝天白云增多、生态环境改善使人们得到了真实惠，收获了幸福，更增强了人们治理雾霾的信心。治霾不能只靠"天帮忙"，更要靠"人努力"。要想让廊坊蓝天常驻，持续落实"科学治霾、协同治霾、铁腕治霾"才是必由之路。只有从源头上杜绝污染，空气质量才能不断改善。蓝天白云能否常驻，关键要看每位市民的具体行动。只要我们全面贯彻党的十九大要求，坚持全民共治、源头防治，就能清除雾霾，守住蓝天，让幸福温暖市民。

75. 新年第一周空气质量怎么样？

刊 2018.1.8《廊坊日报》1 版

1 月 1 日至 7 日是新年第一周，京津冀的空气质量普遍优于去年同期，而我市共出现了 6 天的优良天，属于区域中较好的城市。其中我市 $PM_{2.5}$ 浓度为 35 微克 / 米^3，较 2017 年同期（$PM_{2.5}$ 浓度为 246 微克 / 米^3）相比下降了 85.8%。没有了去年的"跨年霾"，今年我们喜迎了"新年蓝"。

这一周好的开头，离不开全民共治

新年第一周的成绩，为我市今年的大气污染防治工作开了一个好头，为第一季度持续打赢秋冬防攻坚战做了一个好的铺垫。我市取得这样的成绩，是各市直部门严格落实《京津冀及周边地区 2017—2018 年秋冬季大气污染综合治理攻坚行动方案》要求的成果；也是全市上下坚决落实市委、市政府工作部署，高质量打赢新时代、新年度 "蓝天保卫战"的成果。这一周良好的空气质量，饱含着全市人民对于维护我们的健康公共环境的共同期望，更饱含着全市人民在大气污染防治过程中的积极努力和付出。

新年好的开头，离不开源头防治和联防联控

针对各类污染源，我市坚持从源头出发，从源头管控：一是在北旺乡开展城中村 "八清零"试点，并在市县两级城中村推动；二是工地强化扬尘管理，裸土、物料以及建筑垃圾的完全苫盖；三是按照应急要求实施错峰减排，减少污染物排放；四是交警对中重型车辆进行绕行管控，严禁高排放车辆进入主城区行驶；五是各县（市、区）尤其是南部县（市）强化联防联控。

未来一周前好后差，管控不能松懈

空气质量预报预测结果是基于日常的污染物排放量，通过多种空气质量预测模型，结合气象资料得出的。从最新会商结果看，8 日至 10 日，受强冷空气影响，我市扩散条件有利，但 11 日开始受高空脊区影响，扩散条件转差，11 日至 14 日我市将再次经历一次污染过程，其中 13 日和 14 日污染最重，空气质量以中度至重度污染为主。考虑大气条件预报不确定性影响，具体形势仍有待多方临近研判会商。

若要维持第一周的成绩，持续获得好的空气质量，只有持续管控使减排措施真正起到效果，实际空气质量才会比预测的好，群众的身体健康才能得到保障。

找不足做抓手，积极应对污染过程

尽管第一周取得了不错的成绩，但是通过市大气办、市双联办、专家组对问题的巡查、督查和对我市的空气质量数据分析以及上级通报情况看，我市对企业、工地、燃煤、热力站、高排放车辆的管控工作仍存在不到位的地方。特别指出的问题有：一是热力站还有一定的减排潜力；二是城中村燃煤问题最近出现反复；三是一些拆迁工地和重点工程抑尘措施不到位；四是高排放车辆绕行和重点路段的交通疏导仍需进一步加强。各相关部门要针对上述问题尽快部署下步重点工作，做好下一轮污染应对。

从空气质量好坏看工作情况，一目了然

从 2018 年 1 月 1 日起，我市已对 90 个乡镇实施考核排名和通报。专家组通过对新年第一周乡镇空气质量监测结果和传感器数据分析情况看，大部分乡镇主动作为，对一些导致空气污染和监测数据升高的问题，通过落实控烧、控车、控尘等管控措施的要求有效地解决了问题，并且直接从监测数据上反映出其空气质量也大有好转。但是也有一部分乡镇大气污染治理工作欠力度、欠重视，其中有 15 个乡镇始终监测数据居高不下，且存在阶段性升高现象，如广阳区的万庄镇、南尖塔镇、九州镇；安次区的调河头乡、葛渔城镇、东沽港镇；霸州市的东杨庄乡、王庄子乡、康仙庄乡；文安县的史各庄镇、兴隆宫镇、大留镇；固安县的马庄镇、东湾乡、宫村镇。

开局起好步，为全年大气治理"打好基"

根据往年 1 月的天气变化和空气质量情况，结合今年的实际，月底之前，我们

要采取针对性更强的措施，加大督查督办力度，做好联防联控，积极应对重污染天气，为 2018 年全年的空气质量目标完成"打好基"。在下周的工作中，各热力公司需积极采取措施，从源头降低排放；三区需保持网格化管控，强化督查城中村燃煤问题；各施工单位要做好自查，做好施工抑尘和裸土苦盖，三区政府及市建设局要做好督导和督查；交警部门要严查高排放车辆绕行，早晚高峰期要进一步加强重点路段的交通疏导；临近春节，市安监局、市公安局应加强对节日期间烟花爆竹贩售和燃放的管理。各级各部门需提前部署管控工作，力争污染削峰降级。

我们有理由相信，通过全市人民共同努力和积极参与，2018 年的廊坊市必将是一个全新的、健康的、有着良好的市民生活环境、能够保障人体健康的环境友好型城市。

76. 对乡镇空气质量实行排名考核

刊 2018.1.11《光明日报》10 版

　　"只要敲敲键盘，就能实时观测到我们村里的空气质量情况。你看，这个绿点就是我们乡，旁边就是我们村。无论身在何处，轻轻一点就能知道。"记者近日在河北省廊坊市广阳区北旺乡小枣林村采访时，村民陈久山指着电脑屏幕说，"现在就显示着，我们北旺乡的 $PM_{2.5}$ 是 22 微克 / 米 ^{3}，在全市排名第八。"

　　冬季是污染天气高发期。毗邻京津的廊坊是京津冀大气污染防治"1＋2"核心城市之一，也是首都重要的生态屏障。入冬以来，廊坊坚持全民共治、源头防治，持续实施大气污染防治行动。2018 年 1 月 1 日开始实施的《廊坊市 2018 年乡镇环境空气质量排名及考核办法》（以下简称《办法》）对乡镇环境空气质量进行排名和考核，把环境监测向全市域扩展，把治霾责任和压力向基层延伸压实。

　　据了解，《办法》参照国家对全国地级及以上城市环境空气质量进行排名及公布的办法和河北省环境空气质量排名及公布办法，明确了乡镇空气质量排名办法适用范围及考核标准，对监测数据管理及数据审核、乡镇空气质量排名提出具体要求，同时规定了追责问责条款。廊坊将全市 10 个县 90 个乡镇分为北、中、南三个片区，依据当地 $PM_{2.5}$ 和二氧化硫单项指数加和进行排序，定期对全市所辖乡镇的环境空气质量进行排名汇总，并向社会公布。遇到应急响应等特殊情况、特殊时段、特殊需要，可随时通报日排名、周排名。各县（市、区）分别制定本辖区乡镇空气质量考核奖惩办法，报市大气办备案。每月对空气质量总排名后 10 名的乡镇和各片区排名后 3 名的乡镇进行通报批评；每季度对连续两个月进入全市总排名后 10 位的乡镇和各片区排名后 3 名的乡镇，约谈乡镇长，并由乡镇长在媒体公开承诺整改措施；每季度对连续 3 个月进入全市总排名后 10 名的乡镇和各片区排名后 3 名的乡镇，约谈乡镇党委书记，并由乡镇党委书记在媒体公开承诺整改措施。对因工作不力，乡镇空气质量长期进入倒数排名的，将严肃问责。专家认为，《办法》的出台实施，对增强精准治霾更具针对性，考核讲评更具准确性，对推进京津冀地区的大气污染防治工作具有现实示范意义。

廊坊在坚持高压考核问责的同时还注重源头监测管控。2017 年 12 月初，该市通过统一财政出资、统一招标建设、统一运维监管，建起了 90 个乡镇空气质量自动监测站，对 $PM_{2.5}$ 和二氧化硫两项主要指标进行监测，并与国控、省控、市控空气质量自动监测站和全市 3 000 多家企业在线监控、5 000 多个传感器监控设备联网运行，形成覆盖全市的联防联控在线监测治理体系，在全省率先实现乡镇空气质量实时发布，对持续打赢京津冀地区蓝天保卫战起到良好支撑作用。如今，只需要在计算机上登录"廊坊市环境空气质量（乡镇站）实时自动发布系统"，该市所有乡镇的空气质量数据一目了然。各乡镇站点 $PM_{2.5}$、二氧化硫的实时浓度值和实时数据排名，以及各乡镇站点 $PM_{2.5}$ 浓度值日排名、二氧化硫浓度值日排名一清二楚。这既为科学、客观、公正地考核评价该市乡镇空气质量状况提供了强力保障，又为京津冀地区大气污染防治提供了准确数据支撑，也便于广大群众监督大气污染防治举措落实情况。

"当前 $PM_{2.5}$ 浓度为 67 微克 / 米^3，二氧化硫浓度为 30 微克 / 米^3。"1 月 7 日上午 9 点 23 分，在廊坊市永清县曹家务乡政府办公楼楼顶的天台上，一座空气质量自动监测站向天空伸出一根"触角"，乡政府工作人员刘巍指着"触角"向下连接的机器说："这两个蓝色屏幕，显示的就是我镇当前的 $PM_{2.5}$ 和二氧化硫实时数据。自从有了空气质量自动监测站、实时发布系统和考核办法，现在百姓看得见、数据测得准、源头管得住、办法考得实，我们能够准确掌握本地的空气质量，科学开展治理了。"

77. 上半月大气污染防治新启示

刊 2018.1.16《廊坊日报》4 版

2018 年一开头，我市没有忘记 2017 年开局防治不利的阵痛，采取积极有力的举措，持续开展严防严控，在"天帮忙"的形势下，全市上下更加努力地落实应急措施，确保了 1 月第一周空气质量 7 天都是优良天，$PM_{2.5}$ 周浓度仅为 40 微克 / 米^3，为 2018 年开了个好头。但从第二周开始，老天突然变脸，气候形势变化，我们的管控管理也出现了一些问题。冷空气少了弱了，扩散条件逐渐变差，特别是 1 月 12 日开始出现 2018 年首个重污染过程。成绩面前，一些地方对污染源的管控出现了松动，管理上松懈的苗头让污染一时钻了空子。

12—17 日这次重污染过程对我市空气质量影响很大，同 1 月 7 日相比，1 月 15 日各项污染物的累积年浓度都出现了上升，例如 $PM_{2.5}$ 累积年浓度增长了 10 微克 / 米^3，PM_{10} 浓度增长了 12 微克 / 米^3，SO_2 浓度增长了 1 微克 / 米^3，NO_2 浓度增长了 1 微克 / 米^3。总结上半月大气污染防治工作，给我们带来三点新启示：

空气质量间歇性好转时一定要防污染杀"回马枪"

12 日起，我市启动了二级橙色应急响应。但这期间，天气时好时差。面对空气质量间歇性好转，一些地方、一些工作开始出现松懈，导致管控工作在 12 日至 14 日出现松懈，保持了 10 多天的 74 个城市倒数排名 54 名，一下子变成了 34 名，污染杀了个"回马枪"。据分析，16 日至 17 日不利污染物扩散的天气仍会卷土重来，具体污染形势如何呢？

经市气象台、环境监测站、$PM_{2.5}$ 专家组通过多种空气质量预测模型，结合气象资料预测，我市在 16 日至 17 日白天扩散条件转差，地面辐合线北抬，有利于污染物输送，空气质量以中度污染为主。18日至19日受偏西气流控制，以西南风为主，扩散条件持续不利，以轻度至中度污染为主。20日开始，地面风速减小，大气静稳程度增加，扩散条件再次转差。21日至22日受高空纬向气流和地面弱气压场控制，高湿静稳，可能出现轻度至中度霾污染。考虑到大气条件预报不确定性影响，具体形势仍有待多方临近研判会商。

预计2018年1月至2月，欧亚中高纬大气环流较前期明显调整，总体以纬向环流为主，不利于冷空气扩散南下，冷空气偏弱，大气污染天气过程较多。我国北方地区静稳天气发生概率较高，污染物扩散条件转差。京津冀大气污染扩散条件偏差，如果在这个时段管控不利，我市将会出现15～20天的大气重污染过程。前车之鉴，我们应该汲取，不是让老天低头，就是我们的工作出现失误。

要瞄准问题抓防控，一时一刻也不能松劲

经过5年的努力，目前我们对重污染天气的成因和变化规律已经有了更加科学的认知。通过提前会商研判，及时预警通知，采取措施严格落实减排，把污染排放总量和强度都降下来，雾霾就没有预想的那么严重。2017年11月4日，京津冀及周边地区发生了一次重污染过程，我市及时启动了重污染天气橙色预警，提前落实减排措施，精准应对，大大降低了重污染过程对空气质量的影响，SO_2、NO_x、颗粒物等主要污染物减排比例达到20%以上，污染浓度峰值低于预测值，持续时间也相对较短，是成功应对重污染天气的案例。方法是科学有效的，见效的关键在于落实必须到位。各级各部门治理责任和压力一层层向下传导，真正压实到每个污染源的管理者身上，大气治理的各项措施真正落实到位，治理污染的效果就一定会显现。

针对12日至15日这次重污染过程，应对不如去年冬季那样到位，从近期督查巡查结果来看，本地污染源的管控上存在着不足和问题。一是部分企业重污染应急过程应停未停，违法排污，如北方嘉科印务有限公司、廊坊市新建机械配件加工有限公司，未按要求停产。二是扬尘问题突出，逐渐抬头，建筑材料和裸土苫盖不完全，如恒康街北侧、凤鸣道华为集团道北院内、广阳区西环路龙河西桥南侧、西环路与芦庄村口交叉口西南侧、桐柏村北口等沙石料苫盖不完全，中孟各庄拆迁工地围挡外东侧，大面积裸土未苫盖。三是工地应急响应期间施工。如锦绣御府项目、梨园村艺术大道北侧工地、上善颐园建筑工地、北凤道小长亭村南等发现大量渣土车出入，抑尘措施不到位。四是露天焚烧屡禁不止。如炊庄村北侧、肖家务村东侧垃圾焚烧问题。五是橙色预警期间高排放车辆肆行。如北凤道与新开路交叉口、广

阳道万向城北侧、凤鸣道与银河路交叉口西侧、木兰道好丽友厂区附近路段均发现渣土车、灰罐车、重型卡车上路行驶。

持续奋进必须记住"痛"，常努力

正如人民日报所说，治污不易，更须一鼓作气。打赢蓝天保卫战，必须做好攻坚战和持久战的准备，需要一鼓作气，攻坚力度不能减，克难劲头不能松，否则就会再而衰、三而竭。新年伊始，春节在望，想停下来歇歇脚、喘口气也是人之常情。但是就目前的形势而言，结构调整成效明显、污染企业气焰式微，但从整个社会层面讲，自觉守法的意识尚待提升，执法监管如果稍有松懈，很多不法企业就会卷土重来，治理成果可能难以保全。环境形势最严峻的时候已经过去了，环保工作最苦最累的时候也就现在这样，因此更想提醒一句，车没到站，路还要走，污染攻坚的劲头一点也不能松。继续坚持，若半途而废，岂不可惜。打赢蓝天保卫战，环保人只有坚持不懈，积小胜为大胜，才能赢得整个战役。当然，除了环保人的努力，全社会也要紧密配合，不给污染家人造机会，不给蓝天抹黑。

2017 年，犹如"过山车"一般，从年初的阵痛，到逐步看到希望，再到最后圆满收官，让我们经历了艰辛的考验。2018 年我们要时刻牢记过去已有的每一个教训，深记每一条有益的启示，以时不我待的努力，向着蓝天常驻的目标步步奋进。

78. 天气异常突变　防控急需跟上

刊 2018.1.20《廊坊日报》2 版

1月18日上午，我市上空还是蓝天白云，但中午13时开始突然发生变化，不仅污染物难以扩散，而且大量污染物随风反扑，再度来袭。甚至到17时至19时还出现了连续3小时的重度污染过程。此时，距离17日24时解除重污染应急响应还不足20小时。为什么这么快空气质量就变得如此之差了呢？主要是由于17日来的这股冷空气太弱，刚过18日中午风向就发生了反转，北风变成了南风，扩散条件迅速变差，最终导致我市排放累积，空气质量迅速变差。

区域性气象反复不定，"雾霾"与冷空气频现拉锯

在污染物排放一定的情况下，气象条件对环境空气质量影响就会被放大，天气状况的不断变化，实际上就是大气输送、稀释、转化和清除污染物的能力在不断变化。本周弱冷空气活动虽然频繁，但冷空气不够强劲，对污染清除只能说是杯水车薪，这是导致出现区域性气象条件反复不定，京津冀及周边多个省市的空气质量出现间歇性反复的主因，但我们对老天变脸估计不够，过早停止应急响应，也是导致污染后果的原因。我市空气质量在18日夜间突然转差，夜里出现3小时重污染，23时短时好转后到轻度至中度污染，到19日早间6时污染再次加重，升至中度污染，12时又开始转好。空气质量出现如此反复就是由于这几天的冷空气太弱，从北向南移动到霸州停下来了，霸州及以南地区还是中到重度污染，2017年12月及今年1月初前面几轮的污染过程也出现了类似情况。

根据最新会商，其实最近几天不缺冷空气，但是几次冷空气都较弱，弱冷空气对于驱散雾霾作用不大，清除不了，只能缓解，需要系统性的强冷空气才能缓解雾

霾，因此这样的污染过程至少持续到23日。在冷空气间歇期，霾会逐渐发展，污染物会来回输送，污染气团像滚雪球似的越滚越大，灰霾和冷空气在京津冀及周边地区的上空对峙，继续上演"拉锯战"。因此，未来几天我市的空气质量还将在好坏中起起伏伏，如果管控不力，重污染天气会给人民群众健康带来危害，会对我市新年开局良好成果造成严重影响。针对如此反复的霾情，我市已于19日12时再次启动二级应急响应，力争实现污染削峰降级。

节前整体气象依旧不利，污染防控需更有耐心恒心

根据最新会商预测来看，预计1月下旬至2月上旬冷空气偏弱、污染过程较多，气象条件总体不利。京津冀区域平均气温接近常年同期或偏高，降水整体以偏少为主，静稳天气发生概率较高，京津冀大气污染扩散条件偏差。春节之前，我市多数时间处于静稳环流形势影响之下，影响我市的来自蒙古的西北路、来自贝加尔湖东侧的东北路这几路冷空气都很弱，若管控不力，污染将持续反复，甚至出现重污染。各级各部门需采取针对性更强的措施，提高治理效果，积极应对重污染天气。

治霾不能任凭天气"摆布"，源头减排才是关键

其实，如果咱们在生活中控制不住污染物排放，天空就会形成重污染。当一次重污染已经在天空形成以后，只能靠下一次气象过程的风把它吹走。治霾，只有通过长期减排加上短期应急等举措，才能做到不让污染产生那么严重。唯有准确判断、及时严控、着力减排，不利天气再来时，雾霾才会减轻，好空气才会持续。

天气变幻无常，污染天气频发。这轮教训让我们意识到，一旦出现闪失，一定要及时补救，亡羊补牢。各级各部门要严细布控车、企、尘、烧、热力站，对违规超排行为进行严打和顶格处罚。针对不同气象条件要抓住重点，例如在西南风时南五县尤其"永固霸"要加强联防联控，北风时市三区要减少污染排放，东南风时加强北三县联防联控，静稳无风时最大限度降低本地源的排放，如工业企业要严格落实应急减排措施，停产限产要到位，继续生产企业要达标排放、超低排放；重型车等大车要绕行；早晚高峰加大交通疏导等。风力较大时，应做好工地抑尘、裸土苫盖等处理，尤其对近期污染防控出现的几个典型问题要严查。一是个别工业企业超标排放。如广阳区的广炎热力公司18日8时、10时、13时至18时超标排放，最大超标1.6倍。二是部分工地的抑尘措施不到位。如廊坊开发区娄庄路润泽信息项目工程施工扬尘和安次区光明西道家合广场沙土裸露、苫盖不完全的问题。三是城中村、工商户燃煤反复问题。如广阳区大枣林庄村、廊坊开发区堤上营村、安次区

连庄子村。四是频频出现的露天焚烧问题。如广阳区的西官地燃烧生物质，安次区的西昌路龙河桥焚烧落叶等。

针对这次污染过程，各地各部门要及早准备，持续严控，严格落实应急减排措施，力争污染再次降低级别，尽最大努力保护广大人民群众的身体健康。各县（市、区）及各市直部门应积极采取控霾措施，工地需强化扬尘管理，做好裸土、物料以及建筑垃圾的苫盖；企业持续做好减排措施；全市加强生物质焚烧的管控；春节将至，对燃放烟花爆竹的情况严格管控，禁燃区重点管控；交警对中重型车辆做好绕行管控，严查油品使用不合格车辆上路行驶。

问题往坏处想，措施往严里做，才能防患于未然。

79. 化雪潮湿污染不利扩散
控车控企减排最为关键

刊 2018.1.23《廊坊日报》1 版

2018 年年初雪来，化雪同时不利于污染物消散

1 月 22 日早上，双休日过后的第一天，人们推开窗、打开门，看到的是久别的白茫茫一片，大街小巷已经穿上了白色的外衣，翻开朋友圈，都是朋友们晒的雪人和涂鸦，雪姑娘终于在人民的期盼中来到廊坊。尽管雪下得很少，几乎没有把路面盖严，但下了总比不下好。因为，从 1 月 12 日至 21 日，我市正经历一次持续时间长的重污染过程，共有 14 个小时 AQI 达到重度污染。霾中，众多感冒加咳嗽的人们，都在期盼尽快走出阴霾，看到蓝天。随着 1 月 21 日夜间受偏东路冷空气影响，我市今年第一次出现较大范围的降小雪过程，空气质量逐渐转良。但是降雪有利也有弊，一方面降雪有利于减少扬尘污染，使得困扰我市多日的雾霾逐渐散去；另一方面由于降雪量小，清除不彻底，降雪伴随空气湿度增加，高湿度不利于污染物的扩散，后面两天积雪融化也会使近地面更加潮湿，加上温度降低，污染物极易在本地累积。

今明两天要注意，解除应急但不能放纵

一般来说，下雪当天，空气质量一般都是良或者轻度污染，但如果随后有大风，第二天空气质量就会有明显好转，达到优良。最新会商结果显示，受较强冷空气影响，我市 1 月 22 日夜间将出现 3 ～ 4 级西北风，污染将自北向南逐渐减弱消散，空气质量转良。1 月 23 日和 24 日我市空气质量以良为主，为了保证工业企业的正

常生产和重点民生工程顺利施工，经多方会商后，我市于 1 月 23 日前解除重污染天气橙色预警。

但是从经验来看，雪天行车速度慢，温度低取暖消耗能源增加，工业企业大量复工，这些都会导致污染物排放总量增加，尤其是氮氧化物等气态污染物吸湿转化增强，形成二次颗粒物比平时会明显增加。因此，雪天对污染物的清除能力有限，如果管控不利，污染就会出现反弹。23 日至 24 日各级各部门要对机动车、工业企业、热力站、城中村燃煤等重点污染源持续管控，严厉打击企业违法排污、超标排放行为；强化道路交通疏导，保证行车安全；保证供热企业平稳运行，达标排放；重点工程做好各项抑尘措施。

月底前污染管控时不我待

最新会商显示，1 月底前我市还将经历 1 ～ 2 次污染过程，1 月 25 日开始中层大气将逐渐回暖，空气在垂直方向"上热下冷"导致流动性变差，我市将处于高湿度、低风速、强逆温不利气象条件下，各种污染物排放容易持续积累，预计将在 26 日至 27 日达到污染峰值，28 日受间断性冷空气影响，污染才会稍有缓解。但受大气不确定性影响，本月最后 3 天，具体形势有待临近判断。

为了在 2018 年首月能取得空气质量改善的好成绩，不断满足人民群众对良好空气质量的迫切需求，保持畅快呼吸蓝天白云的幸福感，各级各部门要提前部署，做好 25 日开始的这轮污染过程的应对工作。重污染应急期间，企业需严格落实应急减排措施；中重型货车继续保持绕行管控，严禁驶入主城区；工地做好裸土及料堆的苫盖，应急响应期间重点工程能停的也要停下来，严禁非道路机械和渣土车违规上路行驶；对已经完成"煤替代"工程的城中村保持燃煤、生物质燃烧的督查，落实到乡镇和村街。

80. 为什么市区臭氧污染显得有些重？

刊 2018.1.31《廊坊日报》2 版

这几天，市主城区二氧化氮浓度比固安、永清低，但臭氧浓度却比固安、永清更高，仅以 2018 年 1 月 29 日为例，市主城区氮氧化物比固安低 19 微克 / 米 ^{3}，比永清低 5 微克 / 米 ^{3}，但臭氧比固安高 24 微克 / 米 ^{3}，比永清高 13 微克 / 米 ^{3}，市领导和广大市民都很关注，这其中的奥秘在哪里？1 月 30 日上午，市大气办组织环境保护部"一市一策"专家组、$PM_{2.5}$ 专家组、市双联办、市环保局对此专题研究进行会商，深入分析，查找原因。经过会商，发现 1 月 29 日市主城区臭氧高于永清和固安的主要原因是市区气温更高，近地面大气透明度更高，光辐射强度更强，而且市区氮氧化物和 VOCs 的排放强度高于县区，以上多个因素的综合作用造成了市主城区二氧化氮转化成臭氧的速度比县区快，这一现象也符合臭氧生成的科学机理。近年来，我市臭氧浓度呈现上升趋势。2013—2017 年，全市主城区臭氧浓度依次为 141 微克 / 米 ^{3}、171 微克 / 米 ^{3}、182 微克 / 米 ^{3}、207 微克 / 米 ^{3}，呈现逐年上升的变化趋势，特别是每年的 5—9 月，臭氧污染问题愈发严重，且 2017 年夏天我市出现了 5 天臭氧重污染天气，即当日臭氧 8 小时浓度超过 265 微克 / 米 ^{3}。臭氧污染的治理形势越来越紧迫。

臭氧从哪里来？

臭氧是由氮氧化物（NO_x）与挥发性有机物（VOCs）在光照条件下通过光化学反应生成的二次污染物，其污染程度与 NO_x、VOCs 等前体物浓度和温度密切相关，通常前体污染物浓度越高、光照越强、气温越高，则光化学反应越强烈，臭氧浓度越高。因此，控制臭氧污染的关键是减少前体物 NO_x 和 VOCs 的排放。从京津冀区域的臭氧污染情况来看，2017 年京津冀平均上升了 13.8%，我市同比上升 13.7%，临近的保定、天津、唐山也出现了同比上升。从空间分布来看，夏季华北地区臭氧污染呈现区域性特征，沿北京—河北中东部—山东内陆地区有一条明显的臭氧高浓度带，因此，解决臭氧污染问题同样需要区域联防联控。

臭氧污染有什么特点？

一是臭氧污染是二次生成的，臭氧与其前体物浓度的关系是个复杂系统。一般来说，将臭氧生成的前体物控制区划分为 NO_x 控制区和 VOCs 控制区，在 NO_x 控制区，臭氧浓度与 NO_x 成正比，VOCs 变化对其影响不大；在 VOCs 控制区，臭氧浓度与 VOCs 成正比，与 NO_x 浓度成反比；在 VOCs 控制区和 NO_x 控制区中间的是过渡区，沿着过渡区按照一定比例协同减排，臭氧浓度下降最快。我市主城区目前处于 VOCs 控制区，短期内臭氧污染治理需要优先削减 VOCs，从中长期角度看，当 VOCs 与 NO_x 按照最佳比例协同削减，VOCs、NO_x 及臭氧三种污染物可以实现同时削减，持续减排 VOCs 与 NO_x 才会最终实现臭氧浓度显著下降。从长期来看，坚持减排，最后臭氧浓度总会下降，因此，治理臭氧的关键在于长期持续减排。

二是臭氧污染具有更强区域性。臭氧污染的区域性特征明显，只通过局地的污染物减排措施难以有效降低臭氧浓度，我市整个市域必须进行区域大气污染物联防联控。而且，通过分析 2017 年我市臭氧高值日特征，我市在偏南风时最易出现臭氧高值的概率高达 51%，并且采样分析结果显示在臭氧快速上升阶段（10—11 时），市区西南上风向 30 千米处 VOCs 浓度高达市区的 1.5 倍。因此市主城区和永清县、固安县、霸州市是治理的重点区域。

三是臭氧与 $PM_{2.5}$ 等污染物具有关联性。从污染来源看，臭氧与 $PM_{2.5}$ 具有"同根同源"的特征，但是从臭氧的治理成效来看，臭氧与 $PM_{2.5}$ 浓度在治理的某一阶段会出现"此消彼长"的关系，当 $PM_{2.5}$ 浓度降低时，空气透光性变好，光照变强，加速光化学反应，反而有利于臭氧浓度升高。因此，在 $PM_{2.5}$ 的治理过程中要协同治理臭氧污染，尽量减少臭氧的大幅度反弹。

臭氧污染怎么治理？

根据臭氧的生成机理，控制臭氧污染的关键是长期坚持、持续减少前体物 NO_x 和 VOCs 的排放。

通过产业结构优化调整，持续源头控污。在全市钢铁、玻璃、水泥等高耗能企业有序减少的基础上，进一步调整退出高污染行业，从源头减少污染排放；对市主

城区现有项目实施"三个一批"：一是采用先进治理工艺对现有治理措施提标改造，开展深度治理，应达到纳入"白名单"标准的治理要求。二是整合搬迁一批，出台鼓励政策，实施产能输出，有计划引导涉 VOCs 企业搬离市主城区；三是关停取缔一批，对不具备升级改造条件、治理无望、不具备长期稳定达标排放的涉 VOCs 企业关停取缔。同时加强对汽修、印刷、建筑涂装等行业的监管，减少 VOCs 排放。

通过对涉 VOCs 企业"春冬季治本，夏秋季治标"，实施重点区域深度治理。将市主城区和永清县、固安县、霸州市划定为治理重点区域，将市主城区内的工业企业集中区作为治理核心区域开展深度治理。春冬季，对化工、印刷、制药、橡胶制品、涂料行业、各类涂装行业等 VOCs 污染较重的行业进行深度治理，将现有治理工艺改造为治理彻底的先进工艺。夏秋季建立"白名单"制度，对市主城区、永清县、固安县、霸州市区域内未按要求完成深度治理的重点企业，实行夏秋季错峰生产。

通过重点抓重型车和供热锅炉、工业锅炉、窑炉管控，控制氮氧化物排放。机动车污染控制方面，以"车、油、路"为导向，淘汰高排放老旧机动车，逐步加快老旧车淘汰进度，推广清洁燃料和发展新能源车、加快公共交通建设提高公交出行、加强加油站和储油库油气回收等，多措并举减少机动车尾气排放的氮氧化物和挥发性有机物。继续强化工业减排，燃气锅炉、窑炉低氮提标改造。燃煤锅炉淘汰之后，新上的燃气锅炉作为新增排放源，没有及时安装在线监测系统，NO_x 排放量参差不齐。燃气锅炉尤其是夏秋臭氧高发期依旧使用的工业燃气锅炉、窑炉急需通过技术升级，进行低氮燃烧和脱硝改造，实现低氮排放。加强燃气锅炉、窑炉排放监控，有条件的安装在线监测，不能安装在线监测的要定期进行手工采样监测。

近几年的实践证明，我市采取的"煤替代""散乱污"取缔、锅炉淘汰改造、扬尘、重型车、露天焚烧等面源的精细化管控等削减 SO_2、NO_x、VOCs 等污染物的措施是有效的，在治理 $PM_{2.5}$ 的同时，臭氧污染上升也将得到一定的遏制。下一步，我市将继续坚持多种污染物协同减排的防治思路，加强对臭氧污染治理，加快推进大气环境质量的持续改善。

81. 一月旗开得胜　二月"危机四伏"

刊 2018.2.1《廊坊日报》1 版

昨天是 2018 年 1 月的最后一天，向市民报告一个好消息：今年 1 月，我市优良天数共计 25 天，较去年增加了 14 天，重污染天数为 0，较去年减少了 10 天；PM$_{2.5}$ 浓度为 46 微克 / 米^3，较去年同期下降了 63.8%，在 74 城市综合指数倒数排名明显改善，2014 年 1 月倒排第 11 名，2015 年 1 月倒排第 22 名，2016 年 1 月倒排第 12 名，2017 年 1 月倒排第 12 名，今年 1 月估算是倒排第 50 名，空气质量达到历史最好水平，各项数据指标都创下了历史最好成绩。人努力，是我们取得好治理成果的主要因素。

人民对蓝天的幸福感一天天增强，我们迎来蓝天的背后，离不开市委、市政府的坚强领导、科学指挥；离不开各级、各部门不畏辛苦，敢于担当的日夜努力；离不开企业的大力支持；离不开全市广大人民群众的积极参与。

二月"危机四伏"，人为源排放仍是主因

回首去年的农历新年前后，我市正在经历重污染天气，农历正月初一的 PM$_{2.5}$ 日均浓度达到了 265 微克 / 米^3，空气质量达到了严重污染，雾霾笼罩在城市上空，给广大市民带来了诸多不便。春节期间一些污染源活动变得更加频繁，如露天焚烧生物质和祭祀用品、大量燃放烟花爆竹、违规使用燃煤、假期出行人多车多造成交通拥堵、部分企业违规生产等，这些都是造成春节期间空气质量不佳的主要原因。而今年的春节正好赶在了 2 月中旬，对我市的空气质量来说，这个新年有遭霾袭的危险，仍然"危机四伏"。具体有以下几个方面：

一是今年 2 月正好可以分为春节前半月和春节后半月，大家都沉浸在迎新的喜

庆里，尤其是春节过后，各种工作都刚刚开头不久、千头万绪，精力较为分散，很容易就出现对大气污染防治工作的间歇性忽视，管理上容易出现松懈。

二是除夕夜至正月初一，可能会是烟花爆竹燃放量的高峰。同时大部分地区都有春节祭祖的习俗，焚烧祭祀用品、鞭炮燃放也将相应增加。而因燃放烟花爆竹，历年都会引发很多秸秆、杂草、垃圾着火。历史数据表明，如果管控不利，大量烟花爆竹集中燃放，城市 $PM_{2.5}$ 浓度将快速上升，单小时 $PM_{2.5}$ 浓度可上升 200 微克 / 米^3 左右，空气质量指数（AQI）甚至可能因此出现"爆表"现象。

三是春节期间，不少市民走亲访友、自驾出游，而且外地游客到京津廊游玩较多，我市交通压力将明显增大，车多易出现缓慢通行甚至道路拥堵问题，车辆尾气排放成倍增加。

四是春节期间，一些企业依旧保持高负荷生产，易出现污染物超标排放现象；部分"散乱污"企业趁虚而入，开始恢复生产，使得污染物排放水平显现上升态势。

五是最新会商预测显示，今年 2 月欧亚中高纬大气环流较前期明显调整，总体以纬向环流为主，不利于冷空气扩散南下，京津冀区域整体气象条件持续不利，静稳天气发生概率较高，污染扩散条件偏差，冷空气偏弱、污染过程较多。

212

过环保佳节，共护"春节蓝"

春节将近，要年味更要环保。为确保春节期间环境空气质量持续向好，各级各部门要做好本职工作不松懈，全市上下要共同守护"春节蓝"，以切实保障群众健康安全。

一是调整工作矛盾，专项工作专人负责。长假之前和长假期间，极易出现松懈、麻痹的思想，各级、各部门要调整好工作矛盾，做到春节期间大气污染防治工作有专人负责，确保不失控。

二是规范烟花爆竹销售市场，规定禁燃区域。按照廊坊市人民政府令〔2017〕第 1 号《廊坊市烟花爆竹安全管理办法》，公安部门负责烟花爆竹的运输、燃放、销毁处置等环节的公共安全管理；安全生产监督管理部门负责烟花爆竹的生产、经营、储存等环节的安全生产监督管理；其他各相关部门按照职责分工做好烟花爆竹的安全管理工作。按照规定，禁止在廊坊市、各县（市）外环线以内（含外环线）及廊坊经济技术开发区全域内燃放烟花爆竹，禁止燃放烟花爆竹的场所应当设置禁放警示标识，并做好安全提示和防范工作。

三是企业复工和商户开市不"开炮"。各县（市、区）、各乡镇和各相关部门要提前部署宣传和管控，向企业、商户下发明白纸，倡导节后企业复工、商户开市不放"开门炮""发财炮",用福袋、彩带、挂件等装饰开张营业,或者用"电子鞭炮"代替"鞭炮"。

四是提倡市民绿色出行、错峰祭扫,确保交通出行安全有序。春节长假,不少市民忙着办年货、走亲访友,或者自驾出游,或是祭祀先祖,人员和车辆尤为集中,提倡大家合理安排出行时间,尽量避开高峰路段时段,适当绕行,或选择自行车和公交车等交通工具环保出行。

五是加油站保证油品油质。加油站要保证油气回收设施正常运行,不卖劣质油;市民加油要选择正规的加油站,不贪图便宜忽略质量;工商局做好油品油质督查,严厉打击生产、销售假冒劣质油品行为。

六是易燃垃圾及时清理。春节假期之前,辖区街道和相关部门应组织各类群防群治力量,集中彻底清理居民小区的可燃物、易燃物、堆积物、垃圾等。

七是倡导群众文明过节与祭扫。春节期间,相关部门做好消防预防和宣传,成立消防灭火队,防止火灾发生和及时灭火。提倡市民以鲜花祭祀、网络祭奠、家庭追思等文明、环保、安全的方式缅怀亲人,摒弃扫墓祭祖焚烧纸钱香烛,燃放鞭炮等陈规陋习。

八是严格执法,最大限度降低违法排污对空气质量的影响。为防止企业趁假期违法突击排污,全市各级环保部门执法人员对各企业进行严格督察,对影响大气环境质量的重点排污企业以及存在污染隐患的企业,进行重点监控和督察,严防假日期间违规排污行为发生,对违法排污行为,及时打击及时制止,并从快从重查处。特别是重污染期间,要督察企业严格落实各项应急响应措施。

不忘初心,砥砺前行

在绿水青山处生活,是一份愿望,对自己认定正确的事情而执着,是一种担当,被世俗也无法泯灭的善良;这是一场对守护、对环保、对坚韧的诠释和传承,需要我们坚持"同呼吸 共奋斗"公民行为准则。大气污染防治的任务召唤我们以梦为马,不负韶华,以环境质量改善为核心,以满足人民日益增长的优美生态环境需要为落脚点,打好蓝天保卫战,以看得见、摸得着的环境质量变化,切实增强人民群众的获得感。

蓝天保卫战是为了人民,依靠人民,更需要公众为保卫蓝天做出一些"绿色"改变,更需要企业和全社会的鼎力支持,坚持全民共治,严打环境违法犯罪,为欢乐祥和地过好春节共同奋斗。

82. 首月治污告捷　未来任重道远

刊 2018.2.5《廊坊日报》3 版

　　说起年初的空气质量，恐怕很多市民都会不约而同脱口而出："蓝天幸福感爆了！"1 月 31 日的"月全食"这一天文奇观，更是赚足了人们的眼球。而能够有幸看到这一天象，得益于好的天气，好的空气质量。今年，新一轮清洁空气行动已经开启，接下来空气质量改善任务依然繁重，大气治理工作的要求更高，必须持续用力，久久为功。

各项指标大幅下降，空气质量明显改善

　　今年 1 月，我市空气质量综合指数由低到高在 74 个城市中的排名为正数第 22 名，较去年变好 39 个名次，在"2 + 26"城市中的排名为正数第 2 名，较去年变好 9 个名次；$PM_{2.5}$ 浓度仅为 47 微克 / 米^3，高出国家二级标准（35 微克 / 米^3）0.34 倍，较去年同期降低 63.0%；优良天数为 25 天，较去年同期增加 14 天，重污染天数 0 天，较去年减少 10 天，空气质量实现了大幅改善。

污染过程"伺机而动"，大气污染防治不可松懈

　　经市气象台、环境监测站、$PM_{2.5}$ 专家组通过多种空气质量预测模型，结合气象资料预测，我市在 2 月 6 日至 10 日将经历一次污染过程，其中 6 日起，大气静稳程度增加，污染物在本地累积，预计空气质量以轻度污染为主；7 日至 8 日受弱冷空气扰动影响，南北气流夹击，易出现风场辐合，以轻度污染为主，部分时段可能出现中度污染；9 日至 10 日是污染峰值阶段，受高空纬向气流和地面弱气压场控制，高湿静稳，我市极有可能出现中度甚至重度霾污染；11 日前后受偏北冷空气

影响，空气质量有所改善。考虑大气条件预报不确定性影响，具体形势仍有待多方临近研判会商。

要有效地应对重污染过程，只有提前采取各项管控措施，持续严控，将污染物排放量压下去，将排放强度降下去，才有可能实现重污染天气的削峰降级。这也需要全市上下将大气污染防治的工作常态化，保持管控力度不松懈。

突出问题是重点，联防联控是根本

从本月督查巡查结果来看，我市本地污染源的管控上仍存在诸多方面的不足。一是部分企业重污染应急期间应停未停，违法排污，如北方嘉科印务有限公司、廊坊市新建机械配件加工有限公司、廊坊市蓝菱印刷有限公司；二是建筑材料和裸土苫盖不完全，如化辛路与祥云道交叉口西南侧、廊坊富鑫钢板有限公司院内、北凤道北侧小长亭村西口、南龙道北侧信诚建材、花语城五期二地块等；三是工地应急响应期间施工，如广阳道东延工程、阿尔卡迪亚北红星美凯龙生活广场、西环路打通工程、北凤道与梨园路交叉口东北侧北凤道绿化工程等；四是露天焚烧屡禁不止，如黄道务村、芒店一村、大马房村、大麻村、北甸村、前南庄村、户屯建材市场、楼庄路与北环道交叉口附近等；五是应急响应期间渣土车、灰罐车、不合格油品车辆、非道路移动机械违规上路行驶，如云鹏道、西昌路、北凤道、和平路、艺术大道、建设路、全兴路等。

通过对 1 月乡镇空气质量监测结果和传感器数据分析情况看，大部分乡镇空气质量均有好转，但也有一部分乡镇的大气污染治理工作存在明显不足，其中监测数据累计较高的 15 个乡镇有：安次区的调河头乡、葛渔城镇、东沽港镇，广阳区的万庄镇，文安县的兴隆宫镇、滩里镇、大留镇、史各庄镇、孙氏镇，大城县的臧屯乡、北魏乡、大尚屯镇、旺村镇，霸州市东杨庄乡、堂二里镇。

同在一片天空下，面对严重的大气污染，任何一个人、任何一个单位都不可能独善其身。经验表明，加强各县（市、区）的联防联控，是当前阻击重污染过程的有效方式和手段，我市各级各部门要积极按照上级要求做好大气污染防治相关工作，各类企业、工地和广大人民群众也需要为联防联控主动作出贡献。

大气污染防治工作任重道远，需要做出更多努力

大气污染成因的复杂性、传输的无界性，决定了大气污染防治工作的长期性、艰巨性，这期间既要有政府部门的强力推动，又离不开全体社会成员的广泛参与。大气污染防治工作任重而道远，还需要我们做出更多努力。

　　污染过程来临前，各级各部门要对各类污染源继续保持强化管控；工业企业要承担应尽的社会责任，加强污染物排放管理和落实停限产措施；工地针对扬尘源要加强道路清扫频次，加强裸土苫盖和破损密网检查等，重污染应急期间停止施工和渣土拉运；热力站作为市区的排放大户，要将二氧化硫、氮氧化物、烟尘等污染物排放水平压减到最低；交警部门要做好交通疏导和高排放车辆管控，严禁中重型货车在主城区穿行；广大市民要选择更加环保绿色的生活方式，共同监督露天焚烧垃圾和祭祀用品、禁燃区燃放烟花爆竹等不文明行为，城中村住户不烧散煤和劈柴等。

　　我们要坚定信心和决心，总结经验、正视问题、紧盯目标、抓实抓细，全力打赢大气污染防治攻坚战。

83. 晴朗的天空为何不"优"而"良"

刊 2018.2.8《廊坊日报》4 版

【内容提要】天空晴朗，不启动应急响应时，企业、车辆排放便会增多，加之天气静稳而不利于污染物排放，因此，天虽晴而污不轻，很难保"优"；是否启动和延续重污染天气应急响应，每一次决策都是在专家科学指导下进行的，既要尊重《预案》，更要尊重"天气"现实；启动应急响应，是为了减轻污染伤害，受益者是社会的每一个成员；企业和社会各类生产经营者都必须自觉依法承担保护最广大人民群众环境权益的社会责任，而不能独吞"小利"而忘"大义"。

进入 2 月以来，我市前 7 天空气质量收获了 2 个"优" 5 个"良"，很多市民对此感到不解，为什么在这么晴朗的天空下空气质量不"优"而"良"呢？实际上，有效管控污染，才是取得空气质量优良的关键。

1 月，我市在上级通知的提示下，在专家组的具体指导下，针对可能出现的重度污染天气及时启动了应急响应，针对两个污染过程之间短暂轻度污染天还两次延续了应急响应。1 月实施的持续应急响应，在扩散不利的情况下，让工地、大车、工业企业的污染得到有效控制，才有了我市争取更多"优"和"良"的结果，取得了科学治霾的良好战果，也从侧面回答了近期一些群众提出的问题：为什么长时间启动橙色应急响应？为什么空气质量为良时仍然延续启动应急响应？针对这个话题，专家组已经通过各种媒体进行过多次解读分析，但仍有部分群众没有看到，没有对科学治霾获得深入的了解和全面的认知。多家科研机构的研究表明，提前采取应急减排措施和在污染过程间隙中持续应急管控措施，能够最大限度地减少污染物在本地的累积，更有效地降低污染物浓度峰值。我市及时启动、持续应急响应，使减排措

施真正起到效果，实际空气质量才会比预测的好，群众的身体健康才能得到保障。

2月，尽管前几天天气晴朗，但因大量工地开工，除了秋冬季错峰的企业外，都在正常生产，渣土车、非道路移动机械和企业排污大量增加，各类排放汇集到一起，加上风力小、天气静稳而不利于污染物扩散，导致污染物在本地累积，才使空气质量变差。因此，出现了天虽晴而污不轻的情况，这就是2月晴朗的天空不"优"而"良"的原因。"天不藏污"，空气质量监测设备不会说假话，监测数据是对空气质量最真实的反映。天气晴朗，扩散条件相对有利，预测可以争"优"，但最终得"良"，进一步提醒我们，即使是晴朗天也要对污染源采取必要的管控措施。

我市对是否启动和延续重污染天气应急响应的每一次决策都是在专家科学指导下进行的，既尊重了《重污染天气应急预案》，更尊重了"天气"的现实。进入采暖期以来，我市雾霾来袭频繁，上级多次发出通知要求我市及时启动预警，同时专家组对每次污染过程都进行认真研判并提出了具体指导。过去的预警启动经验告诉我们，雾霾频繁，间隔时间短，频繁启动和解除，不仅对污染的管控效果不好，还会给企业带来设备关关停停和工人反复放假的麻烦。同时，我市启动重污染天气应急响应，主要是考虑了人民群众的需求与盼望。在周边城市启动了I级应急响应时，我市启动II级应急响应，未实行单双号限行，也是尽最大努力维护了企业的利益和公众出行的方便。因此，在今后的工作中，为了保证公众的健康利益，在一些不利的气象条件下采取一些严控措施，甚至启动应急响应，是非常必要的。如果不采取严控措施或管控不到位，污染物就会大量排放，持续积累必将使我们的空气质量急剧下降，给广大群众的身体健康带来危害。

启动重污染应急响应、对污染排放源采取必要管控措施，是大气污染防治工作的重要内容，其目的追根究底是为了保护群众的健康利益，希望市民给予理解与支持。2017年冬季至2018年春季，为了应对不利天气，我市及时启动重污染应急响应，空气质量得到明显改善，这一成果得到了广大群众的强烈支持和积极拥护，很多市民在媒体或微信群对政府采取的措施给予赞扬，这说明群众心是明的，眼睛是雪亮的，期盼蓝天的心情是迫切的。启动应急响应，是为了减轻污染伤害，受益者是社会的每一个成员。企业和社会各类生产经营者，都必须自觉承担保护最广大人民群众环境权益的社会责任，而不能独吞"小利"而忘"大义"。企业不能只在乎自己一时的损失而不顾群众的切身利益，要勇于付出奉献，从语言表达到思想行动，都要与政府打赢蓝天保卫战的要求同向而行，与人民群众健康利益同向而行。广大群众也要积极参与全民共治行动，参与源头防治行动，为使廊坊有更好的空气质量，为保证我们的健康利益而共同奋斗。

84. 万民喜迎新春到　霾来捣乱要严防

刊 2018.2.14《廊坊日报》1 版

　　看过环保小说《战霾三部曲》的读者，都知道小说《霾爻谣》中有一个章节，叫"散伙饭"。"散伙饭"说的是人类在治理雾霾的同时，霾也会向人类反攻倒算。各类污染"霾头"专门挑选人们放假过节休息的时候兴霾作浪，干扰人们的喜庆氛围。在人们喜迎新春的除夕夜里，各类"霾头"以吃"散伙饭"的名义，聚在一起密谋制造污染，向人类"宣战"，伤害群众身体健康。

　　说书唱戏比方人，文学小说比方事儿。作家写出这样的情节，目的就是提醒人们"过节勿忘治霾"。

　　今年以来，在经历了 1 月艳阳高照，多天为"优"，2 月初"优"少"良"多的美好天气后，根据上级通报和专家会商，2 月 15 日（大年三十）和 2 月 16 日（大年初一）空气质量就要开始较差。恰恰是在除夕夜，雾霾真的要来了。15 日至 20 日，将出现良至重度的污染过程。经市气象台、环境监测站、$PM_{2.5}$ 专家组通过多种空气质量预测模型，结合气象资料预测，我市从 15 日起将逐渐转为偏南风，高湿静稳，扩散条件不利，空气质量极有可能出现轻度—中度污染，考虑到烟花爆竹集中燃放的影响，甚至可能会达到中度—重度污染，给群众的健康带来伤害。面对雾霾的挑战，我们要如何应对呢？唯一的方法就是要控制好污染源头。春节期间，只有做到"控车、控炮、控火堆"，万民齐心，合力治霾，才能"积少减多保安康"。

　　"控车"。一方面是要做好高排大车城区绕行，减少污染物尤其是氮氧化物在主城区的排放。另一方面倡导群众绿色出行，减少市城区拥堵，降低汽车尾气排放；"控炮"。在春节期间，市民如大量燃放烟花爆竹，就会造成大量污染物排放，"你一挂我一挂，市区环境太可怕"。其实，"吃香吃美年夜饭"，看电视、看电影，

赏春联、品年画等传统文化元素，更能凸显新年氛围，蓝天下的欢声笑语比烟尘、碎屑更能表达欢乐。采用更环保的方式欢度新春，即便没有爆竹，年味依旧在。其间，各地一定要加大烟花爆竹禁售禁燃的宣传力度，强化巡查力度，严厉执行处罚措施，从根源上消灭烟花爆竹带来的污染，相关部门还应联防联控，严厉打击违法销售等行为；"控火堆"。就是要减少祭祀用品焚烧。春节期间，祭祖现象频繁，大量祭祀品燃烧，加之引发垃圾、杂草燃烧的"次生灾害"，会产生大量一氧化碳等污染物，严重危害大家的身体健康。

新春佳节，全市群众要做到上下齐心，合力治霾，科学应对这一轮污染过程，防患于未然，将雾霾"伤人"的机会，扼杀在源头。

85. 主城区控炮果实被谁"偷吃"了?

刊 2018.2.22《廊坊日报》1 版

金鸡载"果"乘风去,玉犬攻坚迎春来。

继 2017 年全市上下艰苦奋战成功"退十",秋冬防旗开得胜,名冠"2 + 26"城市榜眼喜报传来之时,面对 2018 年春节 7 天长假,谁也没有想到,霾竟在这时兴风作浪,前来袭扰。正如环保小说《霾爻谣》之"散伙饭"所言:当中华大地,万众贤民,齐聚荧屏之前,美食欢笑,沉渗佳节,喜度良宵之时,残喘于京津冀及周边地区的"霾兄霾弟"们,经密谋串联,撕破善良、虚假的伪装,露出阴险、狡诈的嘴脸,从大年三十开始酝酿"除夕霾",试图在节间向战霾立下战功的人们实施污染反击。但令"霾兄霾弟"们万万没有想到的是,全市人民早有警惕。严控鞭炮、严控火堆、严控扬尘、严控车辆尾气、严控热力站超标排放等一系列举措,有效做到了削峰减频,重度以上污染始终未在我市主城区形成日果。"霾兄霾弟"们妄图破坏全市人民喜庆祥和节日氛围的阴谋彻底破产。很多市民在节间按捺不住心中的喜悦,汇集广场、公园,载歌起舞,表达不闻鞭炮声,过节也祥和的"获得感"。

不测风云天天有,过节之时不例外。智者千虑防霾术,仍有一失在节间。据上级通报、专家预判,如果控污不利,从大年三十到正月初六,我市必遭重霾侵袭。但最终的结果,我市不仅没有形成重度以上污染日,而且实现两天为良的良好战果。即便如此,仍有很多在节日期间始终奋战在控霾一线的市县两级领导、机关干部和广大群众,对已取得的控霾成果心里并不十分满意。大家问:市主城区鞭炮控制得这样好、各类火堆控制得这样少,热力站高高的大烟囱污染物排放量这样低,为什么除夕夜还出现了小时污染物爆表?为什么放假 7 天我们一个"优"日也没得到?

话不说不明,理不讲不清,事儿不掰开,憋在心里总是感觉不透亮。那么,就

让我们回过头来看一看，到底是谁"偷吃"了我们假日期间的治霾果实。

放假期间，市主城区祥和安静。往年此起彼伏的鞭炮声甚至压过广场锣鼓声的场面今年一天也没有出现过。市区没了鞭炮、没了火堆，甚至没了散煤和生物质焚烧，热力站也在超低排放。那么，除夕夜至正月初一凌晨的污染爆表、接近爆表是怎么形成的呢？回答这个问题，住在城边与城郊农村接壤处的市民们最有发言权。市民肖女士说，我家住在城西头，城东是灯火辉煌静悄悄，城西是烟火满天灰蒙蒙；市民佟女士说，我家住在城南头，从大年三十到正月初一，屋里暖气太热，开北窗闻到的是炖肉的芳香，开南窗钻进来的是刺鼻的火药味儿；市民刘先生说，我家住在城东头，从大年三十到正月初五，城内未听鞭炮响，但城外周边村庄的鞭炮声始终没断过，特别是正月初一早上，大炮小炮混一块儿，好像是大锅煮饺子，乱成了一锅粥。黑烟和浓烈的火药味儿，随着微风不断向城里汇集，导致城里的空气质量很快雪上加霜，没放炮的人跟着放炮的人一块吃了"哑巴霾"。

高手在民间，群众是英雄。很多市民给政府、给媒体、给专家组打电话说，禁炮好是好，城乡应同步，再过新年时，联控会更好。市民的感受、市民的建议与专家分析的除夕"爆表霾"形成原因和"痛"后"疗伤"建议完全一致。

从大年三十开始，我市受偏西气流与辐合风场影响，极不利于污染物扩散。对此，市直相关部门和市三区及早安排、严密部署、严防严控，形成以市主城区为中心的严控鞭炮、火堆等污染物的强大声势。但面对在严寒中坚守、奉献、远离亲情的人们的无私付出，老天爷一点儿同情心也没有，恰恰在除夕夜和初一燃放鞭炮的高峰期，刮出 2 ～ 3 级的西南风转东北风。风在城边四处起，席卷烟尘进城来，结果自然是城内的严控成果被城外袭来的污霾吞食掉了一大半。让人后怕的是，如果在放假期间城内也是鞭炮齐鸣、火堆四起、热力超排，那么已经出现的小时爆表就会形成持续爆表，结果就会是重霾缠身，大煞节日喜庆、祥和、安宁风景。让人悔悟的是，如果主城区与城边近郊农村同步实施禁炮等防控措施，那么，即使老天再捣乱，城乡的空气质量也会好上加好，已在我市消失两年多的污染爆表问题，绝对不会卷土重来。

痛定思痛，回顾教训，亡羊补牢，来日方长。说眼前，正月未出，"十五"在后，严控企业"开门炮"、游子回家"返乡炮"、亲朋好友"聚会炮"、孝敬老人"祝寿炮"，势在必行；说长远，城乡一体防污染，联防联控不能少；说重点，鞭炮、火堆是关键，燃煤防控是重点；说经验，政府统筹聚合力，牵头部门责重要；说根本，源头防治要精准，全民共治要给力，大霾小污一块控，作战始终要持续。

86. 3 月 3 日"当头一棒"是何因？

刊 2018.3.5《廊坊日报》4 版

　　继今年 1 月和 2 月我市大气污染防治工作取得良好战果之后，特别是 1 月，全市上下、全面严防严控，取得 74 个重点监测城市倒排第 52 名，2 月全市动员、力控"除夕霾"取得正月初良好成果之后，在 2 月的最后一天，经上级通报和专家研判，3 月初开始我市将面临一次可能形成重污染的过程，为此，我市启动了 II 级应急响应。

　　尽管启动了应急响应，2 月 28 日夜间却迎来了 5 级左右的一场大风，促使我市 3 月 1 日当天，晴空万里，空气质量为良。在这种情况下，尽管启动着应急响应，而且市大气办及时下发了 3 月将有 3 轮严重污染过程的提醒，并提出了八个方面的严防严控的措施，但一些单位、一些部门仍然存在着松懈情绪，许多工作没有落实到位。广大市民看到，从 3 月 2 日开始，由于天气逐渐转阴，各种污染已经开始积累，到 3 日凌晨，我市包括主城区在内，已经形成重度污染结果。十五的月亮十六圆，十五的鞭炮让我们的正月十六很难受，很多市民到广场去晨练时戴上了口罩，很多人走到半路又折回家。

　　为什么空气中弥漫着说不清道不明、极端刺鼻的气味？已经享受了长时间良好空气、已经过惯了不戴口罩就出门活动日子的市民，都在问：老天怎么突然变脸了？污染是哪儿来的？难道从 3 月初开始污染加剧的"当头一棒"，全都是老天爷的毛病吗？

　　市民的心情可以理解，市民的期待也可以理解，但话不说不明、理不讲不透、事儿不说不清楚，中央强调的全民共治、源头防治该去怎么落实，就很难让人从心眼儿里闹明白、从行动上去落实。

　　针对 3 月 3 日这个 2018 年首个重污染日子的出现的，两日来，市大气办、市

环保局和专家组，进行了反复会商、深度剖析了污染成因，用污染数据的事实、用污染成因的事实、用污染物来源的事实告诉我们，这"一棒"是在老天设置的极不利于污染物扩散的天气下，由五大污染物向我们"打"来的。

第一，元宵之夜烟花爆竹的燃放，污染占比最大。春节前，市政府超前部署、市公安局牵头协调、市直相关部门和市三区密切协作，严控"除夕霾"。即使在除夕之夜雾气蒙蒙，市民们呼吸到的空气仍然是清新的，几乎没有鞭炮的味道。尽管市区周边、大外环以外的农村燃放了很多鞭炮，烟花爆竹的气味也是等到了初一凌晨才传播到市区的，并产生了阶段性较大影响，但最终也没形成严重污染日。但是，3月3日形成的持续的重度污染过程，却满满当当饱含着正月十五元宵节之夜至次日凌晨，市区内持续不间断燃放的烟花爆竹。市区燃放鞭炮产生的烟气，与市区周边燃放的更大数量的烟花爆竹产生的烟气，在正月十六凌晨，伴随着南北夹击的弱风，在市主城区长时间交汇，让各类污染物在主城区空间囤积徘徊，重污染的形成就这样实现了。事实告诉我们，主城区禁止燃放鞭炮的落实在正月里前紧后松，失控在盲目乐观、失控在松懈麻痹，松懈在没有持续作战、松懈在没有认真落实奋战"除夕霾"的管控力度。

第二，汽车尾气排放，集中增量。元宵之夜，很多市民开车上路，参与各类文化娱乐活动，导致主城区多路段、多区域长时间交通堵塞，车辆怠速排污，可以说是正月十六形成重污染，导致空气质量异味甚浓的又一重因。大家一定要记住，我们自己汽车尾气的排放是给我们自己制造难受的重要原因。教训告诉我们，遇有重污染天气，市区内应尽量减少组织各类大型集体活动，广大市民更要少开车、不开车，避免滞车排污给自己添堵。

第三，多类物质露天焚烧持续多发，导致污染雪上加霜。进入新年，我市各地露天焚烧垃圾、秸秆、落叶、杂草等问题每天频发，特别是市主城区周边一些村街、一些荒地、一些废旧物品回收集中地、一些垃圾集中区，各类物品的露天焚烧经常导致其周边的监测点数据突然升高，经常导致主城区内严防严控的成果受到伤害。春节期间，市主城区周边有部分村街时常着火，例如，安次区杨税务乡大垡村、北史家务芦庄村和古县村等村街；广阳区南尖塔镇大屯村、北旺乡陈桑园村和彭庄村等村街；开发区大学城、桐柏村等工地和村街最为严重。这说明我们的网格化管理是十分脆弱的、对城边乡村露天焚烧的管控是十分不利的、部分乡镇管控工作是极端不到位的、很多群众对露天焚烧的危害的认识还有待深度宣传和引导。

第四，城中村和城边村燃煤使用大量回潮，与主城区热力站燃煤排放形成上下交汇，污染严重。进入秋冬防之前，我市强力在市主城区开展了城中村"八清零"

专项攻坚行动。广阳区北旺乡率先试点，市三区强力推动，收缴了大量散煤。进入供暖期，市主城区 CO 污染一度只是热力站排放。但临近春节之后，相关部门和市三区对主城区及周边村街散煤使用管控出现严重松懈甚至失控。主城区低空经常闻到刺鼻的煤烟味，特别是静稳天气，热力站排放的燃煤污染与村街居民家庭、工商户排放的燃煤污染实现高空与低空混合交汇，导致主城区出现多次 CO 污染居高不下。尽管市建设局牵头强力推动市主城区 8 家热力站，努力提高成本降低污染排放，但热力站的燃煤量、污染物的排放量仍然是大头。事实提醒我们，在新年度供暖季到来之前，全市还要再继续加大力度控煤治煤。各热力站还要强力实施提标改造。要下决心下大力，确保气代煤和电代煤的村街不使用燃煤。同时要加大力度，坚决打击违法向市主城区运输、销售、使用各类燃煤行为，不能让全市人民付出沉重代价、严防严控的治霾成果，因为少数人、少数家庭非法使用燃煤而被吞食掉。

第五，大型运输车辆和非道路移动机械排放污染，近期明显增加。正月初五之后，市主城区一些重点工程工地陆续开工，渣土运输车有所增加，保证城区供暖和城市生活的各种运输车辆大量增多。很多车辆特别是电厂运煤车辆大量进市排队滞车冒黑烟问题，一些工地使用的非道路移动机械也有机械和油品不达标问题。这些车辆的大量排放、与烟花爆竹燃放的烟气、各类杂物焚烧产生的烟气，混合汇集形成污染"大棒"，是 3 月 3 日我市形成持续重污染的、无可争议的主要因素。

事实提醒我们，综合管控、联防联治、突出重点时段、抓住重点污染问题、持续作战的奋斗干劲，一时一刻也不能松懈。全市上下应该时刻形成一股劲，拧成一股绳，通过形成强大的严防管控合力，特别是高高的、实时的、事事的举起法律法规的"大棒"，向污染宣战，才能让害人的污染"大棒"举不起来，打不到市民的头上；只有更加科学、更加精准地做好科学研判、实时指导、适势指导，才能实现以时保天、以天保月、以月保年，才能完成好上级赋予我市的防霾治污目标任务，让蓝天白云常驻；只有更加充分、持久深入地发动群众、依靠群众，让企业和群众真正成为防霾治污的主体，才能让广大市民群众更多地体验到从自己做起、严控污染、减轻污染所做贡献的"获得感"。

3 月是我市持续用力打赢 2018 年首季蓝天保卫战的关键之月，是持续攻坚打赢 2017—2018 年秋冬防攻坚战的决胜之月，也是确保我市新年度一鼓作气"位次不退、持续向好"，以更加优异成绩退出全国 74 个空气质量重点监测城市倒排"前十"目标的奋力拼争之月。全市上下应牢记老天给我们的"当头一棒"的教训，认清雾霾危害、认清努力方向，要扎扎实实从我做起、从每一天做起，全市上下要持续发扬连续作战、攻坚克难、团结奋斗、科学管控的治霾精神，全力实施全民共治、

区域共治、城乡共治，用实招、下实力，坚决做好以下几个方面的工作：

一是要严防严控"鞭炮霾"。严格落实有关规定，坚决严控烟花爆竹燃放；二是要严防严控"燃煤霾"。市建设局、市环保局和市三区，要加大巡查、驻场、监测综合管控力度；三是要严防严控"尾气霾"。市公安局要协同市综合执法局、市建设局、市环保局、市商务局、市工商局和市三区，全时加大对重型运输车辆、非道路移动机械污染排放管控力度，禁止一切坚高排放车辆入城，禁止一切不达标机械、不达标油品在市区使用，一经发现必须坚决查扣、顶格处罚；四是要严防严控"扬尘霾"。全市所有工地必须坚决落实秋冬防错峰生产各项要求。各级政府批准开工建设的各类重点工程，必须严格落实扬尘治理"7个百分之百"标准，做不到的一律停工；五是要严防严控"焚烧霾"。市农业局、市环保局、市交通局和市三区要协同作战，坚决严控垃圾、秸秆、落叶、杂草等各类物品露天焚烧。3月底时就已进入清明节祭祀用品焚烧高发期，市民政局、市工商局、市综合执法局、市公安局要早安排、早部署、早预防各类祭祀用品在市主城区的露天焚烧管控工作；六是要严防严控"工业霾"。3月所有列入错峰生产名单的企业，该停工的必须坚决停工，该限产的必须限产到位。市工信局、市环保局和市三区要制订详细的企业开工计划，落实企业错峰开工，同时，要切实加大对开工企业的督查巡查力度，要坚决防止各类企业无证开工，要坚决打击涉气企业不正常使用治理设施，要迅速督导企业在线监控设备正常运行，要严密管控"散乱污"企业下乡入户死灰复燃；七是要严防严控"饭店霾"。市环保局、市综合执法局和市三区，要集中开展饭店油烟防治攻坚战，对没有油烟治理设施或有油烟治理设施不正常运行的，一律关停整治并高限处罚；八是要严防严控"失管霾"。全市各地要坚决克服胜仗之后的盲目乐观、疲劳厌战、松懈麻痹、轻视管控等情绪和问题。全市各地要更加严肃认真的抓好上级交办的环保督查发现问题整改工作，并确保问题整改后不反复、不转移、不失控；全市各地要借助国、省环保督查巡查的强大声势，强力加大新年度大气污染防治作战宣传力度，加大执法检查力度，加大追责问责力度，确保宣传无死角、执法有气势、问责传压力落到实处；全市各地要不断总结过来几年科学治霾经验，不断探索全民共治、源头防治新思路、新招法，及时有效应对重污染天气，努力实现治霾战场全市域、全任务、全天候、全时段、全过程不失管、不失责、不失察、不失控。

87. 3 月治霾：大战临头轻战必危

刊 2018.3.10《廊坊日报》4 版

　　根据上级通报专家研判，2018 年降临我市的污染时间最长、污染程度最重，对我市第一季度"退十"（退出污染最重的十城市行列）、秋冬防攻坚战圆满收官产生严重威胁的 3 月第二轮重污染过程，9 日晚将降临我市。若管控不利，将持续至少 3 天的重度污染，若管控到位，将最大限度地降低污染程度，减少重污染对我市空气质量的影响。

　　回顾和总结近年来，特别是秋冬防以来我市迎战每一轮重污染的经验告诉我们，一定要冲上去、顶上去、严上加严，全力落实各项减排措施。为了应对提前研判出的 3 月 3 轮污染过程，市大气办 2 月 28 日下发了《三月大气污染防治管控措施》，强调了"鞭炮霾""燃煤霾""尾气霾""扬尘霾""焚烧霾""工业霾""饭店霾""失管霾"八个方面的严防严控。28 日启动应急响应后，各级各部门积极落实，至近几日取得了较好的防控成果，4 天实现污染降级，但是有几个方面的管控远不到位。

　　根据环境保护部、省督查组、市强化督查组和市双联办督查组的通报结果，存在的问题较为突出。一是露天焚烧问题严重，部分乡镇村街、高速公路、铁路两侧多次发现垃圾、杂草和秸秆焚烧。2018 年 1 月至今，市双联办巡查过程中已发现露天焚烧、起火问题 100 个。二是部分县（市、区）一些工业企业污染治理不到位。三是企业、工地开工后，重型柴油车辆和高排放非道路移动机械违规上路、超标排放。四是工地扬尘污染防控不到位，裸土与砂石料堆苫盖不全，个别重点工程抑尘不到位。

　　2018 年 1 月、2 月我市大气污染严防严控成果喜人，分别取得了 74 个重点城市年倒排名 52 名、41 名的历史最好成绩。3 月初的重污染频繁来袭，污染防治形势严峻。

　　中国环境监测总站最新空气质量预测结果显示，受不利气象条件影响，预计自

3月9日开始，京津冀及周边地区扩散条件系统性转差，9日至15日将出现一次长时间大范围重污染天气过程。其中，11日至14日扩散条件持续不利，高空环流形势稳定，大气中层系统性升温，近地面湿度较大且伴有区域性强逆温，预计我市空气质量可能连续多日达到重度污染，部分时段可能达到严重污染。预计3月16日前后，受系统性降水和冷空气影响，污染形势将得以缓解。

预计到月底前，我市还将经历2～3次重污染天气过程，3月整体空气质量不容乐观。若这次管控不力，第一季度的年排名很有可能接近甚至进入倒排"前十"。大战临头，轻战必危，我们要下决心、下大力严防严控。

要严格落实应急减排措施，工业企业管控要再加力，钢铁、铸造等重点行业强化减排。钢铁行业在现有错峰生产减排措施的基础上，在确保安全生产的前提下，进一步采取烧结、竖炉、白灰窑临时减产等应急减排措施，最大限度减少污染物的排放。各地可根据情况进一步加大减排的力度，特别是容易造成粉尘、颗粒物污染的一些生产工艺，要进一步加大应急减排措施。同时，各级各部门要严格按照《三月大气污染防治管控措施》落实管控。

严防严控"燃煤霾"。3月15日前我市还处于供暖期，燃煤污染仍是防控重点。面对重污染过程，市建设局、市环保局和市三区，要加大巡查、驻场、监测综合管控力度。市区4家热力公司的8家热力站，必须下大力、投本钱、多加药，在确保实现市定准超低排放标准的前提下，最大限度地降低污染排放指数，对超标排放的处罚绝不手软。同时，市三区要采取坚决措施，彻底查收、严肃查处散烧煤销售和使用。严防严控"尾气霾"，对重型运输车辆、非道路移动机械污染排放加大管控力度，禁止一切高排放车辆入城。严防严控"扬尘霾"，3月又是个开工的季节，各地特别是主城三区和建设部门要加大管控力度，有效降低扬尘污染。严防严控"焚烧霾"，坚决严控垃圾、秸秆、落叶、杂草等各类物品露天焚烧。

执法部门要切实加大执法检查力度，特别对一些重点区域、重点行业、重点企业，特别是一些易发多发的一些重点企业和小的产业集群，应采取多轮次、全覆盖的执法检查行动，发现违法排污、偷排偷放、屡查屡犯、顶风违纪的，要严厉打击。

治霾五年，廊坊市的治霾成果给人民群众带来了更多的蓝天幸福感和获得感，在人民群众的心中留下了深刻的印象，这一成果的取得离不开人民群众和企业的积极支持、主动担当。空气质量排名是小事，保障人民群众的健康利益是大事。面对新一轮重污染，我们全市上下没有别的出路，为了人民的健康利益，各级各部门要行动起来，不遗余力减少污染物的排放。也期待着广大人民群众和企业团结起来，形成作战的合力，让3月的"集中"污染降到最低程度。

88. 污染累积日益严重　严防严控切莫松懈

刊 2018.3.13《廊坊日报》2 版

继 3 月 9 日区域性污染侵袭、空气质量变差以来，我市的空气质量在全市上下齐心协力、共同防治的努力下，得到了有效控制，实现了多次污染降级。然而，京津冀空气重污染过程预警依旧持续鸣响。为做好市民的健康防护，需要全市上下保持积极参与防霾治霾的决心、保持积极落实重污染 II 级响应措施要求的决心、保持污染加重防控加力的决心，力争最大限度地减少污染物的排放。

时值 3 月，为何重污染来势汹汹？据环境保护部专家分析，3 月是华北地区大气环流形势较为活跃的时期，京津冀及周边地区多以偏南风、偏东风为主，冷暖空气易在华北交汇，风向变化频繁，污染物被反复推移，且伴随暖湿气流，相对湿度较大，往往容易出现重污染天气。国家气候中心预测，京津冀及周边地区大气污染扩散条件整体呈逐渐转差趋势。预计到月底前，京津冀区域还将经历 2～3 次重污染天气过程，3 月整体空气质量不容乐观。

虽然前期管控有效，我市还未出现空气质量全天累计为重污染的天气，但还是出现了小时重度污染，数据说明，这与个别部门、部分村街管控措施不到位是有关系的。根据环保部和省督查组、市强化督查组和市双联办督查组的通报结果看，我们的管控工作还是存在问题的。其中较为突出的问题主要在三个方面：一是露天焚烧问题仍然严重，部分乡镇村街、高速公路、铁路两侧多次发现垃圾、杂草、秸秆焚烧。二是部分县区一些工业企业污染治理不到位。三是工地扬尘污染防控不到位，存在裸土与砂石料堆苫盖不全、个别重点工程抑尘措施不到位等问题。

据权威专家分析预测，3 月 9 日至 14 日的这轮污染过程存在持续时间长、影响范围大、气象条件差三个特点。区域不利气象条件持续稳定，可能导致区域出现长时间的强逆温，近地面湿度大，大气污染物极易快速累积并发生二次转化，推高污染峰值。最新会商，13日，污染带将持续停留在京津冀地区，我市处于污染带中心部，受影响最为严重，预计空气质量以中度—重度污染为主。14日，不利气象条件持续，污染进一步上升，为我市本轮污染过程的峰值期，预计空气质量以重度污染为主，部分时段可达严重污染。15日，受弱冷空气影响，污染缓解，但由于污染累积较重，预计无法彻底清除，且有污染回流风险，预计我市以轻度污染为主，部分时段仍会出现中度污染。16日，冷空气逐渐增强，污染逐步缓解，预计以良—轻度污染为主。各级各有关部门要持续保持高度重视，积极落实应急减排，要坚决有力抓措施落实，要坚定信心保人民健康，要加大力度争取重污染过程"缩时削峰"。

为持续做好重污染过程的应对工作，需要各级、各部门严格落实应急减排措施，工业企业管控要再加力，钢铁、铸造等重点行业强化减排；钢铁行业在现有错峰生产减排措施的基础上，在确保安全生产的前提下，进一步采取烧结、竖炉、白灰窑临时减产等应急减排措施；严格按照《三月大气污染防治管控措施》落实管控，最大限度减少污染物的排放。

严防严控"燃煤霾"。面对重污染过程，市建设局、市环保局和市三区，要加大巡查、驻场、监测综合管控力度。市区4家热力公司的8家热力站必须下大力、投本钱、多加药，在确保实现市定准超低排放标准的前提下，要最大限度降低污染排放指数，对超标排放的处罚绝不手软。严防严控"尾气霾"。对重型运输车辆、非道路移动机械污染排放加大管控力度，禁止一切高排放车辆入城。严防严控"扬尘霾"。3月是开工的季节，各地特别是主城三区和建设部门要加大管控力度，有效降低扬尘污染。应急期间，全市所有工地必须坚决落实秋冬防错峰生产各项要求，严禁土石方作业，加大对道路扬尘、建筑施工扬尘各方面的严格管控。严防严控"焚烧霾"，坚决严控垃圾、秸秆、落叶、杂草等各类物品露天焚烧。

执法部门要切实加大执法检查力度，特别对一些重点区域、重点行业、重点企业，特别是一些易发多发的重点企业，特别是小的产业集群，应采取多轮次、全覆盖的执法检查行动，发现违法排污、偷排偷放、屡查屡范、顶风违纪的，要严厉打击。

天不给力，人得给力。全市上下要形成合力，全力推进"蓝天保卫战"，严格落实各项大气污染防治措施任务，全力呵护"廊坊蓝"，为保护人民的健康利益，要始终坚守防控岗位，始终保持战斗状态，始终坚持问题导向，始终以决战的姿态、有效的举措、攻坚的力度，坚决打好大气污染综合治理攻坚战。

89. 风来霾去思痛处　着眼来日再用功

刊 2018.3.16《廊坊日报》1 版

3 月 9 日至 15 日，我市经历了一轮持续时间较长、污染程度达中、重度的大气污染过程。其中 13 日与 14 日的空气质量达到了重度污染水平。15 日凌晨强势的冷空气由北而入，立时扫清了盘踞在我市上空多日的污染气团，空气重污染过程暂时结束。今年以来大家都感觉到，1 月、2 月我市的空气质量有明显改善，$PM_{2.5}$ 平均浓度同比去年下降达 40% 以上。这次的污染过程是自去年秋冬季以来最重的。随着人们对于更好空气质量的期盼值在提高，尽管空气质量的改善程度也在提高，仍有很多市民在私下议论：是不是我们的工作做得还不够科学、不够严格、不够尽责？

近日，环保部多次组织专家对近一轮重污染天气形成过程、成因进行解读。专家指出，本次重污染的形成，一方面，从 3 月 9 日下午开始，区域大部分地区长时间处于小风，形成了较大范围的污染辐合带。受 12 日开始的系统性偏南风影响，平原地区风速较大，使得已经积累了一段时间的污染气团在太行山前一带输送，并在燕山山前地区出现滞留，污染程度加重。另一方面，这段时间区域相对湿度大，并伴随区域性逆温，垂直扩散条件显著降低，环境容量大幅减少，本地排放不断累积，更容易造成污染累积和二次转化，推高 $PM_{2.5}$ 的浓度。这些解读，多是在解说老天的"毛病"，而对"人为"的原因，我们更应回顾。

3 月 9 日至 15 日，我市继续保持橙色预警，要求全市工业企业、工地、高排放车辆按照我市重污染 II 级响应的要求落实管控措施。在全市上下各级、各部门和广大群众的积极响应下，我市多日实现了污染降级和削峰缩时。通过环保部督查组、廊坊市双联办督查组、廊坊市市级交叉执法组、市安全生产和大气污染防治强化督

导组等多方检查，以及 3 月 13 日污染峰值阶段开展的"利剑斩污"零点行动发现，虽然生物质焚烧源问题数量大大减少、城中村与城边村燃煤问题减少，但本轮污染过程中仍存在管控措施落实不到位的问题，其中部分县（市）部分企业被环境保护部查出重污染天气应急减排措施落实不到位和拒不执行应急减排措施，

违规生产，违法排污，如文安县富利达塑料制品厂、大城县耀盛铝材有限公司；部分工程土方施工应停未停、裸土料场未苫盖等问题突出，如北甸村西口、小海子村南口、安锦道与安铭道交叉口北、鸿坤凤凰城、创业路与华祥路交叉口北、润泽路南侧等裸土料场未苫盖，祥云道和建设路交叉口、北凤道东段绿化工程、兰亭雅居工地、友谊路南延、东环路整修、艺术大道西延南甸段、龙福路道路维修工程等未落实停工措施。不仅如此，此间，市主城区周边村庄露天焚烧问题也出现多起。上述这些问题所暴露的，正是市民们议论话题的答案。我们的防控工作出现的漏洞、一些企业的尽责不够、一些市民制造的火点，无疑是帮助老天造霾的主观因素。

市气象台、环境监测站、PM$_{2.5}$专家组通过多种空气质量预测模型，结合气象资料预测，16 日至 19 日，我市将再次经历一次污染过程，其中 16 日扩散条件还好些，市空气质量以良至轻度污染为主。但转过天来，17 日至 18 日，扩散条件开始变差，空气质量以轻至中度污染为主。特别是 18 日，若管控不利，很可能会出现短时重度污染，19 日起，受东北冷空气影响，空气质量自北向南逐步好转。由于季节交替，大气环流形势复杂多变，3 月下旬的天气形势还有待进一步跟踪判断。

风来霾去思痛处，着眼来日再用功。3 月中下旬由于气象条件不利于污染物扩散，预计我市污染物浓度将持续维持在较高水平，为保障群众健康，全市很可能会维持重污染天气橙色预警。全市上下应严防死守、全防全控，以切实大幅降低污染负荷为核心，严格落实各项减排措施，最大限度减少污染物的排放。一是严防严控"尾气霾"，对重型运输车辆、非道路移动机械污染排放加大管控力度，禁止一切高排放车辆入城；二是严防严控"扬尘霾"，主城三区和建设部门要加大管控力度，有效降低扬尘污染。应急期间，全市所有工地必须坚决落实秋冬防错峰生产各项要求，严禁土石方作业，加大对道路扬尘、建筑施工扬尘各方面的严格管控；三是严防严控"焚烧霾"，坚决严控垃圾、秸秆、落叶、杂草等各类物品露天焚烧。同时建议儿童、老年人、呼吸道和心脑血管疾病及其他慢性疾病患者尽量留在室内，避免户外活动，一般人群减少户外活动，中小学、幼儿园停止户外课程和活动，公众尽量乘坐公共交通工具绿色出行。

90. "咬" 住污源拼十天　定要3月退"后十"

刊 2018.3.20《廊坊日报》3 版

3 月是我市持续用力打赢 2018 年首季蓝天保卫战的关键之月，是持续攻坚打赢 2017—2018 年秋冬防治攻坚战的决胜之月，也是确保我市新年度一鼓作气 "位次不退、持续向好"，以更加优异成绩退出重点监测城市 "倒排前十" 而奋力拼争之月。

收官在即，但由于 3 月中上旬经历了长时间重污染天气，使我市整个秋冬防阶段积攒的优势明显减弱。其中秋冬防 $PM_{2.5}$ 浓度由 2 月底的 53 微克 / 米 ^{3} 上升至 3 月 18 日的 57 微克 / 米 ^{3}，下降率也从 44.8% 减少到 41.2%，秋冬防 $PM_{2.5}$ 浓度在 "2 + 26" 城市正排第 2 名，下降到正排第 3 名。眼见前期让人喜悦的成绩被大大削弱，剩下的十余天，将是我市一季度大气污染治理形势面临最严峻考验的时段。

今年以来，街头巷尾市民们都在说，1 月、2 月我市的空气质量较往年有了明显的好转，人民的蓝天幸福感指数日益增加。继今年 1 月和 2 月全面严防严控，我市大气污染防治工作分别取得 74 个重点监测城市月排名次倒排第 52 名和倒排第 31 名的良好战果之后，3 月中上旬我市连遭重创，经历了多次中至重度的污染过程，导致我市在 74 城市月排名 3 月初就进入了 "倒排前十"，目前仍在 "倒排前十" 之中。最后的十天，若要实现逆转，需要全市上下协同作战，全力奋斗，使各项污染物都得到削减。

市气象台、环境监测站、$PM_{2.5}$ 专家组通过多种空气质量预测模型，结合气象资料预测，3 月最后十余天，前期受冷空气影响，扩散条件总体有利，我市空气质量以良至轻度污染为主。但后期扩散条件又会转差，23 日至 26 日可能会再次出现新一轮中至重度污染过程。其中，19 日至 21 日，受东北冷空气影响，扩散条件稍

233

转好，预计空气质量以良至轻度污染为主。22日，受均压场影响，近地面风场辐合，扩散条件转差，污染在本地快速累积，预计部分时段可达中度污染。23日，受偏南风控制，污染逐步加重，新一轮重污染过程开始。24日至26日，为污染峰值阶段，预计我市空气质量整体以中度污染为主，特别是25日，扩散条件极为不利，部分时段可能达到重度污染。

全市上下应牢记3月初老天给我们的"当头一棒"的教训，认清雾霾危害、认清努力方向，要扎扎实实地、持续发扬连续作战、攻坚克难、团结奋斗、科学管控的治霾精神，全力实施全民共治、区域共治、城乡共治，用实招、下实力，积极参与到打赢蓝天保卫战的任务中去。要全力奋战最后十天，保卫同一片洁净蓝天，助力秋冬季大气污染防治攻坚工作圆满收官。

跑步竞赛结果要看"最后一千米"，3月退"后十"的目标能否实现，就看"最后这十天"。为了能够呼吸到更清新的空气，为了保障人民的健康利益，全市上下要按照省市有关要求，严格落实《三月大气污染防治管控措施》，制订专项方案，强化工作责任，科学精准施治。一是严防严控"尾气霾"，对重型运输车辆、非道路移动机械污染排放加大管控力度，禁止一切高排放车辆入城；二是严防严控"扬尘霾"，主城三区和建设部门要加大管控力度，有效降低扬尘污染。应急期间，全市所有工地必须坚决落实秋冬防错峰生产各项要求，严禁土石方作业，同时加大对道路扬尘、建筑施工扬尘各方面的严格管控；三是严防严控"焚烧霾"，坚决严控垃圾、秸秆、落叶、杂草等各类物品露天焚烧。各市直部门、企业，乃至每一位市民都要坚持奋斗、形成合力，推进大气污染综合治理攻坚。要紧紧围绕让城市更有序、更安全、更干净目标，形成全民共治、区域共治、城乡共治的工作新局面，改善人居环境，提升城市品质，共享蓝天幸福感与获得感。

91. 廊坊精准治气抓大不放小

——城中村"八清零"等 6 项"小"举措既减少污染排放，又提升了公众环境意识

刊 2018.3.21《中国环境报》6 版

河北省廊坊市在下大力气抓好企业转型升级、燃煤污染治理、扬尘和车辆污染治理等一系列大工程的同时，抓大不放小，落实好城中村"八清零"、禁止烟花爆竹燃放、严控加油站油气排放、禁止露天烧烤、禁止汽车维修业露天喷漆、禁烧祭祀用品 6 项"小"举措，不仅从源头减少了污染排放，还提升了公众环境意识。2017 年，廊坊市 $PM_{2.5}$ 平均浓度同比下降 9.09%，实现连续两年退出全国 74 重点城市"倒排前十"。2 月 28 日，河北省环保厅公布今年 1 月全省环境空气质量状况，全省 11 个设区市中，廊坊市改善幅度最大。

城区"八清零"
消除污染源头巩固治理成果

近日，在河北省廊坊市广阳区北旺乡相士屯村一个废弃砖厂内，记者看到堆积成山的燃煤、劈柴以及废旧设备零件等，这里是北旺乡"八清零"工作中清理出来的物品集中存放点。

2017 年 8 月初，这个砖厂还是一片热火朝天的景象。随着廊坊"八清零"工作的开始，砖厂负责人曾庆国接到了关闭拆除砖厂的通知书。"虽然刚开始想不通，但乡村两级干部一直给我们做工作，使我们认识到了大气污染治理是大势所趋。乡长也很体谅我们，承诺将关闭的砖厂租下来改造成存放点，最大限度减轻我们的损

失。"

据了解，廊坊市主城区"八清零"工作是指各类燃煤清零、各类大小燃煤炉具清零、"散乱污"企业清零、露天焚烧清零、生物质清零、城中村养殖清零、汽修厂及其他涉VOCs工商户的违法排污行为清零、裸土料堆扬尘污染清零。

"治污要治本，治本先清源。大气污染防治工作，如果只是头痛医头，脚痛医脚，不从源头抓起，往往是按下葫芦浮起瓢，陷入防不胜防的恶性循环。"廊坊市双联办工作人员娄树辉介绍说，"'八清零'工作虽然都是小事，但都是抓源头的措施，只有正本清源，治污才能起到釜底抽薪的作用。"

"八清零"工作虽然不是什么大事，但涉及千家万户的利益，工作量巨大。他们耐心、细致地做好群众工作，廊坊市对有老人、病人等的特殊家庭，全力给予人性化照顾；针对冬季农村家庭睡火炕的习惯，廊坊市广阳区还从实际出发，结合"煤改气"工程，为有需要的家庭安装炕暖，既不改变群众生活习惯，又解决了火炕烧劈柴带来的污染问题。不仅消除污染源，而且普及环境保护知识，随着工作的推进，廊坊市"八清零"赢得了群众的理解和支持。

据统计，"八清零"工作中，廊坊市共清理各类燃煤 74 864 吨、劈柴 6 825 吨，取缔新增"散乱污"企业 344 家，取缔或整改违规喷漆汽修厂 58 家，取缔或整改涉 VOCs 工商户 12 家。

减轻臭氧污染
做实油气回收禁止露天喷漆

廊坊市近年来颗粒物浓度实现了大幅下降，但臭氧污染防治形势不容乐观。监测数据显示，2016 年廊坊市臭氧为首要污染物的天数高达 101 天，臭氧成为继颗粒物后，影响环境空气质量的一个关键因素。

加油站油气排放和露天喷漆作业排放的挥发性有机污染物，是形成臭氧的重要前体物。过去一年，廊坊市全面加强了加油站油气排放管理，全面禁止露天喷漆作业，从源头减少污染排放。

"廊坊在河北率先提前完成了所有加油站国Ⅵ标准车用汽油、柴油升级置换工作，从源头减少了油气中的污染物含量和排放量。"廊坊市大气办工作人员朱淑贞负责加油站油气排放管控工作。一手抓油品提质，一手打击伪劣油品，廊坊市开展了多轮次的专项检查和抽测抽检，加强联合执法，取缔黑加油站点。2017 年，全市抽检车用汽油合格率达到 99.9%，车用柴油合格率达到 98.8%，油品质量位居河北省前列。此外，廊坊市科学制定了夏季加油站错峰加油等措施，有效减少了油气

VOCs 排放。

廊坊市汽车维修企业超过 200 家，其中不少规模小、缺乏规范管理，露天喷漆现象普遍存在。2017 年 3 月以来，廊坊市主城区汽车维修行业因环保不达标先后陷入钣金喷漆业务停滞、部分企业停产的局面。

对此，廊坊市本着提升治理一批、完善标准一批、关停拆除一批的总体规划，出台了《廊坊市主城区汽车维修业落实企业环保责任实施建议》《汽车维修业钣喷复工 4 个条件》等文件，对部分不具备开业条件、没有排污许可证、露天喷漆的"散乱污"汽修企业一律取缔，对完成环保改造并符合标准的汽修企业抓紧开展复工验收工作，切实解决汽车维修行业无序排放带来的环境污染问题。

目前，廊坊市正全面排查现存的拥有钣金喷漆工序的汽车维修企业，建立台账清单，排放大户要列入重污染天应急预案减排清单。同时，对验收合格企业加强监管，一经发现治污设施不正常运行，立即责令其停业整治并予以顶格处罚。

推进禁烧禁燃
绿色祭祀成常态

清明将至，记者从廊坊市相关部门了解到，《廊坊市清明节前禁烧工作实施方案（初稿）》已制定，即将颁布实施。在这一方案中，明确规定，清明节期间要推进主城区禁止生产、销售、焚烧祭祀用品工作。禁烧范围划定在北至北凤道外 1 千米，西至西昌路外 100 米，南至南龙道外 100 米，东至东安路外 100 米以内区域及廊坊开发区辖区范围。同时，明确各部门职责，将成立相关检查组、巡查组和督导组，对在规定范围内非法经营和运输祭祀用品的个人或企业，进行查处和处罚。

祭祀用品焚烧属于无组织低空面源污染，祭拜用纸钱含有纸浆、油墨、金箔及铅等金属成分，焚烧时会直排大量颗粒物和挥发性有机物，严重污染大气环境。

廊坊市大气办黄荣举向记者介绍，"我们做过监测，在扩散条件不利的情况下，在 50 米范围内，焚烧前空气中 $PM_{2.5}$ 平均浓度约为 56 毫克 / 米^3，燃烧 10 分钟后，下风向 $PM_{2.5}$ 浓度可达到 640 毫克 / 米^3；燃烧约 20 分钟后，下风向 100 米范围内 $PM_{2.5}$ 平均浓度高达 303 毫克 / 米^3。"

据介绍，2017 年开始，廊坊市就大力开展清明节、中元节、寒衣节期间主城区祭祀用品禁烧专项行动，成功削减烟尘排放量 2.85 吨，一氧化碳排放量 1.42 吨，二氧化硫排放量 0.014 吨，氮氧化物排放量 0.07 吨。

为减轻全面禁烧阻力，逐步争取群众支持，廊坊市在市区设置了过渡性祭祀场所，并摆放一定数量的焚烧炉对烟尘进行净化，推进有序焚烧。

　　"我觉得市里禁止焚烧祭祀用品的政策很好，作为商户，虽然收入会减少，但是倡导文明祭祀，拒绝烧纸是利人利己的，我们举双手支持。"廊坊市区新开路上东升殡葬一条龙的老板张静说。

　　"我能理解，以后我也会加入义务宣传的队列，这是社会进步的又一体现，也是市民素质提升的体现。"廊坊市民李宇说。

　　采访中，记者发现大部分廊坊市民对"禁烧令"给予了肯定和支持，纷纷表示会采用鲜花祭等文明的祭祀方式。

　　在推进绿色祭祀同时，廊坊市还在全市开展了禁止燃放烟花爆竹工作。廊坊市大气办综合协调组马红光介绍，2017年，廊坊市公安机关累计劝阻非法燃放行为5 749起，收缴各类烟花爆竹13 059箱、孔明灯434个。今年1月1日，廊坊市公布施行《烟花爆竹安全管理办法》，明确规定在市区、各县（市）城区全年任何时段都禁止燃放烟花爆竹。

　　此外，廊坊市还开展了"禁止露天烧烤"专项行动，减轻油烟污染。2017年以来，廊坊市综合执法局累计开展了43次露天烧烤集中整治专项行动，清理经营性露天烧烤88处、流动烧烤摊点353户（次）。

　　廊坊市大气办副主任李春元表示，近年来，廊坊在科学治气、精准治气、靶向治气上摸索总结了许多成功经验。为打赢蓝天保卫战，廊坊市将始终坚持全民共治、源头防治，抓大不放小，持续推进治理工作更加深入、精准地展开。

92. 最后一周怎么拼？

刊 2018.3.24《廊坊日报》1 版

　　3 月，我市出现了重污染多次攻城的局面，污染物反复推移，使我市在 74 个重点监测城市中的月排名进入"倒排前十"，并且一直在第 9 名与第 10 名间徘徊，形势异常严峻。

　　经市气象台、环境监测站、$PM_{2.5}$ 专家组预测和上级通报，到月底之前这最后七天，我市受系统性南风影响，极有可能会出现污染辐合，基本上可以说是没有什么好天气，重污染过程将可能会持续整整一周的时间，其中，25 日至 28 日为污染峰值期，空气质量可达中度至重度污染。这一轮污染过程，空气质量水平最低也会是中度污染，若管控失利，极有可能出现严重污染，若如此，我市不要说实现"退十"，甚至连现在的名次都保不住。形势已经到了最危急的时刻，全市各级政府、各部门、各企业、各工地、每一位市民，一定要合心合力，保"退十"，保障人民的健康利益。

　　鉴于这次形势的严峻性、污染的严重性、问题的严肃性，我市早在 3 月初的时候，就发布了《三月大气污染防治管控措施》，制定专项方案，强化工作责任，科学精准施治。一是严防严控"尾气霾"，对重型运输车辆、非道路移动机械污染排放加大管控力度，禁止一切高排放车辆入城；二是严防严控"扬尘霾"，主城三区和建设部门要加大管控力度，有效降低扬尘污染。应急期间，全市所有工地必须坚决落实秋冬防错峰生产各项要求，严禁土石方作业，同时加大对道路扬尘、建筑施工扬尘各方面的严格管控；三是严防严控"焚烧霾"，坚决严控垃圾、秸秆、落叶、杂草等各类物品露天焚烧。

　　工地一开工，带动污染升。近几日，各类建筑、拆迁、道路维修等工地集中施工，各类不达标非道路移动机械设施的集中使用，渣土车、灰罐车、中重型卡车等

高排放车辆上路行驶造成的工地扬尘和道路扬尘污染，是导致我市污染不断攀升的最主要的原因。这是因为，静稳气象下，污染物本就难以扩散，若污染物排放量增加，就会造成污染累积迅速增长。近日，多次有群众举报，和平路翻修工程、大剧院施工工程、兰亭雅居建筑工地、艺术大道绿化工程、金源道西延工程、北凤道绿化工程、花语城施工工地、金光道东延工程、广阳道东延工程等多个工地出现施工期间无抑尘，雾炮设施不开启等问题，特别是有的工程、工地管控时紧时松，被检查时就开启雾炮抑尘，无检查时就不做任何抑尘措施。这种恶劣的不负责行为通过监测数据的时高时低也是能够反映出来的。目前存在的问题，不仅是管控措施不到位、管理水平不平稳，还有更严重的是施工单位抱有侥幸心理，甚至完全松懈不作为，这会严重影响我市的空气质量，危害全市人民的健康利益。

没有打好最后七天的勇气，没有一拼到底的战斗精神，蓝天白云都会是过眼浮云，最后拼七天，只为人民的幸福指数，这是我们全市上下的共同使命，也是我们每一位市民的责任。

93. 未来三天全力严控烟气尘

刊 2018.3.27《廊坊日报》1 版

经河北省环境应急与重污染天气预警中心、中国环境监测总站、河北省环境气象中心联合会商，预计一直到 3 月 29 日，京津冀及周边地区大气扩散条件将持续不利，这次较大范围的污染过程，我市是"重灾区"。受区域不利气象条件与本地排放叠加影响，预计我市将在这一轮过程中连续出现数日重度污染。由于本轮污染过程呈现影响区域大、污染时间持续长、污染程度重的特征，为应对重污染过程，不仅是廊坊，北京、天津、石家庄、太原、郑州等周边 34 个城市都启动了重污染橙色预警。

预计 3 月 27 日，我市将出现全天逆温过程，且凌晨相对湿度增大，扩散条件进一步转差，空气质量可能会达到重度污染；28 日，相对湿度在凌晨再次出现短时高值，同时可能会受到东北方向污染回流影响，污染还将进一步汇聚。29 日，受东北方向冷空气影响，污染可能会在下午减轻。同时，由于春季昼夜温差较大，近几天，我市空气质量还可能呈现比较显著的早间高湿扩散差、午间高温臭氧升、夜间多指标突增等日天气变化特征。

进入 3 月下旬，随着副热带高压北抬，气温不断升高，以偏南风、偏东风为主的暖湿气流给我市带来大量水汽，所以出现静稳、高湿等不利气象条件。由于我市产业结构仍以工业企业为主，交通运输以公路为主，因此，主要污染物排放强度始终处在高位。

为减缓污染程度，保障人民群众身体健康，我市于 3 月 23 日下午启动了 II 级应急响应，但在橙色预警启动期间，仍有不和谐、突出问题被发现和举报：一是宝石花苑东侧绿化工程、隆福路修路工程、友谊路南延工程、金源道西延工程、广阳

241

道东延工程、花语城"一·三标段"建筑工地、梦廊坊大剧院工程、兰亭雅居项目工地、安次区西环路工程、麻营拆迁工地、御龙河项目工程等被发现土方施工且无抑尘措施等违规行为；二是芦庄村、北甸村、左场村、大屯村、宝石花苑小区北侧、炊庄村、彭庄村、李庄村、芒店村等地垃圾、落叶、杂草焚烧现象频发。

　　未来三天，全市上下要扎实落实Ⅱ级应急响应强制性减排措施的要求，工业企业按照"一厂一策"采取停限产等措施；建筑垃圾和渣土运输车、混凝土罐车、砂石运输车等重型车辆禁止上路行驶；在常规作业基础上，全市范围内道路增加两次保洁频次、建成区增加四次保洁频次；除应急抢险外，建成区范围内工地停止所有施工；所有企业露天堆放的散装物料全部苫盖，在非冰冻期内增加洒水降尘频次；钢铁、焦化、有色、火电、化工等涉及大宗原材料及产品运输的重点用车企业，不允许运输车辆进出厂区（保证安全生产运行的运输车辆除外）；矿山开采、矿石破碎企业（设施）停止生产；停止室外喷涂、粉刷、切割、护坡喷浆作业；全市主城区禁止燃放烟花爆竹和露天烧烤；建议中小学、幼儿园停止户外活动，请市民做好健康防护。

　　严控烟气尘污染，任务十分艰巨。妥善应对重污染天气，切实改善环境空气质量，事关人民群众身体健康，若管控不利，将形成直接伤害。对于应急响应期间的一些不和谐行为，公众要及时发现、及时举报，责任单位要及时处理、严加管控，形成全民共治、源头防治、全民治霾的良好氛围。

94. 4月：天缺"优" 霾添"忧"

刊 2018.4.5《廊坊日报》2 版

《岁时百问》中说："万物生长此时，皆清洁而明净。故谓之清明。"去年 4 月 2 日至 6 日，大气扩散条件不利，受气温回升、近地面湿度增加及系统性偏南风输送影响，我市出现了一次中至重度污染过程。今年清明节又至，不少市民都在关心，今年清明期间我市的空气质量是什么样的呢？

经河北省环境应急与重污染天气预警中心、中国环境监测总站、河北省环境气象中心联合会商，清明节前后，扩散条件整体有利。4 月 4 日至 7 日，我市受间断性冷空气影响，扩散条件整体有利，空气质量以良至轻度污染为主，其中，5 日前后，可能受沙尘影响，空气质量比预计变差 1～2 级，以轻度污染为主。8 日，扩散条件略有转差，空气质量以轻至中度污染为主。9 日至 13 日，受新一轮冷空气影响，扩散条件较有利。除沙尘"捣乱"外，市民可以享受空气质量相对较好的一个节假日。

但是从蓝天保卫战的角度上来看，今年 4 月整体扩散条件偏不利。整个大气偏暖，冷空气偏少，温度偏高 2℃左右，这种气候特点有利于扬尘和臭氧污染的形成。4 月，几乎就没有优天，预计我市共有 4～5 轮的污染过程，中上旬较差，下旬稍好，污染过程较去年多一轮。权威专家表示，进入早春，各地农事活动开始，特别是北方地区，由于气候干燥，土壤易起尘，通常扬尘对 $PM_{2.5}$ 的贡献可从 10% 左右上升到 20%～30%。此外，春季虽然气温开始回暖，混合层高度升高，垂直扩散条件改善，但是和夏季相比，扩散条件仍然不好。在春秋两季，如果出现持续静稳天气，同样会发生重污染。

4 月开头天气无"优"，污染给人添"忧"，全市上下要时刻保持警惕，保持战斗状态，全力打赢蓝天保卫战，保卫人民的健康利益。面对 4 月的不利状况，我

市的主战场主要在工地与企业 VOCs 治理，攻坚点还有控火堆和大车，这就需要"尖刀班"——市双联办督查组紧紧盯住工地与 VOCs 企业不放手，杜绝施工不抑尘与排放无治理的违规现象出现。市直各相关部门和市三区要协力做好秸秆、杂草、落叶、祭祀物品等禁烧工作。交警要做好城市交通疏导与大车管控，严禁农用机动车、中重型柴油卡车等高排放车辆进入主城区上路行驶。随着气温上升，臭氧污染问题日益凸显，各相关部门要保持加油站控油气排放、禁止露天烧烤、禁止汽车维修业露天喷漆等"小"举措，"标本兼治"打好大气污染防治攻坚战。

打赢蓝天保卫战，需要全市上下始终坚持全民共治、源头防治，抓大不放小，持续推进治理工作，也需要市民告别祭祀陋习，倡导文明、低碳祭祀，让清明的天更"清"更"明"。

95. 解决四个问题 建强乡镇环保机构

刊 2018.6.13 《中国环境报》3 版

乡镇环保机构是保护生态环境的最前沿阵地，是打好污染防治攻坚战的有生力量，建强、用好这支人民群众身边的生态环保队伍意义重大。

但是，在实际工作中，笔者发现，一些乡镇环保机构在建设过程中，也存在不容忽视的问题。一是建机构一哄而上，却忽视质量，机构建设有职责、缺能力，用人把关不严，战斗力偏弱，能力素质与工作需要不相适应；二是人员少、任务重，小马拉大车，有的地方县级生态环境部门自身的执法能力就很脆弱，对乡镇环保机构支持能力更有限；三是执法权缺失，执法规范不足，乡镇党委、政府建环保机构还缺乏实际指导工作的经验；四是机构管理责任不明，县级生态环境部门和乡镇党委、政府对环保机构领导职责划定不明确。

对此，笔者建议，各地要着眼乡镇环保机构能真正履行职责、真正长期发挥作用的目标要求，在切实增强生态文明建设的责任感、使命感的基础上，拿出硬办法、实办法，解决好四个问题。

第一，解决好人、财、物的问题。要严把乡镇环保机构用人关。目前，一些乡镇环保机构的组成人员大都是从乡级政府的计生办、拆迁办等转过来的，很多人根本不懂生态环保工作怎么做。因此，应配强人员队伍，招聘学过环保、干过环保、懂得环保的人员。同时，县一级每年要有专项资金，保障人员工资、执法设备和车辆，支撑工作开展。

第二，解决好"该干什么事"的问题。过去，乡镇没有环保机构，实行的是县级垂抓到底的工作方式。乡镇环保机构设立后，应明确县乡两级环保机构的责权划分，以及乡级党委、政府和环保机构的责权划分，明责明规，明奖明罚。当前，个

别县（市、区）环保部门也存在人员编制少且经常被上级抽调的问题，并借乡镇成立环保机构，把责任和任务都推向乡（镇、办事处），让生态环保工作在基层很难落实。乡镇环保机构建立初始阶段，在明确县、乡两级环保机构责任时，县级部门要实事求是地给乡镇环保机构定责定事，不能借压力传导之名，把乡镇环保机构根本完不成、干不了的事全都下推。

第三，解决好乡镇环保机构由谁主管的问题。县级生态环境部门要求乡镇环保机构发现环境问题后要及时报告，而有的乡镇领导要求，发现环境问题要首先上报乡镇政府主要领导，尽量不要向上级生态环境部门上报。这就把乡镇环保机构人员置于两难境地。对此，笔者建议，从日常工作管理角度考虑，遇到工作保障、群众上访、监督、监管、督查等问题时，先向当地政府反映、请示，让乡镇党委、政府发挥好组织领导责任。遇到环境监测、企业违法、执法处罚、迎检考核等业务工作时，应重点向县级生态环境部门请示报告。从主体上看，按照环境法规的要求，还是应以基层政府为工作责任主体。

第四，解决好人为干扰的问题。上级生态环境部门和乡镇环保机构，都要站在改善生态环境质量的大局部署工作，强化对乡镇环保机构、人员开展工作的支持。要克服本位主义、地方保护主义，从有利于不断改善乡村生态环境，提升群众的满意度、获得感和幸福感的角度出发，从协同治污、敢于上报和曝光本地污染问题做起，着眼长远，服从大局，久久为功，切实解决好本地生态环境问题。具体工作中，应把乡镇党委、政府主要领导是否切实支持乡镇环保机构工作开展，列入考评、问责内容，以发挥激励、约束与鞭策的作用。

96. 2018：初战成果令人喜　未来作战更艰巨

刊 2018.4.21《廊坊日报》1 版

2018 年是未来 3 年大气污染防治作战的开局之年。我市延续了 2017 年大气污染防治工作的良好态势，坚持工程治本与精细化管控相结合，坚持重点区域与重点时段管控相结合，坚持属地管理和部门管理相结合，通过全市上下共同努力，第一季度空气质量为历史同期最好水平，大气污染防治工作成绩喜人。1 月少了"跨年霾"，2 月多了"新年蓝"，虽然 3 月开局遭遇"当头一棒"和污染频袭，在一定程度上抵消了前两个月的成绩，但第一季度整体取得了历史同期最好成绩：$PM_{2.5}$ 平均浓度为 63 微克／米^3，同比下降 32.3%；重污染天数仅有 3 个，同比减少 14 天，在"2＋26"城市中是最好的。

虽然第一季度我们取得了历史同期最好成绩，但是我市空气质量还未取得根本性改善，空气质量现状距离广大人民群众的迫切期盼还有一定差距，持续打赢蓝天保卫战的形势依然异常严峻，未来作战将更加艰巨。

从 2017 年第二季度空气质量数据看，去年 4 月空气质量较好，收获了 1 个优级天和 23 良级天，但 5—6 月空气质量较差，共有 37 个轻中度以上污染天，首要污染物也由颗粒物逐渐转为 O_3，其中 20 天中度及以上污染天 18 天是由于 O_3 高值导致的，其余两天是浮尘天气导致的。今年第二季度情况与去年既有类似点，也有不同点。类似点表现在 4 月重点防控 PM_{10}、5—6 月重点防控 O_3 污染趋势依旧；不同点表现为今年 O_3 问题逐渐凸显更早、高值更高。4 月 1 日就出现了 198 微克／米^3 的高值，4 月前 20 天 O_3 月浓度同比上升 44.3%，后续仍有上升趋势。O_3 刺激性强，具有强氧化性，对眼睛有强烈的局部刺激作用，还可强烈刺激鼻、咽、喉、气管等呼吸器官，造成肺功能改变，引起哮喘加重，导致上呼吸道疾病恶化。针对 O_3 防

治的严峻形势，我市已将 O_3 污染治理纳入 2018 年重点工作内容，从加快产业结构调整，实施 VOCs 深度治理工程，深化车、油、路治理等几个方面进行靶向施治。具体包括：加快市三区涉 VOCs 排放企业退城搬迁；巩固"散乱污"整治成果；改造提升传统产业。深化工业园 VOCs 治理；严控 VOCs 企业排放；加强移动源、生活源 VOCs 管控；餐饮油烟专项治理；开展恶臭气体专项治理。优化道路通行条件；严控高排放车辆入城；严控油气污染；严控机动车尾气污染；加快新能源汽车推广等多项治理措施。

　　4 月 16 日至今，我市遭遇了一轮污染过程，上有浮尘，下有扬尘，特别是 19 日至 20 日两天高温、高湿、静稳天气导致 O_3 和颗粒物污染都比较突出，达到中度污染。从未来几天的空气质量预报看，周末将结束持续五天的污染天气，其中 21 日我市将迎来一场中雨，有利于污染物的沉降和清除，22 日如果管控得力，有望取得 4 月第二个优级天。21 日上午由于雨前高湿，颗粒物易吸湿增大造成颗粒物不降反升，特别要注意工地扬尘和企业烟尘管控。21 日夜间到 22 日白天预计颗粒物污染缓解，但以 NO_2 为首的气态污染物易出现高值，重点要防控好高排车、工地非道路移动机械、交通拥堵。雨停之后要强化道路清扫，防止渣土车带泥上路导致道路泥泞，同时要利用降雨对长期闲置的裸露地面播撒草籽进行绿化，从根本上减少裸土扬尘的产生。

　　虽然未来的作战任务更加艰巨，但是只要坚持"源头防治、全民共治"，积极将各项防控措施落实到位，就一定能持续打赢蓝天保卫战，为广大人民群众提供一个空气质量一年更比一年好的生存环境。

97. 2013—2017 年五年治霾经验与教训

2018.5.20《廊坊日报》1 版

2017 年，我市达标天数达到 214 天，比 2013 年增加了 82 天；重污染天数 25 天，比 2013 年减少了 60 天；$PM_{2.5}$ 浓度比 2013 年下降了 50 微克 / 米 ^{3}，同比下降率高达 45.45%。继 2016 年度退出全国 74 个重点城市空气质量"倒排前十"之后，再次实现 2017 年持续退出"倒排前十"。

数据的背后，体现和表达的是廊坊五年来砥砺战霾的艰辛历程，是廊坊治理污染的价值观、文化观和和谐共生的生态观，是廊坊人像尊重生命一样尊重生态环境、践行绿色发展的绿色情怀。五年来，在廊坊治霾战场上，展现的"党政同责、专家引路"两大亮点经验，已得到全社会的关注。

五年来，廊坊治霾形成了"党政同责、上下合力"的好氛围。几年来，在廊坊治霾战场上听到最多的话是讲政治、顾大局；看到最坚定的行动是廊坊市委、市政府主要领导坚持每周召开全市大气污染防治挂图作战视频调度会议；变化最大的是各县（市、区）和各市直相关部门从各自为战到合力攻坚的巨大转变；感触最深的是廊坊持续传导治霾压力、上下同欲、舍我其谁、坚忍不拔的奋斗状态。作为大气污染防治"2 + 26"城市、"2 + 4"协作核心区、"1 + 2"核心城市、国家治理燃煤污染的实验城市，廊坊一直以来把打好蓝天保卫战作为必须完成的政治任务，作为未来发展的生命线，高起点认识，高标准谋划，自我加压，负重奋进。

从 2014 年初开始，廊坊市委、市政府主要领导，坚持在大气污染防治工作上每周调度、关键时期实行每日调度、日常工作随时调度的工作机制，坚持了党政同责的政治作风；借助环保督察传导压力，压实责任，刚性督考，对治霾不力问题严肃问责，由此层层形成"抓一把手"和"一把手抓"的压力传导机制；从市委、市

政府到各县市区委、政府，再到乡镇、甚至企业、直至广大的人民群众，始终坚持党政同责、以上率下、上下同心，打造了联防联治的新模式，形成了齐抓共管、长抓不懈的好氛围。

五年来，廊坊治霾趟出了"专家引路、精准防治"的好路子。几年来，廊坊市始终坚持把科学治霾作为大气污染防治的首要原则，采取政府购买社会化服务方式，与中组部千人计划小组深度合作，组建廊坊 $PM_{2.5}$ 特别防治专家组，60 多名工作人员常驻廊坊全程指导，17 名国家级专家"坐诊""巡诊"，开启科学治霾、精准治霾新模式。在大气办建立了大气污染防治调度指挥中心，通过前端部署百套污染源在线监控、分布式传感器监测、无人机遥测、机动车路网遥测实时收集各类数据。利用环境大数据预测预报模型等技术，建立全国首个空气质量实时管控平台，专家组实时分析预测并提出工作建议，实现了防范在先、控源到企、追源到点、施策到时，为精准治霾提供了有力支撑。同时借助专家团队，对治霾全过程进行督查考评，做到了时时巡查、日日通报、周周点评、月月考核。专家组在廊坊建立由市政府资助的廊坊智慧环保产业研究院，集合国家环境能源领域顶尖专家力量，通过在廊坊的成功实践和孵化，将治霾战场由廊坊治霾基地延伸到全国 4 个省（市）、30 余个县（市、区）。"廊坊经验"为各地科学治霾、协同治霾提供了典型示范样本。

五年来，廊坊协同治霾树立了一个"服从大局、勇于担当"的好形象。几年来，廊坊市在治霾战场上服从大局、自我牺牲，做出了很大的贡献，2016 年以来以壮士断腕、浴火重生的决心"动产能之刀、断燃煤之源、绝散乱污之患"，向企业转型、产业转型、区域转型要蓝天。2017 年强行关停两家钢厂，引导 800 多加涉钢企业转型升级，减少炼铁产能 470 多万吨，炼钢产能 590 多万吨；强力整治万余家"散乱污"企业，其中关停取缔 10 347 家，整改提升 1649 家；强力推进城乡 70 多万户居民实施"气代煤""电代煤"工程，全市累计淘汰燃煤锅炉 9 000 多台，通过上述标本兼治的综合施治，实现削减燃煤 500 万吨，扳倒了影响廊坊空气质量的"黑老大"，实现了让黑色增长给蓝天让路、用清洁能源逼燃煤下岗；大力发展"大智移云"产业，加快培育绿色发展新动能，润泽科技、华为云计算、京东电子商务产业集群、香河机器人产业港等一大批市值百亿元、十亿元的企业相继落户，有力推动了廊坊产业向着绿色方向发展。

鉴往知来，性待渐于教训而后能为善。五年来的治霾经验固然可贵，但教训和问题更值得思考。

一是 VOCs 治理和源头治理存在弱项。源头预防是改善空气质量最根本的办法，近年来，随着大气污染综合治理工作向纵深推进，廊坊市整体空气质量持续改善，但臭氧浓度不但居高不下，还呈现上升趋势。若要降低臭氧污染，就要把促进臭氧形成的重要前体物 VOCs 控制住。廊坊 VOCs 源头治理起步较晚，在治理办法上走了一些弯路，亟待从末端治理向源头控制过渡，深入推进源头治理势在必行。

第二，政策落实刚性不够。在大气污染防治方面，虽然制定了一系列法规措施，但仍存在基础工作末端落实不严、不实、不细、不到位的问题，致使扬尘污染、机动车尾气污染、企业违规排放污染、露天焚烧污染屡有发生。

第三，在落实"党政同责、一岗双责"的责任机制过程中存在"上紧下松、上热下冷"的问题。一些基层乡镇及村街在落实上仍存在盲区，需要进一步加强压力传导、压实责任、末端见效，需从严从实推进网格化管控，强化责任意识、履职意识。

第四，应急减排政策执行还有待进一步细化。在落实采暖期错峰生产和重污染应急响应时期，各级站位讲政治、讲协同大局，执行上级要求很坚决、及时、到位。但是，如何更加科学的落实企业错峰生产和应急响应、实现环境保护与经济发展互促共进上，还有待深入研究。需要在国家"一市一策"专家组和驻市 $PM_{2.5}$ 特别防治专家小组指导下，通过科学指导和精准锁源。争取上级的支持，根据企业治理的好与差，建立并完善"黑名单"与"白名单"制度，鼓励工业企业深度治理，立标竖杆。抓住试点企业，探索更科学的应急管理方法，给企业创造稳定生产和投资的环境条件。

战霾迹

98. 2017—2018年秋冬防廊坊空气质量为啥好？

刊 2018.5.20《廊坊日报》1 版

2018年5月4日，生态环境部发布2017—2018年秋冬防大气污染防治攻坚战果：廊坊获得"2＋26"城市秋冬防空气质量考核优秀城市，而且总成绩名列11个优秀城市之首。期间，廊坊重污染天数出现5天，同比2016—2017年下降86.1%，降幅目标完成率220%，下降率完成574%，分别位居"2＋26"城市榜首。廊坊的空气质量为什么这么好？奥妙何在？

有专家曾对此"问号"有过这样的表白叫"人努力、天帮忙"。根据专家分析，对五年来京津冀空气质量的改善贡献，"人努力"占80%，"天帮忙"占20%，正可以回答这个问题。为什么说廊坊市秋冬防空气质量之所以达到有监测数据以来历史同期最好水平，"人努力"是主要因素？这是因为，在人类社会，任何事物的成败，在已经掌握现代社会、自然等基本发展规律的人类面前，自然的运动与变化，尽管还有许多不可抗拒，但可抗拒的事物面前，人的努力完全可以改变和助推自然支持的结果。让我们一起回顾这样的事实……

勇于担当，鲜明的政治态度是根本保证

廊坊紧邻北京，接壤雄安，又是京津冀大气污染防治"1＋2"核心城市，区位特殊，责任重大。在工作中，廊坊始终把大气污染治理摆上践行"四个意识"的政治高度，作为一项政治任务，坚决践行"绿水青山，就是金山银山"的理念，切实扛起首都生态护城河的政治责任。坚持目标导向，坚持问题导向，先后制定并出台了《廊坊市环境保护集中行动实施方案》《廊坊市大气污染防治强化措施实施方案》《廊坊市大气污染防治十条严控措施》《廊坊市大气污染治理集中大排查方案》

等一系列制度措施。党政同责，一岗双责，横下一条心、卡住一把尺、疏通一条路、下好一盘棋、闯出一片天，以钉钉子精神落实环保部和省委省政府决策部署。廊坊市委市政府主要领导，坚持每周主持召开全市大气污染防治"挂图作战"视频调度会，分析形式，通报问题。秋冬防期间，共启动应急响应 10 次，橙色 2 029 小时，黄色 136 小时，每次应对重污染天气期间，市委市政府都坚持每日调度，现场调度，市（县）党政领导经常不分昼夜到一线督导巡查，组织发动各级干部包村、包片、包企业，严格落实各项管控措施，现场检查突出问题，始终做到态度坚决，不折不扣。有效实现 $PM_{2.5}$ 削锋 25% 左右，66 天实现污染降级，重污染以上天数减少 32 天。与此同时，环保大气污染防治工作，纳入各级领导班子、领导干部的考核，严格落实"一票否决"制度，对防治不利、工作不合格的领导干部，限制评先评优和提拔使用。并针对各县（市、区）不同情况，制定空气质量考核奖惩办法，做到压力层层传导，上下共同负责。

用清洁能源逼"燃煤"下岗，彻底整治能源结构是关键举措

PMF 污染来源分析显示，燃煤是大气污染的主要源头之一，在 $PM_{2.5}$ 和 PM_{10} 中占比分别达到 31% 和 28%。廊坊市坚持从源头上减轻区域污染，断根去病，釜底抽薪，狠抓煤替代工程。把煤替代工程作为惠及百姓的民生工程和深入推进"科学治霾、协同治霾、铁腕治霾"的重要抓手，健全推进机制，强化保障措施，有效督促落实。完成"气代煤"工程 61.3 万户，"电代煤"工程 8 万户。煤替代工程改变了全市城乡冬季取暖的用能方式。狠抓燃煤锅炉治理，淘汰 10 蒸吨以下各类燃煤锅炉 4 175 台，提前完成国家、省下达的燃煤小锅炉清零任务；淘汰改造市主城区 10～35 蒸吨燃煤锅炉 55 台；提标改造 35 蒸吨以上的大型燃煤供热锅炉 76 台；热电联产项目二期建设投入使用，增加供热面积 470 万平方米；狠抓散煤清理，700 个散煤销售网点全部取缔，30 个长期使用燃煤的城中村全部征迁，在主城区，城中村开展燃煤、散乱污、露天焚烧等源头治理"八清零"行动，累计收缴散煤近 6 万吨。通过以上综合施治，共削减燃煤 300 多万吨。用清洁能源替代高污能源，有效的减少了"黑老大"燃煤污染对廊坊空气质量的影响。

切断"黑色增长"，动产业之刀促绿色发展是长久之策

廊坊市在大气污染防治工作中坚定走生态优先，绿色发展之路，以壮士断腕，刮骨疗毒的决心和勇气动产业之刀，推动企业转型、产业转型、区域转型、促环境质变。强力推进去产能，按照"政府推动、市场运作、企业主体、政策支持"的原

则，积极探索市场化去钢铁产能的新模式，霸州市新立钢铁和前进钢铁两家公司全部停产，退出钢铁产能416万吨，炼钢产能498万吨，年减少二氧化硫、氮氧化物排放6 500多吨。同时带动起800余家中下游涉钢企业转型升级。狠治"散乱污"。全市排查出12 003家散乱污企业全面完成整治，其中关停取缔10 347家，占86.2%；整改提升1 649家，占13.7%。同时在全省率先对散乱污企业整治和验收情况实施信息化管理，开发出网上实地实时监控系统，绘制廊坊市三区"散乱污"企业政治状况分布图，构建起防反弹长效机制，2017年11月21日，环保部在文安县召开京津冀及周边地区"散乱污"企业整治暨秋冬防大气污染综合治理攻坚阶段总结现场会，李干杰部长对廊坊"散乱污"整治的做法和成效给予充分肯定。狠抓VOCs整治，158家省重点VOCs治理企业全部整治完成。其中，142家得到提标治理，16家通过拆除涉VOCs排放工序和关停搬迁等方式完成整治。在汰"旧"的同时努力提"质"。制定《"大智移云"引领产业升级行动计划实施细则》，安排专项资金6 000万元在"大智移云"项目落地、人才引进、研发创新等方面给予奖补，提升高新产业吸附力。第6代AMOLED、京东电子商务产业集群、互联网＋天基信息应用、中安信碳纤维一期、精雕数控二期、润泽"应用感知体验中心"等一批重点项目加快建设、投产运营。新型显示和智能终端、大数据产业集群正迅速壮大，航空航天、智能机器人、精密数控机床等智能制造装备产业链初步形成，云存储、云计算、大数据存储加工及应用等功能完善产业园区的数据中心面积26.8万平方米，机柜2.6万架，在线运行服务器51万台。

廊坊秋冬季空气质量这么好，也再次表明市委市政府以人民为中心的发展理念正在逐步变成成果。决胜全面建设小康社会，打好污染防治攻坚战，特别是要打赢未来3年蓝天保卫战役。全市上下应继续始终坚持全面共治、源头防治、科学施治，这才是借"人努力"补"天帮忙"与"天不帮忙"之优劣的最佳途径，才是实现努力让廊坊空气质量一年比一年好，让人民群众的获得感、幸福感、安全感越来越强的必胜之路。

99. 用什么来判定"好天"与"孬天"

刊 2018.5.18 《中国环境报》2 版

伴随着大气污染防治战役的深度实施，人们不仅通过书本、媒体和政府公共发布，了解到了更多的大气污染成因、源头和防范知识，而且还在自己亲身参与的全民共治、源头防治的具体行动中，摸索和体验到了科学防治、科学自护和深度、精细开展攻坚作战的经验与教训。

2013—2017 年的五年治霾实践，让很多基层治霾的外行人俨然变成了治霾土专家，让原本就内行的专家，进一步增长了才干。但现实中，也确实还有很多的人，对治霾中的两个问题仍心存困惑与迷茫。第一，判定是"好天"还是"孬天"，到底是不是以有雾无雾、雾大雾小为标准。第二，如果是大晴天，空气质量是不是就一定为好。

让许多人出现上述困惑与迷茫的原因，一是还没有对大气污染的成因和基本规律形成科学认知，还没有从基本常识上辨明是非。二是因为同一季节、时期的天气的"无常"变化，让人产生了只要"天帮忙"空气质量就一定是好的错觉。三是很多人判定"好天"与"孬天"的标准，之所以还停留在"雾大"与"雾小"上，是对污染物产生和存在的客观因素缺乏足够的认识。其实，雾是雾，霾是霾的道理大家都懂，只是污借雾积而成霾的因果关系尚需深度理清。

据国家权威部门发布，到 2017 年底，京津冀地区，通过协同奋战，圆满、超计划完成了《大气十条》五年攻坚任务，污染物减控目标提前实现。其中：$PM_{2.5}$ 平均浓度为 64 微克 / 米 ^{3}，较 2013 年相比下降 39.6%，达标天数 204 天，较 2013 年增加 70 天，重污染天数 28 天，较 2013 年减少 48 天。特别是 2017—2018 年秋冬防的 6 个月，各项污染物减排成果更加明显，控霾作战成果更加突出。数据显

示，期间，京津冀大气污染传输通道城市 $PM_{2.5}$ 平均浓度为 78 微克 / 米 ^{3}，同比下降 25.0%，重污染天数为 453 天，同比下降 55.4%，均大幅超额完成《京津冀及周边地区 2017—2018 年秋冬季大气污染综合治理攻坚行动方案》提出下降 15% 的改善目标。

控污减霾的下降数据，只是治霾成果的一个方面。现实中，一年四季天气变化无常，因此，判定"好天"与"孬天"的标准，既不该从事物表象上去定论，也不是四季一成不变的，而是因地、因时、因污而宜，最终都要拿监测数据、监测结果来说事、来判定。

生活中，让更多的人正确认识有雾不一定是"孬天"，大晴天不一定就是空气质量好的"好天"，其意义不仅仅在于让公众掌握更多的大气污染防治知识，更为重要的意义在于，让公众在弄清楚"好天"是怎么来的，"孬天"我们应该怎样去支持政府的治理行动，不仅可以创建更好的治霾氛围，同时，也可以增强公众在所谓好天，精准防范污染对自身的侵害。

有环保权威专家在讲评 2017—2018 年秋冬防大气污染防治取得优异战果时说，"人努力"的因素占 70% ～ 80%，"天帮忙"的因素占 20% ～ 30%。笔者身在治霾一线，感知身受。

以河北省廊坊市为例，2017 年市委、市政府决定在全市通过实施气代煤、电代煤工程、建无煤区、严控 CO 和 SO_2 后，不少城乡居民，面对冬季取暖烧气、用电要增加很多成本，便提出反对意见。但秋冬防攻坚战后，生态环境部公布的空气质量监测成果让市民如梦初醒。廊坊不仅考核评估的总评成绩名列优秀之首，而且在重污染天数最少的 4 个城市、重污染天数降幅最大的 3 个城市、$PM_{2.5}$ 降幅目标完成率排名前 6 位的城市和重污染天数下降完成率最高的 3 个城市的单项考核排名中，廊坊也以 5 天、下降率 86.1%、降幅目标完成率 220%、下降完成率 574% 的良好战果，分别位居榜首。这是廊坊 5 年治霾史上从未有过的最佳战果。成绩面前，有人回顾秋冬防天气过程，把空气质量"突然"出奇变好的"功绩"，首先就归结到了"天帮忙"上。但经过生态环境部"一市一策"专家组和驻市 $PM_{2.5}$ 特别防治小组的解析表明，"人努力"才是最关键的。

回顾 2017 年之前，廊坊市区每逢秋冬季，都是治霾战役最头痛的阶段。不要说大雾蒙蒙的天气，既是阳光明媚的好天气，城区内外也时常存有强烈刺鼻的异味，蓝天的迷烟，时常让人不解和困惑。而与之相反，2017—2018 整个秋冬防期间，廊坊城区即使是连续数日雾气遮日，不仅刺鼻的异味没有了，而且污染物监测数据与历史同期大幅度下降 45.45%。特别是空气中的 CO 和 SO_2，数据极低。一改过去

256

一氧化碳污染指数时有曝光的旧况。整个秋冬防，廊坊的重污染天数，由于 CO 和 SO_2 的大量减少，只有 5 天，优良天数增加率，却在京津冀及周边"2 + 26"城市正排第一。同样是有"天帮忙"机遇，有些城市污染却是不降反升。为什么廊坊能出奇制胜？探究原因，专家指出，是廊坊在 2017 年强力实施让 2 家钢厂"关门"去产能、在全市域 90 多万户城乡居民通过气代煤、电代煤工程，改烧清洁能源，全市 9 000 多台燃煤锅炉全部取缔，仅上述三大举措，削减燃煤 800 多万吨，减少二氧化硫排放 6 500 多吨、粉尘 1 600 多吨。挖掉了污染源，减少了排放，让"人努力"与天帮忙实现了有机融合。而反之，其周边一些区域，既是同样在有"天帮忙"的机会下，由于污源仍在，燃煤污染仍未根本减轻。事实证明，"天帮忙"是客体，"人努力"才是治霾成果主体。

话题从"冬"转到"夏"。冬有冬的难处，夏有夏的特点。夏季晴空万里，空气质量不一定就好。几年来，廊坊每逢春夏季节，政府都有计划、有组织地在城区实施 VOCs 排放企业限产、控车和洒水、喷雾作业。特别是在气温较高时，洒水、喷雾还加密。对此，有许多市民不解。大晴天的，一点雾都没有，蓝天白云之下，实施限产、限车为什么，是在造治霾政绩吗？实施洒水、喷雾干什么？是在用浪费水资源来达到帮治霾数据造假吗？

专家对此的解释，让许多反对限产的企业和对高温洒水有不同意见的市民如梦初醒。实践证明，"好天"空气质量不一定好，主要是因为夏季高温时段，也恰恰正是 VOCs 和氮氧化物产生化学反应之时，二者产生复合反应后，生成的污染物叫臭氧。而臭氧污无色无味，极为被人忽视。但臭氧污染又恰恰极易给人身体呼吸系统造成致癌重症。治理臭氧污染，必须减排其污染产生的前体物——VOCs 和氮氧化物排放。因此，在夏季高温时段，对 VOCs 治理不达标企业实施错峰限产措施、对产生氮氧化物排的重卡车辆实施限制进城，便成了必不可少的举措。而与此同时，在明知臭氧污染的形成，是依托 30℃以上高温、干燥天气才更极易形成的情况下，专家科学治霾，便给出了洒水、喷水降温，通过增加空气湿度，减轻臭氧形成的"偏方"。市民群众通过了解这些科学的知识，对夏季"好天"空气质量为什么不一定就好，有了深刻了解。于是，企业支持错峰生产、限重排车辆进城和市民理解支持洒水作业，变为常态。

近年来，通过强力攻坚治理，六种污染物中，$PM_{2.5}$ 下降率最高。而唯一浓度不降反升的就是臭氧。特别是京津冀地区，协同治理臭氧污染的任务更加艰巨。而在许多城市，因为对洒水、喷雾出现了不同声音，便出现因噎"纵霾"，这一点实不可取。廊坊治霾所总结的经验告诉我们，治霾不能靠天、靠风，要靠真抓实干，

要控霾根、去污源。万里晴空的"好天"，如果污染源得不到控制，空气质量不一定就好，大雾弥漫的"孬天"，如果做好应急减排、源头防控的工作，污染也会减频，空气质量也会通过人的努力变好。总之，要想减少污染伤害，必须依靠科学防治，源头防控，标本兼治，持续攻坚，有效防范。要把这些常识通过强化宣传告诉市民群众，引导群众与政府同心施治，同向而行。

《战霾三部曲》之一《霾来了》媒体重点报道与评论阅读索引

序号	刊播文稿（音像）标题	刊播媒体与作者	时间与阅读网站
01	环保工作者写环保：《霾来了》廊坊首发	廊坊日报：刘元琨	2014年6月7日：腾讯网、长城网
02	环保小说《霾来了》引网友热议	廊坊日报：刘元琨	2014年6月18日：腾讯网
03	长篇小说《霾来了》座谈会昨举行	廊坊日报：刘璐	2014年6月20日：腾讯网
04	环保题材小说《霾来了》火了	廊坊都市报：闫玮	2014年6月20日：腾讯网、人民网
05	《霾来了》引发公众持续热议微博点击超10万人次	廊坊日报：刘元琨	2014年6月21日：腾讯网
06	网民热议《霾来了》网上点击超20万人次	廊坊日报：刘元琨、闫玮	2014年6月23日：腾讯网
07	《霾来了》出版	中国环境报：郭婷	2014年6月25日：新浪网
08	环保小说《霾来了》出版发行	人民日报：嘉言	2014年6月28日：人民网
09	《霾来了》引发的环保文化思考——廊坊时评之一	廊坊日报：张萌萌	2014年6月30日：腾讯网、新浪网、求是网
10	长篇小说《霾来了》网上点击超66万人次	廊坊日报：丁振宗	2014年7月11日：腾讯网
11	望元敘说《霾来了》——专访李春元之一	廊坊日报：刘元琨、吴立业	2014年7月11日：腾讯网
12	大亲自然——读《霾来了》有感	中国环境报：郭婷	2014年7月17日：新浪网、腾讯网
13	《霾来了》：珍爱生命的呼声发愈高远——廊坊时评之二	廊坊日报：赵志峰	2014年7月18日：腾讯网
14	《霾来了》：珍爱生命的呐喊	廊坊日报：赵志峰、任雨薇	2014年7月25日：腾讯网
15	省环保厅加印千册《霾来了》	廊坊日报：刘元琨	2014年7月22日：腾讯网、长城网、人民网
16	新环保法宣传引网民更加关注	廊坊日报：刘璐	2014年8月4日：腾讯网
17	《霾来了》：绿是底色绿是梦——廊坊时评之三	廊坊日报：张萌萌	2014年8月8日：腾讯网
18	望元再说《霾来了》——专访李春元之二	廊坊日报：张萌萌、金子龙	2014年8月8日：腾讯网
19	《霾来了》：考验作为与担当——廊坊时评之四	廊坊日报：张萌萌	2014年8月13日：腾讯网
20	全国百家网站转发评论《霾来了》网点达173万人次	廊坊日报：刘元琨	2014年8月18日：腾讯网、人民网
21	《霾来了》：生态宜居绿色发展成追求——廊坊时评之五	廊坊日报：张萌萌	2014年8月22日：腾讯网

战霾迹

260

序号	刊播文稿（音像）标题	刊播媒体与作者	时间与阅读网站
22	小说《霾来了》趣与味的完美展现	廊坊日报：孟德明	2014 年 8 月 22 日：腾讯网
23	《霾来了》环保文学的佳作	廊坊日报：王宁	2014 年 8 月 22 日：腾讯网
24	一部环保小说的精彩叙事	廊坊日报：崔文君	2014 年 8 月 22 日：腾讯网
25	试说《霾来了》的叙事特性	廊坊日报：王颖	2014 年 8 月 22 日：腾讯网
26	《霾来了》为何受关注？	人民日报：武卫政	2014 年 8 月 23 日：人民网、腾讯网
27	《霾来了》助力新环保法宣传网上点击超 200 万人次	廊坊日报：刘元琨	2014 年 8 月 23 日：腾讯网
28	霾来了！霾来了！！霾来了！！！——读李春元长篇环保题材小说《霾来了》	江苏省环保厅政策法规处 贺震	2014 年 8 月 23 日：珠江环境报 4 版头条
29	一切为了形成治霾向污染宣战的强大合力——专访李春元	节能与环保杂志：陈向国	2014 年 9 月 1 日：腾讯网
30	《霾来了》：群众是治霾主人翁——廊坊时评之六	廊坊日报：张萌萌	2014 年 9 月 5 日：腾讯网
31	《霾来了》关注之中添动力	廊坊日报：李贵	2014 年 9 月 5 日：腾讯网
32	《霾来了》杞忧类文学的空间展示	廊坊日报：高勤	2014 年 9 月 5 日：腾讯网
33	燕青饭店中秋节向客人赠阅《霾来了》 网民点击 400 万人次	廊坊日报：刘元琨、刘向	2014 年 9 月 5 日：腾讯网
34	望元新说《霾来了》——专访李春元之三	廊坊日报：张萌萌	2014 年 9 月 8 日：腾讯网
35	《霾来了》发行百天持续升温点击 500 万人次吗	廊坊日报：吴立业	2014 年 9 月 15 日：腾讯网
36	《霾来了》：失去的，还会再来吗？	廊坊日报：望元	2014 年 10 月 2 日：腾讯网
37	《霾来了》为欢乐节添蓝天色彩网上点击 1 200 万人次	廊坊日报：刘元琨	2014 年 10 月 6 日：腾讯网
38	人民网播发《霾来了》受追捧。网上点击 1 300 万人次	廊坊日报：王泽明、刘元琨	2014 年 10 月 11 日：腾讯网、人民网
39	《霾来了》：师范院生恳谈会发出倡议：倾心环保护卫蓝天	廊坊日报：吴立业	2014 年 10 月 17 日：腾讯网
40	《霾来了》：作者到廊坊日报读者签字赠书	廊坊日报：王泽明	2014 年 10 月 18 日：腾讯网
41	《霾来了》高校师生任行动蓝天行动产生共鸣点击 1 600 万	廊坊日报：吴立业	2014 年 10 月 20 日：腾讯网

序号	刊播文稿（音像）标题	刊播媒体与作者	时间与阅读网站
42	《霾来了》：网民点击2 000万中省媒体热访李春元	廊坊日报：刘元琨	2014年10月24日：腾讯网
43	小说《霾来了》亮相新华社治霾行动启动仪式	廊坊日报：刘杰	2014年10月25日：腾讯网、新华网、新浪网
44	环保小说网上火爆点击3 600万	人民网：张娜	2014年11月2日：人民网、长城网
45	市环保局长写小说《霾来了》网上火爆	廊坊日报：刘杰	2014年11月4日：腾讯网、人民网
46	廊坊市环保局副局长李春元写24万字环保长篇小说	中国新闻网：宋敏涛	2014年11月8日：中国新闻网
47	多家中省媒体客观报道廊坊治霾热评	廊坊日报：刘杰	2014年11月10日：腾讯网
48	一个关于雾霾的故事	中国日报英文版：刘志华	2014年11月19日：中国日报网、新浪网
49	望元回说《霾来了》——专访李春元之四	廊坊日报：张萌萌	2014年12月2日：腾讯网
50	《霾来了》传递出满满的正能量	长城网：郭雪营	2014年12月12日：长城网
51	深沉的爱 饱满的情	廊坊日报：李晓文	2014年12月12日：腾讯网
52	《霾来了》用新闻眼写小说	廊坊日报：蔡尚波	2014年12月12日：腾讯网
53	肩上担当 笔下有力	廊坊日报：常玉春	2014年12月12日：腾讯网
54	用我的笔记录治霾的历程	中国环境报、廊坊都市报：李莹	2014年12月12日：新浪网、腾讯网
55	站位生态新时代善谋全媒体新常态	廊坊日报：孟繁彤	2014年12月26日：腾讯网
56	环保局长的"霾里霾外"	中国青年报：陈璇	2015年1月21日：中国青年报网、新华网、凤凰网
57	对话李春元：环保局长没人愿意当环保局长	新华每日电讯：白林、齐雷杰	2015年1月29日：新华网
58	环保局长写小说谈雾霾，不让居民抄菜，到底实情还是戏说	东方卫视：崔永元	2015年2月3日：东方卫视网
59	河北环保官员出版小说《霾来了》称一为科普二为沟通	中央电台：刘飞、李春霞、吴培	2015年2月22日：央广网
60	一位环保局长的"霾战"	解放日报周二专刊一版：陈俊珺	2015年3月9日：解放日报网

序号	刊播文稿（音像）标题	刊播媒体与作者	时间与阅读网站
61	霾来了，我们必须动点真格的	解放日报周一专刊二版：陈俊珺	2015 年 3 月 9 日：解放日报网
62	我为什么写《霾来了》	解放日报周一专刊三版：陈俊珺	2015 年 3 月 9 日：解放日报网
63	环保局长和他的雾霾之城	南方人物周刊：李珊珊	2015 年 3 月 16 日：新浪网
64	环保局长和他的环保小说《霾来了》	中央电视台新闻专题：童盈	2015 年：央视网
65	多家"新闻眼"客观透视廊坊治霾战成果 小说《霾来了》3 月底将再版 相关报道网民点击逾 6 000 万人次，2 万人留言点赞	廊坊日报：刘杰	2015 年 3 月 18 日：腾讯网、搜狐网
66	环保局长的小说	人民日报·环球时报英文版：张娱	2015 年 3 月 21 日：人民网
67	李春元：一个环保局长的小说"呐喊"	中国新闻周刊：陈涛	2015 年 4 月 6 日：中国新闻周刊网
68	廊坊环保局长与他的雾霾小说	北京晚报：魏婧	2015 年 4 月 9 日：网易河北、河北经济网
69	一声呐喊"霾来了"火了环保副局长	新京报：邓琦	2015 年 4 月 10 日：新浪网、腾讯网、搜狐网
70	李春元：没想到日子这么不好过	新华网·国际先驱导报：任丽颖	2015 年 5 月 14 日：新华网
71	李春元：小说是拨开雾霾的一个答案	方圆：沈寅飞	2015 年 6 月 24 日：方圆网

序号	刊播文稿标题	刊播媒体与笔者	时间与阅读网站
01	《霾之殇》（李春元）【摘要 书评 试读】	京东图书	2015.11.1：京东商城
02	望元实说《霾之殇》	廊坊日报：孟德明	2015.11.5：廊坊传媒网、腾讯网
03	环保局长写雾霾小说，刺痛了谁？	新华社记者：白林	2015.11.9：新华网、人民网、凤凰网
04	雾霾三部曲之二《霾之殇》今出版	廊坊日报：孟德明	2015.11.10：廊坊传媒网、腾讯网
05	《霾之殇》读后感	图书试用网：老何	2015.11.23：图书试用网、腾讯网
06	廊坊环保局副局长出第二部雾霾小说，称素材包括了工作实践	澎湃网	2015.11.23：澎湃网、网易新闻
07	廊坊环保局副局长推出第二部雾霾小说《霾之殇》	燕赵都市网	2015.11.23：燕赵都市网、新华网
08	廊坊环保局副局长写雾霾小说	北京晨报	2015.11.23：北京晨报、人民网
09	河北廊坊环保官员出版第二部"雾霾小说"	中国法制网	2015.11.23：中国法制网、中新网
10	官员拟创作"雾霾三部曲"写书讲述官场商场博弈	央广网	2015.11.24：央广网、新华网、环球网、人民网、网易新闻
11	河北廊坊环保局副局长推出第二部雾霾小说	新华社：白林	2015.11.24：新华网、中国日报、网易新闻、搜狐网、凤凰资讯、华北新闻网、腾讯网、中国城市网、澎湃网、人民网、燕赵都市报、中国新闻网、中国新闻阳光网、北京晨报、新浪网、中国法制网、人民政协网
12	河北廊坊环保局副局长推出第二部雾霾小说	中国日报中文网	2015.11.24：中国日报中文网、新华网、长城网
13	防霾治污，还需公众行动起来	张家界在线	2015.11.25：张家界在线
14	廊坊环保局副局长推出第二部雾霾小说《霾之殇》	长城网综合：小离	2015.11.25：长城网河北新闻、凤凰网

序号	刊播文稿标题	刊播媒体与笔者	时间与阅读网站
15	环保局长写《霾之殇》：再向治霾呐喊	法制晚报记者：丁雪	2015.11.25：法制晚报网、新华网
16	环保官员写治霾小说 朋友劝"得罪人干啥"	法制晚报网：丁雪	2015.11.25：法制晚报网、中国新闻网
17	官员用笔治霾谁之痛	中国江苏网：雁南飞	2015.11.26：中国江苏网、新浪网
18	环保小说《霾之殇》出版	人民日报海外版	2015.11.28：人民日报海外版、人民网
19	人物回顾：李春元"说"霾	中央电视台：白岩松	2015.11.28：《新闻周刊》
20	出版小说是为了推进治霾	网易新闻	2015.11.29：网易新闻
21	小说《霾之殇》受媒体和公众热评	廊坊日报：孟德明	2015.12.1：廊坊传媒网、腾讯网
22	河北廊坊环保局副局长自创"雾霾三部曲"	钱江晚报：黄小星	2015.12.12：钱江晚报、中国江西网
23	《霾来了》官员两部治霾小说 称言行合一	国搜国情	2015.12.12：国搜国情
24	官员不能唯诺诺吃饭现成饭	新浪新闻	2015.12.12：新浪新闻
25	环保局局长和他的《霾之殇》	河北青年报：张翠平	2015.12.16：河北青年报、浙江新闻网、长城网
26	《霾之殇》：呼唤社会各界同心治霾	惠州日报	2015.12.29：今日惠州网、新浪网
27	霾来了（故事梗概）	中国作家网	2016.1.6：中国作家网
28	廊坊打"环保战役"留碧水蓝天	人民网：史自强 孙亚安 刘玉 张迪	2016.1.20：人民网、凤凰网
29	我的愿望清单 环保局长李春元：让蓝天更多一些	中央电视台：童盈	2016.2.11：《新闻直播间》
30	《霾来了》+《霾之殇》来了	环境与生活网	2016.3.29：环境与生活网山东频道
31	廊坊环保副局长：治霾只能用笨办法，宁可不要12月GDP	澎湃新闻：李莼	2016年12月30日：网易新闻、环球网

《战霾三部曲》之三《霾文谣》媒体重点报道与评论阅读索引

序号	刊播文稿（音像）标题	刊播媒体与作者	时间与阅读网站
01	环保人心声：治霾，我们一刻不放松！	河北日报：谢丽达	2017 年 1 月 4 日：廊坊日报、东方头条
02	上下同欲者胜	廊坊日报：葛雪梅	2017 年 1 月 27 日：廊坊都市报、廊坊零距离
03	雾霾三部曲之三《霾文谣》出版	廊坊日报：王泽明	2017 年 2 月 13 日：河北新闻网、人民网、中国网、腾讯网
04	孟繁彪为《霾文谣》作序：生态财富的文学表达	廊坊日报：孟繁彪	2017 年 2 月 13 日：中国社会科学网、网易河北
05	《霾文谣》出版发行引起广泛关注	廊坊日报：曹世勇	2017 年 2 月 15 日：河北人民政府网、廊坊人民政府网
06	治霾小说《霾文谣》出版	人民日报：文言	2017 年 2 月 18 日：人民网、搜狐新闻、中国社会科学网
07	新华社："战霾三部曲"收官作《霾文谣》出版发行	新华网：	2017 年 2 月 22 日：河北日报、河北新闻网
08	"战霾三部曲"收官作《霾文谣》出版发行	河北日报：王泽明	2017 年 2 月 22 日：新华网、河北新闻网
09	你好，我的国｜铁腕治污的力度与铁腕反腐同样	搜狐网：李春元	2017 年 3 月 9 日：搜狐新闻、廊坊人民政府网、中国环境网
10	语音版～你好，我的国｜铁腕治污的力度与铁腕反腐同样	真气网：	2017 年 3 月 10 日：真气网、
11	把治霾小说拍成连续剧？	中国环境报：	2017 年 4 月 19 日：中国环境网、天涯论坛
12	京津冀治霾产业布局应有大的安排	新京报：邓琦	2017 年 5 月 5 日：网易新闻、新浪财经、中国网
13	争当环保宣传员 誓做蓝天小卫士	廊坊都市报：贾树敏	2017 年 5 月 9 日：廊坊都市报
14	历时三载续凯 书香之地延诞佳作	廊坊日报：王泽明	2017 年 5 月 16 日：河北新闻网
15	【真气小编】——我所见到的战霾局长李春元	真气网：	2017 年 5 月 22：真气网、真气网公众号
16	万余网民热评《战霾三部曲》	廊坊日报：葛雪梅	2017 年 5 月 27 日：
17	廊坊本土作家李春元《战霾三部曲》亮相书博会	环京津新闻网：	2017 年 5 月 31 日：廊坊政府网

序号	刊播文稿（音像）标题	刊播媒体与作者	时间与阅读网站
18	"书博会"现场防霾作家李春元都讲了啥？	环京津新闻网：	2017年5月31日：腾讯视频
19	我市著名作家李春元深情讲述《战霾三部曲》	廊坊日报：赵然	2017年6月1日：廊坊人民政府网、
20	小说"战霾三部曲"出版	人民日报：季文	2017年6月10日：人民网、搜狐网
21	人民日报刊文推介《战霾三部曲》——中国向世界发布治霾名片	真气网：	2017年6月10日：真气网公众号
22	环保小说《霾来了》荣获省"五个一工程"奖	廊坊日报：马越 吕新颖	2018年3月2日：网易新闻、河北日报、河北新闻网
23	环保局副局长：96万字小说记录治霾故事	北京日报：李如意	2018年5月25日：搜狐网、凤凰网